{史宁中/著}

第 5 辑

SHUXUE SIXIANG GAILUN
ZIRANJIE ZHONG DE SHUXUE MOXING

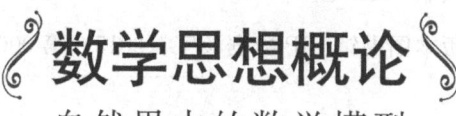

自然界中的数学模型

NORTHEAST NORMAL UNIVERSITY PRESS
WWW.NENUP.COM

东北师范大学出版社 长 春

图书在版编目（CIP）数据

数学思想概论. 第 5 辑——自然界中的数学模型/史宁中著. —2 版. —长春：东北师范大学出版社，2015.3（2025.7重印）
ISBN 978 - 7 - 5681 - 0366 - 4

Ⅰ.①数… Ⅱ.①史… Ⅲ.①数学—思想方法—高等学校—教学参考资料　②数学模型—高等学校—教学参考资料　Ⅳ.①O1 - 0.

中国版本图书馆 CIP 数据核字（2015）第 006836 号

□责任编辑：杨述春　刘晓军　　□封面设计：宋　超
□责任校对：余　天　　　　　　□责任印制：刘兆辉

东北师范大学出版社出版发行
长春净月经济开发区金宝街 118 号（邮政编码：130117）
网址：http：//www.nenup.com
东北师范大学出版社激光照排中心制版
河北省廊坊市永清县晔盛亚胶印有限公司
河北省廊坊市永清县燃气工业园榕花路 3 号（065600）
2015 年 3 月第 2 版　2025 年 7 月第 3 次印刷
幅面尺寸：170 mm×227 mm　印张：21.25　字数：250 千

定价：64.00 元

如发现印装质量问题，影响阅读，可直接与承印厂联系调换

绪论　模型是沟通数学与外部世界的桥梁　/1

第一讲　基于原始符号的模型　/17

§1.1　太阳崇拜的表述　/20

§1.2　符号表述的经典：周易　/27
构建模型的逻辑基础 / 构建符号的出发点

§1.3　如何确定模型：卦的确定　/37
如何确定卦 / 阳卦的概率大于阴卦

第二讲　关于时间的模型　/44

§2.1　关于日和时的模型　/48
制定历法的过程就是构建时间模型的过程 / 日是与日常生活联系最为紧密的概念 / 确定日与确定时是密不可分的

§2.2　关于年和月的模型　/57
历法最初的参照物是月亮 / 古埃及创造了阳历 / 现代历法的确定 / 古代中国的阳历 / 郭守敬历法模型：黄道与赤道、北极出地与罗巴切夫斯基几何、黄道倾斜角、阳历一年周期

§2.3　关于分和秒的模型　/77
水流钟 / 机械钟 / 石英钟 / 原子钟

§2.4　相对于运动物体的时间模型　/84
光速是绝对的 / 时间是相对的 / 伽利略变换与洛伦兹变换 /

狭义相对论中的时间

§2.5 关于时间模型的小结 /100

构建模型是为了解释现实 / 从现实中抽象出模型 / 构建数学模型的过程 / 关于时间的两个问题

第三讲 关于空间的模型 /107

§3.1 一维空间模型 /110

蚂蚁的判断 / 光的判断 / 长度的确定 / 纳米 / 光年 / 数轴

§3.2 二维空间模型 /119

极坐标:方向与距离 / 地图:经线与纬线 / 二维直角坐标系 / 一维空间与二维空间的本质差异:曲线

§3.3 三维空间模型 /133

二维空间与三维空间的本质差异:曲面 / 构建空间模型的基本概念 / 球面上圆的周长问题 / 曲面上三角形的内角和问题 / 我们生活在球面上:黎曼几何模型

§3.4 四维、以及十维空间模型 /148

四维空间模型:爱因斯坦时空 / 四维时空是弯曲的 / 十维空间的可能性

§3.5 关于空间模型的小结 /155

建立概念 / 把握本质

第四讲 关于力和运动的模型 /161

§4.1 静态平衡状态下力的模型 /167

杠杆模型 / 浮力模型 / 力的向量表示 / 力平衡模型

§4.2 关于重力和引力的模型 /187

自由落体路程模型 / 质量与重量的模型 / 行星运动模型:地心说、日心说 / 行星运行的椭圆轨道 / 行星运行速度的不均匀

目 录

§4.3 关于万有引力的模型 /212

与距离的平方成反比 / 力的定义：第一定律明确了力与运动的关系、第二定律通过加速度定义了力 / 牛顿构建模型的思维特征：现象和演绎 / 牛顿的两句名言

§4.4 基于场论的引力模型 /228

法拉第场与麦克斯韦方程 / 广义相对论的基础：惯性质量等于引力质量 / 爱因斯坦电梯 / 空间弯曲的直观想象

§4.5 广义相对论的数学模型 /239

不变量：伽利略变换下的不变量、洛伦兹变换下的不变量 / 爱因斯坦方程 / 引力场中的光线偏折 / 水星近日点的进动 / 爱因斯坦构建模型的思维特征：简约和想象

§4.6 原子世界的力学模型：量子力学 /261

原子世界 / 有核原子模型 / 黑体辐射问题 / 光电效应 / 光的波粒二象性 / 玻尔氢原子模型 / 物质波假说 / 矩阵力学与测不准原理 / 波函数与薛定谔方程 / 薛定谔的猫 / 量子力学与经典力学：经典力学派、哥本哈根学派

§4.7 关于力和运动模型的小结 /299

附录 试论周公确定"地中"的道理——兼论对中华传统文化的影响 /311

土圭之法 / 日射角与纬度的关系 / 何谓地中 / 地中的南北方位 / 关于"景一寸地千里" / 地中的东西方位 / 对中国传统文化的影响

绪论　模型是沟通数学与外部世界的桥梁

阅读提示

　　数学思想是指数学产生和发展必须依赖的那些思想,也是学习过数学的人表现出来的最为显著的思维特征.据此,可以认为有三种最为基本的数学思想:抽象、推理和模型.

　　通过抽象,人们把日常生活和生产实践中遇到的数量、以及数量关系,图形、以及图形关系形成数学的基本概念,从而把现实生活中的一些与数量和图形有关的东西引入数学的内部,形成数学的研究对象.通过推理,人们认识数学研究对象之间的逻辑关系,并且用抽象了的术语和符号清晰地表达这种关系,形成数学的各种命题、定理和运算法则.

　　模型是用数学的概念和原理描述现实世界所依赖的那些思想.数学模型使得数学走出数学的世界、搭建了数学与外部世界的桥梁,通俗地说,数学模型是借用数学的语言讲述现实世界的故事.因此,数学模型的价值取向不是数学本身,而是描述现实世界所起到的作用;数学模型的研究手法不是单向的,需要从数学和现实这两个出发点开始.

在数学的教学中,让学生了解数学模型、特别是了解数学模型的形成过程是非常重要的,因为在这个过程中,可以让学生体会如何通过数学的"眼睛"来观察和认识现实世界中的一些事情,并且利用数学的"语言"来描述和分析这些事情.

我们在这部书的前言中曾经说过,所谓的数学思想是指数学产生和发展过程中所必须依赖的那些基本思想.据此,我们可以认为有三种最为基本的数学思想:抽象、推理和模型.不言而喻,这些基本思想也是学习过数学的人所表现出来的最为显著的思维特征,正像人们通常所说的那样,学习过数学的人抽象能力要强一些,学习过数学的人推理能力要强一些,学习过数学的人基于模式的思维能力要强一些,等等.我们已经用了很大的篇幅(分别用两辑)讨论了数学的抽象和数学的推理,在这一辑,我们将讨论数学的模型.为了把问题讨论得更加清晰,先简要地回顾一下已经讨论过的东西.

通过抽象,人们把日常生活和生产实践中遇到的数量以及数量关系,图形以及图形关系形成数学的基本概念,从而**把现实生活中的一些与数量和图形有关的东西引入数学的内部**.这些基本概念包括:表述研究对象的定义,描述研究对象之间关系的术语,刻画研究对象之间运算的方法.显然,这种抽象是一种从感性具体上升到理性具体的思维过程,针对数学而言,抽象的过程并非到此终

▶ 因此,数学思想不同于数学思想方法.

▶ 这便是数学素养.

▶ 数学的研究对象,这些对象是如何得到的.

结,这个程度的抽象只能称为第一次抽象,我们可以称这种形式的抽象为**概念抽象**. 在概念抽象的基础上,人们还能凭借想象和类比进行第二次抽象,进而得到那些并非直接来源于现实世界的数学概念和运算方法,比如实数的概念和高维空间的概念,比如极限的运算和矩阵运算. 可以看到,第二次抽象与第一次抽象的出发点是不同的. 第二次抽象是从此理性具体扩充到彼理性具体的思维过程,其特征是符号表达,为此,我们可以称这种形式的抽象为符号抽象. 可以看到,把两次抽象分别称为概念抽象和符号抽象针对的是抽象的表现形态,如果针对抽象的思维形态,我们也可以把第一次抽象称为**感性抽象**,把第二次抽象称为**理性抽象**. 无论如何,从数学的发展过程中可以看到,这两种不同形式的抽象是存在的,在这个意义上,**数学并非仅仅研究那些直接来源于现实世界的东西**.

通过推理,人们能够理解数学研究对象之间的逻辑关系,并且可以用抽象了的术语和符号清晰地表达这种关系,形成数学的各种命题、定理和运算法则. 随着数学研究的不断深入,根据研究问题的不同,数学逐渐形成许多分支,甚至形成各种流派. 虽然如此,因为数学研究问题的出发点是一致的,逻辑推理规则是一致的,因此,至少到现在为止的研究结果表明,数学的命题和运算在整体上是一致的. 也就是说,数学的各个分支所研究的问题似乎是风马牛不相及,但是,数学各个分支得到的结果之间却是不悖的、是相互协调一致的. 为此,人们为数学的这种整体一致性感到惊叹:数学似乎蕴含着类似真理那样的合理性.

> 数学得到的东西,这些东西为什么是对的.

数学推理是一种逻辑推理,因而属于逻辑思维的范畴,这与形象思维和辩证思维是有区别的.所谓推理是指由一个命题判断到另一个命题判断的思维过程,所谓逻辑推理是指推理所涉及的命题内涵之间具有某种传递性.这样,在本质上逻辑推理只存在两种形式,一种是归纳推理,一种是演绎推理,前者是命题内涵由小到大的推理,后者是命题内涵由大到小的推理.人们借助归纳推理,从经验过的东西出发推断那些未曾经验过的东西;人们借助演绎推理,按照假设前提和规定法则验证那些通过推断得到的结论的正确性.因此也可以说,归纳推理是一种从特殊到一般的推理,通过推断得到的结论是或然的;演绎推理是一种从一般到特殊的推理,通过推理得到的结论是必然的.数学的结论之所以具有类似真理那样的合理性,或者说数学推理具有严谨性,正是因为数学的发展,或者说数学的推理过程严格地遵循了这两种形式的推理.

我们不可能把抽象和推理截然分开:抽象的过程特别是第二次抽象的过程要依赖推理;而两种形式的推理特别是归纳推理要依赖抽象.

> 数学研究的对象是如何存在的.

我们曾经反复论述,抽象了的东西不是具体的存在,而是一种理念的存在,或者说,是一种抽象的存在.比如,我们看到足球,看到乒乓球,在我们的头脑中形成圆的概念,这个概念就是一种抽象的存在,因为这种存在已经脱离了具体的足球和乒乓球.借助这种抽象的概念,我们可以谈论圆,可以在黑板上画出圆,甚至还可以定义圆,可以研究圆的性质,这种抽象的存在就构成了数学研究的基础.关于这个问题最为形象的比喻,可以使人想起明代以画竹见长的著名画家郑板桥(1693~1765),因为他说过类似的话:我画的是胸中之竹,不是眼中之竹.

对于数学的学习和研究来说,这种抽象的存在是至关重要的.一方面,这种抽象的存在摆脱了现实的存在性,使得数学的研究具有了普遍性.关于这个问题,古希腊的哲学家亚里士多德(Aristotle,前384~前322)说得非常明确①:

◀ 数学的研究为什么具有一般性.

如果它们是普遍的,那么就不会像实体那样存在,因为没有一个共同的东西能表示这个存在,共同的东西表示的是一个类,只有实体才能表示这个存在.

另一方面,这种抽象的存在摆脱了思维的个别性.从表面看,这种抽象的存在似乎是个人心理活动的结果,事实上,这种存在具有理念的客观性.正如上面所说的,虽然郑板桥画的是他的胸中之竹,但见过竹子的人都知道郑板桥画的是竹子.关于这个问题,德国哲学家、现象学学派创始人胡塞尔(Edmund Husserl,1859~1938)所说更为明确②:

---

① 参见:苗力田.亚里士多德全集·第七卷[M].北京:中国人民大学出版社,1993:83.
② 参见:[德]胡塞尔.欧洲科学的危机与超越论的现象学.王炳文译.北京:商务印书馆,2001:431.

几何学上的存在,并不是心理上的存在;它并不像个人的东西在个人的意识领域中那样存在;它是对"每个人"(对于现实的和可能的几何学家,或者那些懂得几何学的人)都客观地存在着的东西的那种存在.……正如我们所看到的,这是一种"理念的"客观性.

由此可见,数学研究的是那些普遍存在了的东西,这种普遍存在了的东西:既不是某个具体存在的东西,也不是某个单独存在的东西.正是因为有了这种普遍性,才使得通过数学推理得到的命题和定理具有一般性,才使得数学具有广泛的应用性.

如果仅仅是为了"知"而知的话[①],数学完全可以借助逻辑推理在那些抽象了的东西内部自我发展.或许,只需要偶尔地查看一下,还能在现实世界中抽象出些什么东西,然后把那些东西形成新的概念引入到数学内部,使得数学"知"的内容更加丰富.从古到今,有许多数学家就是这么想的,也是这么做的.数学知识的海洋是如此辽阔,数学推理的逻辑是如此有趣,特别是,其中只有数学家才能理解的奥妙之处是如此之多[②],于是,许多数学家遨游于数学的海洋乐此不疲.

这种现象到19世纪末、20世纪初表现的最为明显,

---

① 这是亚里士多德在《形而上学》中说过的话,参见第四辑绪论.原文参见:西方哲学原著选读·上.北京大学哲学系外国哲学史教研室编译.北京:商务印书馆,1981:119;也参见:苗力田.亚里士多德全集·第七卷.北京:中国人民大学出版社,1993:31.
② 这个意思原本是数学家阿蒂亚(M. F. Atiyah,1929～)的,参见第三辑第六讲.原文参见:阿蒂亚.数学的统一性.袁向东编译.大连:大连理工大学出版社,2009:35～36.

绪论　模型是沟通数学与外部世界的桥梁

因为那个时代使得数学真正走向了研究对象的符号化、证明过程的形式化、论证逻辑的公理化①,这些东西突出地显示了我们所说的第二次抽象.数学的这种基于第二次抽象的转变,使得人们能够清晰地解释自牛顿(Isaac Newton,1642~1727)、莱布尼茨(Gottfried Leibniz,1646~1716)使用极限、发明微积分以后给数学带来的一系列的困惑.同时,我们可以看到,这个转变也为数学家的为"知"而知的研究奠定了深厚的逻辑基础,伟大的德国数学家希尔伯特(David Hilbert,1862~1943)提出的 23 个问题,就是最明确的例证.我们曾说过,这些问题是希尔伯特在 1900 年巴黎第二次世界数学家大会上提出的,这 23 个问题曾经相当程度地引领了 20 世纪数学的发展.下面,我们分析其中的第一个问题,我想,通过对这个问题的分析可以比较清晰地阐述这个时代数学的特征.

◀ 现代数学的特征.

第一个问题是关于连续统的.现代集合论的创始人德国数学家康托(Georg Cantor,1845~1918)打破了亚里士多德的关于无穷只能是"潜无穷"的限制,认为无穷也是一种实实在在的存在,是"实无穷",并且用符号表示这种存在②.显然,整数的个数是无穷的,有理数的个数也是无穷的,尽管人们的直觉会认为有理数的"个数"要比整数的"个数"多得多,但康托给出了一个针对无穷判断"多少"的准则,这个准则基于对应关系.在这个准则下,康托

---

① 现代数学研究和教学中不可缺少的算术公理体系、集合论公理体系、概率论公理体系都是在那个时代成熟起来的,详细的讨论分别参见:第一辑第十一讲、第三辑第五讲和第六讲.
② 详细的讨论参见:第三辑第 5.4 节.

论证了整数的"无穷"与有理数的"无穷"是等价的,即这两个"无穷"一样多,或者说,这两个"无穷"是一样大的.康托称这样的无穷的"大小"为"可数"多个,并且论证了"可数"是所有无穷中最小的,用希腊字母 $\aleph_0$ 表示.进一步,康托设想,从这个最小的无穷出发,可以像自然数那样把各个层次的无穷表示为

$$\aleph_0, \aleph_1, \aleph_2, \aleph_3, \cdots \tag{0.1}$$

后来,康托又用一种很特殊的反证法证明了实数的"个数"要比有理数的"个数"多,并且用 c 表示实数个数的无穷.在那个时代,德国数学家戴德金(Julius Dedekind,1831~1916)已经用分割的方法定义了实数,并且证明了实数的连续性,于是人们称这个 c 为"连续统".因为康托已经论证了 $c > \aleph_0$,因此,如果康托关于(0.1)式所表述的设想是正确的,就应当有 $c \geqslant \aleph_1$.但是,人们凭借直觉很难想象 $c > \aleph_1$,于是希尔伯特 23 个问题中的第一个问题就是判断

$$c = \aleph_1 \tag{0.2}$$

是否成立.这个等式被称为连续统假设[①].

在问题的阐述过程中,希尔伯特还提出了他所设想

[①] 参见:第三辑第 5.4 节.也可以直接参见:希尔伯特.数学问题.李文林,袁向东译.大连:大连理工大学出版社,2009:49~51.

的解决问题的思路,这个思路涉及另一个问题,就是实数的良序化问题.我们知道,实数的大小关系可以构成一个序,对于任意给定的有限个实数,我们总可以在其中找出最小的一个数;甚至对于给定的闭区间,我们也能在其中找出最小的数.可是,如果给定的是一个开区间(0,1),我们就无法找到最小的数,因为对于这个区间中任意给定的一个数 a,必然有 $0<a$,于是,我们总可以找到 0 和 a 之间的一个数,比如 $a/2$,使得 $0<a/2<a$,这样 a 就不可能是这个区间中最小的数.而所谓的实数良序化是说:可以人为地在实数集合上定义一个序,使得对于这个序,实数的每一个子集合都有最小元素.

1966 年菲尔兹奖的得主、美国数学家科恩(Paul Cohen,1934~2007)解决了希尔伯特提出的连续统假设问题,因为他证明了,现代数学所使用的 ZF 集合论公理体系与连续统假设是相互独立的.这就意味着,用现在使用的公理体系无法验证连续统假设正确与否.由此可以看到,证明过程的形式化和论证逻辑的公理化必然改变人们对数学命题的传统认识,甚至影响了人们对于数学命题的直观判断.基于排中律,一个数学命题要么是正确的,要么是错误的,二者必居其一.可是现在,人们已经无法事先判断一个数学命题的正确性是否可以被验证.

更为明显的事实是,连续统假说中涉及的所有概念几乎都是康托制造出来的,并且(0.1)式所描述的关于无穷"大小"的排列,也是康托类比自然数的情况想象出来的.显然,对于这样的完全凭借想象得到的、完全凭借符号表述的东西,人们无法给出任何基于现实世界的直观判断.我们不能不看到,沉迷在符号与形式中的现代数学的一些分支,这样的问题是层出不穷的,对于许多数学家而言,这样的问题也是其乐无穷的.

为了证明有理数的个数与自然数的个数一样多,就必须把所有的有理数按照某种人为规定的"序"进行排列,使得有理数能够与自然数一一对应.因为任何两个不相等的有理数之间总能插入一个有理数,那么,上面所说的某种人为规定的"序"就必然与有理数的大小无关.我们在第一辑第一节就谈到,数是对数量的抽象,数量关系的本质是多与少,与此对应,数的本质是大与小.这样,上面所说的某种"序"就必然与人们通常对于数的理解大相径庭.事实上,为了证明有理数的个数与自然数的个数一样多,康托使用的是有理数的分数形式;但是,为了证明有理数的个数小于实数的个数,康托又使用了有理数的小数形式,并且在这个基础上使用了一种非常特殊的反证法.由此可以看到,证明过程的形式化和论证逻辑的公理化需要人们认可所述说的假设前提.

就证明过程而言,也会出现类似情况.1904 年,现代集合论 ZF 公理体系的奠基人、德国数学家策梅罗(Ernst Zermelo,1871~1953)证明了希尔伯特在阐述"连续统"问题时涉及的"实数良序化"问题.策梅罗还特别指出,他在证明的过程中使用了选择性公理[①].ZF 集合论公理体系

[①] 证明的英文翻译参见:English translation in van Heijenoort, 1967;139~141. 一个比较新的证明参见:Jech, T. , Set Theory, 3rd Edition, Springer Verlag, 2003;48~49.

绪论　模型是沟通数学与外部世界的桥梁

一共有九个公理,选择性公理是其中的第八个公理.选择性公理曾经给数学家带来许多尴尬,比如,使用选择性公理可以引发巴拿赫·塔斯基悖论:把三维空间的一个单位球划分为五份,通过旋转和平移可以拼装成两个完整的单位球①.因为单位球是看得见摸得着的,我们可以通过直观清晰地判断巴拿赫·塔斯基悖论是荒诞的;可是,策梅罗所讨论的问题则完全是符号化的,是从选择性公理这个假说前提出发,把逻辑推理形式化地应用于符号.对于这样的问题人们只能凭借想象而无法建立起直观,那么,我们应当如何判断策梅罗得到的结果是否是荒诞的呢?

通过上面的讨论可以看到,研究对象的符号化、证明过程的形式化、论证逻辑的公理化可以使数学的原理更加清晰、更加合理,使得人们对数学的研究更有信心.但是,我们不能不看到,这样的发展也使得现代数学所研究的许多问题越来越脱离现实背景,甚至许多数学结果已经超出了大多数人的想象能力和判断能力.于是,正如20世纪极具影响力的、研究数理逻辑出身的哲学家罗素(Bertrand Russell,1870~1970)在讨论了古希腊的数学贡献后所说的那样②:

我应当同意柏拉图的说法,纯粹数学并不是从知觉得来的.纯粹数学包含的都是类似"人是人"这样的同义

---

① 详细的讨论参见:第三辑第五讲.
② 参见:罗素.西方哲学史.何兆武,李约瑟译.北京:商务印书馆,1976:203~204.

反复，只不过是更为复杂罢了．要知道，判断一个数学命题是否正确，并不需要研究现实世界，而只需要研究符号的意义；而符号，当我们省略了定义之后，只不过是"或者"、"不是"、"一切"和"某些"之类的话语，并不指向现实世界中的任何事物．

我们用很大的篇幅论证了，凭借抽象和推理，人们可以构建一个庞大的数学王国．这个数学王国可以与现实世界相对独立，并且，数学家可以在这个王国中付出艰辛的劳作，品尝那些只有很少部分人才能理解的成功与喜悦；事实上，也只有很少部分人才能理解其中的艰辛所在．在这里我想说的是，这样的数学的存在是有其合理性的．

> 数学需要现实，现实也需要数学．

但是，我们必须强调的是，上面所说的数学并不是数学的全部，也不是所有的数学家都像罗素那样理解数学．既然数学所研究的那些概念和原理是从现实世界中"合理"地抽象出来的，数学所依赖的推理也是"自然"地模仿人们在日常生活和生产实践中的思维过程，因此，数学得到的结论、至少大部分结论是可以应用于现实世界的．

进一步，如果数学的某一个分支要得到重大的发展，必须并且只能在现实世界中获取灵感，在不断应用的过程中汲取养分．正如我们多次谈到的那样，虽然数学的第二次抽象在形式上是美妙的，但其功能至多是很好地解释了第一次抽象得到的那些结果，因此，在本质上无重大发明可言．虽然数学的第一次抽象可能会有一些瑕疵，但

绪论 模型是沟通数学与外部世界的桥梁

这种抽象是直接来源于经验的,抽象的对象是现实世界,只有这种直接从现实世界中抽象出来的数学问题,才是朝气蓬勃的,才可能具有进一步发展的生命力.关于这一点,美籍匈牙利数学家冯·诺伊曼(John von Neumann, 1903～1957)有过清晰论述①:

> 数学思想来源于经验,我想这一点是比较接近真理的.真理实在太复杂,对之只能说接近,别的都不能说.……数学思想一旦被构思出来,这门学科就开始经历它本身所特有的生命.事实上,认为数学是一门创造性的、受审美因素支配的学科,比认为数学是一门别的特别是经验的学科要更确切一些.……换句话说,在距离经验本源很远很远的地方,或者在多次"抽象的"近亲繁殖之后,一门数学学科就有退化的危险.

冯·诺伊曼的关于"数学经过多次抽象之后可能出现近亲繁殖、可能带来退化的危险"的论述是值得充分重视的.很显然,避免数学退化最简单的办法就是注重数学与现实世界的联系.那么,数学的那些已经形成了的概念、原理、方法和思想应当如何与现实世界联系呢?这个问题的解答,便是我们将要讨论的数学模型.

我们讨论过,合理的思维过程具有理性加工的功能,而现实世界的那些东西一旦经过理性的加工,或者说,一

---

① 参见:John von Neumann Collected Works.中译文参见:数学史译文集.刘金顺,何绍庚译.上海:上海科学技术出版社,1981:123.

> 可以用数学的语言,更清楚、更生动地讲述现实世界的故事.

且经过数学的描述,不仅具有了一般性并且具有了真实性①.而数学模型就是这种理性加工的范例.数学对于解释现实世界是无能为力的,但利用数学能够更好地描述现实世界.我们称用数学的概念和原理描述现实世界的过程中所依赖的思想为数学模型,因此,数学模型不仅是一种工具,也是一种思想.数学模型使得数学走出数学的世界,数学模型是构建数学与现实世界的桥梁.

可以看到,我们所说的数学模型与人们通常所说的数学应用是有所区别的.数学应用涉及的范围相当宽泛,甚至可以泛指应用数学的概念、原理和计算方法解决实际问题的所有事情.虽然数学模型也属于数学应用的范畴,但更侧重于用数学的概念、原理和思想方法描述现实世界中的那些规律性的东西.通俗地说,数学模型借用数学的语言讲述现实世界的故事.在这个意义上,数学模型的出发点不仅仅是数学,还包括现实世界中的那些我们将要讲述的东西.这就像建筑桥梁一样,在建筑之前我们必须清楚,要把桥梁建筑在哪里.并且,数学模型的研究手法也不是单向的,而是需要从数学和现实这两个出发点开始,规划研究路径,构建描述用语,验证研究结果,解释结果含义,从而得到与现实世界相容的、可以描述现实世界的结论.

在现实世界中,放之四海而皆准的东西是不存在的.因此,我们所界定的数学模型必然有其适用范围,这个适

---

① 这个想法更像是柏拉图(Plato,前427~前347)的,因为他认为经验是不可靠的,只有理念才是永恒的,因而是真实的.详细的讨论参见:第二辑最后一讲.

用范围通常表现于模型的假设前提,表现于模型的初始值,或者表现于对模型参数的某些限制.在这个意义上,所有的数学表达,比如函数、方程、公式等等,本身都不属于我们所界定的数学模型,至多可以认为,这些数学表达可以作为描述现实世界的数学语言.另一方面,我们所界定的数学模型又不可能是太具体的,因为数学模型描述的是规律性的、必然的那些东西.正像我们在第四辑第五讲中所讨论的那样,必然是通过偶然表现的,而数学模型描述的并不是那些偶然的东西,而是要揭示通过偶然表现的、偶然背后的那些必然的东西.

　　正因为数学模型具有数学和现实这两个出发点,那么数学模型就不完全属于数学的范畴.事实上,大多数应用性很强的数学模型的命名,都依赖于所描述的学科背景.比如:在生物学中,种群增长模型、基因复制模型等等;在医药学中,专家诊断模型、疾病靶向模型等等;在气象学中,大气环流模型、中长期预报模型等等;在地质学中,板块构造模型、地下水模型等等;在经济学中,股票衍生模型、组合投资模型等等;在管理学中,投入产出模型、人力资源模型等等;在社会学中,人口发展模型、信息传播模型等等.在物理学、化学这些传统的自然科学领域,各类数学模型更是百花齐放.因此,就事物的本质而言,数学模型的价值取向往往不是数学本身,而是对所描述学科起到的实际作用.比如,那些获得诺贝尔经济学奖的数学模型,人们关注的并不是模型的数学价值,而是应用价值.当然,在人们构建数学模型和实际应用的过程中,

◂ 数学模型是基于现实的.

必然会从数学的角度汲取"创造数学的"的灵感,从而促进数学自身的发展,就像冯·诺伊曼所说的那样.

在数学的教学中,让学生了解数学模型特别是了解数学模型的形成过程是非常重要的,因为在这个过程中,可以让学生体会如何通过数学的"眼睛"来观察和分析现实世界中的一些事情,并且利用数学的"语言"来描述和分析这些事情. 在 2011 年底颁布的《义务教育阶段数学课程标准》中,提出"综合与实践"的课程内容,就是为了达到这个目的. 当然,在这样的教学过程中也能让学生感悟数学是现实的,是有用的,从而增强学生学习数学的兴趣.

▶ 数学模型的教育价值.

我们在这一辑讨论自然界的数学模型,在下一辑讨论生活中的数学模型. 所谓"自然界的"是指现实世界中原本就存在的、与人的作为无关的那些东西,比如时间、空间、引力等等;所谓的"生活中的"就是指与人的活动有关的那些东西,比如社会、经济、金融、教育、心理等等.

第一讲　基于原始符号的模型

阅读提示

语言是人类抽象能力第一层次的表现,符号是人类抽象能力第二层次的表现.符号几乎与语言具有同等效能,符号抽象能力的表现是人类创造知识的基础,是人类构建文明的源头.

符号表述方法至少在两个方面得到长足发展:一个是操作层面的,抽象符号逐渐形成象形文字和拼音文字,最终形成现代语言的符号表达;一个是思想层面的,用抽象符号表述人们所理解的自然界的规律和人世间的事情,逐渐表现为各种各样的模型,最终形成借助数学语言描述的各种模型.

这一讲将讨论基于原始符号的模型,称之为原始模型.在现今的信息社会,人们可能会对原始模型不屑一顾,也可能会站在艺术欣赏的角度来看待原始模型.但是,越是原始的东西越具有存在的合理性.在原始模型中,一个象征性抽象符号可以表述诸多含义,甚至可以表述一个自然现象和变化规律、或者一个人文现象的发生和演变过程.

《周易》构建模型的思维框架是非常清晰的,那就是借助模型(卦的象)来表述事物的类,借助参数(卦的爻)

来解释类中事物发展的态势;《周易》解释模型的思维逻辑也是非常清晰的,那就是在卦象形态的基础上,借助阴阳(进而引申为刚柔、强弱、成败)的存在和转化说明自然界,以及人世间事物存在和转化的道理.特别难能可贵的是,中国古代先哲巧妙地创造出一些符号,并且用这些符号来表达他们预测和探索的方法.这就是一个相当完整的构建模型的过程,我们或许可以对这个程度的模型评价为:方法原始,寓意深远.

我们在第二辑曾经谈到,从远古开始,人类就用绘画的方法来描述他们看到的和想到的一些东西.不仅如此,人类还在绘画的基础上创造出抽象符号,来表述他们看到的和想到的一些东西.虽然在那遥远的时代,符号所表述的思想是相当原始的,符号的表述形式也是相当直接的,但是,这种表述恰恰是人类所独有的想象能力和抽象能力的体现[1].如果说,语言是人类抽象能力第一层次的表现,那么,符号就是人类抽象能力第二层次的表现.符号几乎与语言具有同等效能,这种抽象能力的表现是人类创造知识的基础,是人类构建文明的源头.事实上,近代科学研究的结果表明,就信息的载体和信息的接受途径而言,符号的理解和使用是人类的专利[2]:

---

[1] 参见:第四辑第一讲的讨论.
[2] 参见:Nissen and Yerkes, Pre-Linguistic sign behavior in chimpanzee, *Science*,1939(89):585~587.
中译文参见:恩斯特·卡希尔.人论.甘阳译.上海:上海译文出版社,2004:42~43.

第一讲 基于原始符号的模型

有充分的证据可以表明,除了符号化过程以外,其他各种类型的信号过程在黑猩猩身上都是常常发生并且有效地起作用.

随着时间的延续和人类的进步,这种用抽象符号的表述方法在人们的日常生活和生产实践中越来越显示了不可替代的作用,而这个作用也强有力地促进了符号表述方法本身的发展. 我想,符号表述方法至少在两个方面得到长足发展: 一个是操作层面的,抽象符号逐渐形成象形文字和拼音文字,最终形成现代语言的符号表达[①]; 一个是思想层面的,用抽象符号表述人们所理解的自然界的规律和人世间的事情,逐渐表现为各种各样的模型,最终形成借助数学语言描述的各种模型. 大多数科学家都赞同这样的论断: 数学是科学的语言. 这种语言的具体表达形式就是借助数学符号和逻辑推理的模型. 我们可以认为,如果没有我们所说的模型,现代科学将举步维艰.

在这一讲,我们将讨论那些基于原始符号的模型,称其为**原始模型**. 在现今的信息社会,我们可能会对原始模型不屑一顾,也可能会完全站在艺术欣赏的角度来看待原始模型,但是,越是原始的东西越是具有存在的合理性. 我们将比较仔细地分析这些原始模型的构成,从中体会古代先民们构建这些模型的初衷,从中感悟模型的本质. 其中,最令我惊叹的还是中国《周易》中表现出来的模型,我们将用较大篇幅来讨论这种模型的构成. 在这之

▶ 模型的发展,经历了一个由抽象符号到数学语言的过程.

---

① 详细的讨论参见:第二辑第一讲.

前,我们先回顾一下世界上几乎所有民族都有过的一段历程,那就是太阳崇拜.

§1.1 太阳崇拜的表述

▶ 太阳是生命的源泉.

我们似乎可以认为,地球上的绝大多数能量都是来自于太阳.比如,现实的能源诸如木材和干草,历史的能源诸如石油和煤炭,自然的能源诸如风力和阳光,本质上都是太阳的能量,或者太阳能量的延续.可以相信,古代的人们从他们生命的历程中很清晰地感悟到了这一点,因为在这个世界上,几乎所有的古代文明都崇拜太阳.人们畏惧太阳的力量,人们相信太阳是生命的主宰,正如英国浪漫主义诗人拜伦(George Byron,1788~1824)所吟诵的那样[①]:

光辉的太阳啊!你是原始万物的偶像,健康的人类、强壮的子孙的偶像.

......

在你神秘的面纱被揭示之前,你是人们唯一的崇拜.

......

你是具有形体的神灵啊,你是"不可知"的代表,他选择你作为他的影子!

---

① 参见:拜伦.曼弗雷德.刘让言译.上海:平明出版社,1955:87~88.

我想,拜伦这里所说的"不可知",大概是泛指人们所崇拜的苍天或者一切神灵,因为苍天和神灵是无形的,是不可知的;而太阳是一切有形物中最伟大的、最值得崇拜的.因此,按照拜伦的说法,太阳可以成为一切无形神灵的代表.

2009 年,我曾经访问埃及.在访问过程中,让我吃惊的不是金字塔,也不是狮身人面像,甚至不是那些具体的艺术品,而是古代埃及文明所表现出来的那种执著和永恒:时间仿佛在古代埃及的艺术中凝固了.历经了近 3000 年的古埃及法老时代(公元前 3100~前 332),那里人们的审美观念似乎没有变化,这集中体现在艺术表现形式的始终如一的程式化.经历了如此漫长的王朝统治,艺术表现形式几乎不改变,这是可能的吗？回国后我查阅了专门的著作,发现事实确实如此:"3000 多年来,埃及艺术形式基本处于稳定不变的状态.早在古王国之初,艺术程式就已经形成,经历了 31 个王朝的兴衰,都没有出现大的风格变化."① 这不能不促使我们思索其中的原委.我想,之所以能够出现如此稳定的文化形态,一方面说明在那个漫长的时间里古埃及的生产方式没有根本性的改变,另一方面也说明,那种生产方式所依赖的自然环境也没有发生根本性的变化.这样,无论是政治体制还是艺术鉴赏都没有发生根本性变化:人的本性是保守的,不到必须变化的时候不会主动寻求变化.

◀ 从此可以返思,现代社会是不是变化得太快了.

埃及被誉为尼罗河的赠与.当飞机飞过埃及上空时,

---

① 参见:罗世平.世界美术全集·古代埃及和美索不达米亚美术.北京:中国人民大学出版社,2004:11.

晴空万里而荒漠无边,只有尼罗河的沿岸时而出现沃土绿洲,这便是尼罗河泛滥的赠与,这便是古埃及人赖以生存的环境.于是,古埃及人崇拜太阳神,崇拜尼罗河,因为太阳和尼罗河是他们生存的根本.他们发明了图 1.1(a)那样的符号,并称这个符号为"Akhet",是地平线的意思.古埃及人用这样的符号表示太阳从地平线上升起,并且,这个符号有着比"地平线"这个名词本身更加深刻的寓意.

> 人们创造符号,是为了表达用语言难以表达的那些东西.

 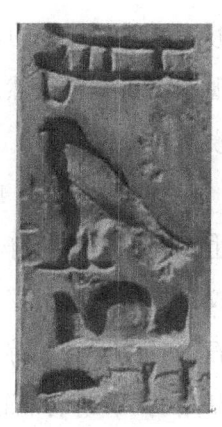

图 1.1(a)   图 1.1(b)

古埃及人认为地平线是太阳神居住的地方,是宇宙混沌之初的第一块陆地,神诞生于此并创造了世界.事实上,这里所说的地平线不单纯是一个表述概念的词,而表述的是一种神圣事物的模式,表现了对太阳神的崇拜,进而表现了对神圣事物的敬仰.古埃及法老认定自己是荷鲁斯神,被尊称为"地平线上的荷鲁斯".如果单纯从词义理解,人们似乎感悟不到这句话有什么高妙之处,但在图1.1(b)中,鹰表示荷鲁斯神,于是这个图就把荷鲁斯与地平线连接在一起,表现了法老是受太阳庇护的,是应当被敬仰的. 我想,这种符号表示便是我们所说的模型的最原始的表现形态,因为这样的符号表达了一个自然界的或者人世间的完整故事. 在那个时代,人们看到这个符号一定会感悟到许多寓意,会产生莫名的敬畏和恐惧,而这些是现今的人们所无法感悟的. 这就像我们今天的许多模型一样,在常人看来这些模型或许是天书,但专业人员却能够深刻理解其中的含义. 因此,"地平线"这样的模型的表现形式和寓意虽然原始,却能够很好地体现我们所说的模型的思想.

◀要理解古人,就必须站在古人的立场上思考问题.

无独有偶,距今 4500~6000 年前的中国的大汶口文化也发现了类似的符号,符号的寓意也是对太阳的崇拜. 大汶口是指山东泰安市郊的大汶口镇,大汶口文化泛指新石器时代黄河下游一带的文化,其考古工作是从 1959 年开始的,不断有新的发现. 图 1.2 中的黑陶尊是 1960 年在山东日照地区出土的,作为山东馆的镇馆之宝,在 2010 年上海世博会展出. 在展览会上,黑陶尊上的图形被介绍为日月山,这个介绍可能有误,"日"和"山"中间的那个图形表示的大概是"云"而不是"月". 事实上,人们在当地观察可以发现,在每年的春分、秋分时节,早晨太阳从东方的峰顶冉冉升起,就会依稀呈现图案所描绘的景象.

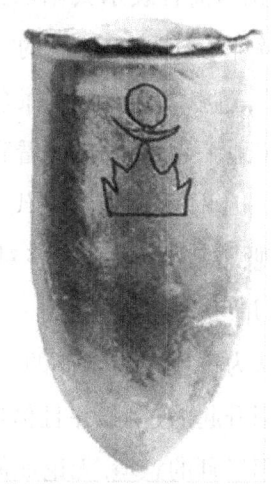

图 1.2　山东日照地区出土的黑陶尊

> 古代的人们创造这样的符号,一定经历过一个深思熟虑的过程,必定有其深刻的含义.

　　陶器上面的图案在大汶口文化中是屡见不鲜的[①],那么,这个图案表示什么意思呢? 容易看到,上面的圆圈,表示的是太阳;中间的弯月,表示的是云气;下面的图形,表示的是山峦. 于是,古文字学家于省吾(1896～1984)认为这个图案表示的意思是:"山上的云气承托着初出山的太阳,其为早晨旦明的景象,宛然如绘. 因此我认为,这是原始的旦字,也是一个会意字."[②] 虽然这个说法有一定的道理,但是,没有中间的演变过程,如此复杂的符号就用简洁的"旦"字代替,在逻辑上是令人费解的.

> 真正地理解古人的思考并不是一件容易的事情.

比如,我们还可以认为这个符号最终演变为两个字——

---

① 参见:李学勤. 论新出大汶口文化陶器符号. 文物,1987(12):75～85.
② 参见:于省吾. 关于古文字研究的若干问题. 文物,1973(2):32～35. 关于这个图形还有不同的解释,基本含义类似,详细的论述可以参见上文.

"日出",前者表示太阳,后者表示山峦重叠,这或许也可以解释,为什么"日出"的"出"是两个"山"重叠.中华大地宽广辽阔,各地看到的景色不尽相同,有的地方看到太阳出于地平线,有的地方看到太阳出于山峦.

因此,并不一定古代先民发明的每一个符号都可以与现代汉语中的某个字对应,因为有些符号寓意很深很广,并不一定简单地用一个字就可以代表.比如,我们可以认为古代先民创造的上面的那个符号,述说的是一个太阳升起的过程,并且借助这个过程表达当时的人们对太阳崇拜的意境.无论如何,可以在这个符号中体会出我们所说的模型思想,那就是用符号表达自然界的或者人世间的一个故事.

与太阳崇拜有关的事实,并不仅仅表现在那个符号以及类似的符号上,如图1.3所示,在山东日照附近的天台山上,依然清晰地保留了大量的新石器时代的太阳崇拜的石刻.据说,当地的人们仍然保留了古老的太阳节民俗,每年的六月十九日这一天都要到天台山祭拜太阳神.这些陶器、石刻、民俗都表现了远古时代生活在黄河下游的先民对太阳的崇拜.更有《山海经》中所说:"大荒之中,有山名曰天台高山,海水入焉.东南海之外,甘水之闲,有羲和之国.有女子名曰羲和,方日浴于甘渊.羲和者,帝俊之妻,生十日."①这段文字描述的事情大概就与黄河下游的人们祭拜太阳神有关,文字中明确记载了天台山.

---

① 参见:袁珂校注.山海经.上海:上海古籍出版社,1980:380~381.

图 1.3　山东天台山太阳神石刻

由此可以推断，▶汉字比拼音能够传递更多的信息.

我们曾经说过,汉字的形成是原始模型转换的重要途径之一.进一步,我们似乎也可以从汉字的形成过程判断,整个中华民族的先民都是崇拜太阳的.在古汉语中"帝"字表示崇高,这个字既可用于上天的神明,也可用于世俗的王权.一些学者认为在古汉语中,帝字来源于日或者与日是同义字:"帝,日也.甲骨帝字象光芒四射状.……日字古读本在舌头,与帝音近.易曰'帝出乎震',即指日也."[①]在卦象中震表示东方,因此可以认为《周易》中"帝出乎震"的意思是"日出于东方".在古汉语中还有一个表示崇高的字是"皇",一些学者认为"皇"字也来源于"日"字:"皇,煌也,谓日出土上光芒四射也.……皇之本义为日,犹帝之本义为日.日为君象,故古代用为帝王之

---

①　参见:张舜徽.郑学丛著.济南:齐鲁书社,1984:429.

称."① 由此可见,在原始模型中的一个象征性的抽象符号,可以表述诸多的含义,甚至可以表述一个自然现象或者人文现象的发生和演变过程.

§1.2 符号表述的经典:周易

我们已经看到,模型思想的真谛就是用抽象的符号来表述自然界的或人世间的各种事情.在古代社会最能够充分体现这种思想的著作莫过于《易经》.

中国古代哲学有一个非常明显的特征,就是承认并且敬畏世界万物的变化.《易经》对中国的影响是深远的,其中的"易"就是变化的意思,我们可以把《易经》直译为《变化的学说》.自然界和人世间的事物林林总总、变幻莫测,其中的奥秘对于古代的先民是百思不得其解的.但是,对于农耕收获和战争输赢这样重大的事情,人们总是希望预知未来,并且期盼未来,于是求助于上天,求助于神灵和祖先,于是就出现了占卜.大约成书于春秋战国时期的《易经》就是集古代中国千年占卜经验之大成,人们也称其为《周易》②.几千年来,历代学者都非常重视对《周易》的解释和研究,在这个意义上,我们或许可以认为《周

◀也正因为如此,中国古代哲学少有关于存在性的论述.

---

① 同上.
② 人们普遍认为《易经》来源于三个版本:连山,相传伏羲所作;归藏,相传黄帝所作;周易,相传周文王所作,前两个版本已经失传.参见:唐·孔颖达著.十三经注疏·周易正义.北京:北京大学出版社,2000:9~10.

> 对于古代的东西,探寻其合理内核比用现代的眼光批判更为重要.

易》以及包括相传孔子(前 551~前 479)所著[①]《系辞》在内的诠释《周易》的著作是中华传统文化的哲学源头.

《周易》的思想方法大概是这样的,从发生和变化的角度对自然界和人世间的事物进行分类[②],然后根据占卜的结果来确定某一个事物属于哪一类,进而通过类的特征对这个事物的现状或者未来进行评价或者预测. 显然,基于占卜的评价或者预测完全是一种随机判断,无必然性因而无科学性. 但是,我们可以在这个判断的过程中探寻其思维内核,我想,这个内核就是:确信一件事物是否发生以及发生的程度是可知的;进一步,确信未来某件事物是否发生,发生到什么程度,与某些现在已经存在了的事物有关. 在这种信念的支撑下,中国古代先哲试图探寻事物演变的态势,并且遵循了一条非常正确的探寻路径,就是根据事物发生发展的表现形态进行归类,用非常抽象的概念"象数"来刻画类中事物的特征,由此解释事物演变的态势. 如果把上面所说的"事物演变的态势"理解为"事物发生发展的规律",把"象数"理解为现在人们通常所说的"模型"的最为朴素的表述,那么,就可以把上述探寻路径用现代语言表述为:根据事物的表现形态构建模型,通过模型解释事物发生发展的规律. 必须强调的是,这里所说的"象数"已经具备了"模型"的最为基本的功能.

> 本质往往蕴含在朴素之中

---

① 现代研究似乎更确定了这个结论,一些最新的研究成果可以参见:刘大均主编. 大易集释. 上海:上海古籍出版社,2007.
② 分类判断很可能是中国古代最为基本的逻辑判断方法,详见:史宁中. 中国古代哲学的命题、定义和推理. 哲学研究,2009(3)(4).

第一讲 基于原始符号的模型

当然,在那个年代,探究的路径可能是正确的,但立论的依据却不一定是科学的.也就是说,"根据事物的表现形态构建模型,通过模型解释事物发生发展的规律"这个思想方法可能是正确的,但"根据占卜的结果来确定事物类的归属"这个立论的出发点却不一定是科学的.在此,我特别想说明的是,即便如此,上述的思想方法也足以确立《周易》在世界思想史中重要而独特的地位.

首先,《周易》提出了两个今天构建模型仍然需要遵循的基本原则.一个原则是客观性,《系辞上》说:"易与天地准,故能弥纶天地之道."也就是说,《周易》是以天地、以自然为准绳的,因此能够囊括自然的道理.我们在构建模型时,不应当顾及自己或者他人是如何想的,而应当顾及客观实际、顾及模型的背景是如何表现的,这个原则的必要性是毋庸置疑的.另一个原则是抽象性,《系辞上》说:"乾以易知,坤以简能.易则易知,简则易从……易简而天下之理得矣."这里"易知"和"易从"中的"易"是容易的意思,也就是说,道理简单则容易被人们理解,操作简单则容易让人们遵从.显然,为了实现这个要求,所构建的模型必须具有高度的抽象性,因为只有抽象了的东西才具有一般性,这便是"易简而天下之理得矣".抽象是构建模型的精髓,只有高度抽象了的东西才可能进行符号表达,事实上,符号表达正是《周易》最为显著的特色.

◀在构建模式的过程中,确立构建模式的原则是重要的.

◀客观性和抽象性是构建模型的基本理念.

构建模型的逻辑基础.我们分析《周易》对世间万物的分类方法,特别是分析这种分类方法的逻辑基础以及

> 由此可知,古代中国产生对立统一的思想是自然的.

符号表达方式.出于对太阳的崇拜和敬畏,古代先民的思维基础与太阳有关:称太阳为阳,称月亮为阴.进而,山的向阳坡为阳,背阴坡为阴;河的北岸为阳,南岸为阴;石的上为阳,下为阴;等等.在这个基础上,又把那些可以称为阳的东西的特性抽象出来,用阳表示健壮、刚毅,用阴表示羸弱、温柔;用阳表示男人,用阴表示女人;等等.更进一步,把阳引申为向上的、无形的、自主的东西;把阴引申为向下的、有形的、顺从的东西.在这种思维的指导下,古代先民用一个字"乾"来表示一般意义的"阳",并用日常生活中常见的、代表健壮的动物"马"来形象地表示乾;用一个字"坤"来表示一般意义的"阴",并用日常生活中常见的、代表温顺的动物"牛"来形象地表示坤[①].

或许受日月交替的感召,或许受物种繁衍的启迪,在赋予"阴"和"阳"这两个字更为广泛的含义之后,也就是说,在"阴"和"阳"这两个字已经被一般化之后,中国古代先民相信世间事物的变化都是阴阳变化的结果,相信阴阳变化是世间事物变化的源头.正如《周易·系辞上》所说:

一阴一阳之谓道.继之者善也,成之者性也.仁者见之谓之仁,知者见之谓之知.百姓日用而不知,故君子之道鲜矣.

这里所说的"道"与《老子》中所说的"道"是一致的,

---

① 《说卦传》中说:"乾健也,坤顺也."

都是泛指自然法则. 在这个基础上, 中国古代先民还创造了图 1.4(a) 那样的符号图案来形象地表示阴阳的变化.

◀ 符号表达的寓意是很难用语言表述清楚的.

(a) 中国古代的太极图　　(b) 韩国国旗上的太极图

图 1.4　阴阳变化图

人们通常称图 1.4(a) 中的图案为太极图, 俗称阴阳鱼. 图中黑的部分表示阴, 白的部分表示阳, 而黑中白圈和白中黑圈俗称鱼眼. 这样太极图就构成了一个整体: 黑白分明、黑中有白、白中有黑. 特别是黑白对称、由小到大的变化态势更表现出动态的平衡, 似乎在向人们述说: 这个世界是二元变化的, 变化的均衡则构成了稳定; 这个世界是相对稳定的, 稳定表现于变化之中. 这个图形显然表现了我们所说的模型的经典含义: 利用符号表现事物存在的本质, 利用符号表现事物变化的规律. 中国古代的这种思想对东亚文化的影响是巨大的, 甚至韩国的国旗也采用了太极的图案和八卦, 如图 1.4(b) 所示. 在韩国国旗的图案中, 红颜色表示阳在上, 蓝颜色表示阴在下. 与传统的太极图不同的是, 韩国国旗图案可能是为了简洁而忽略了鱼眼, 使得图形所示的阴阳过分对立和刚硬, 这

◀ 这种辩证的思想时常闪耀在古代先贤的著作之中.

也可能是为了更加凸显近代韩国人民为了追求独立而不屈不挠的精神.

综上所述,阴阳变化的思想就是中国古代先民构建八卦或者说构建模型的逻辑基础.或许受后世许多"阴阳家"不良作为的影响,人们往往认为阴阳之说过于肤浅,不可登大雅之堂,但在后面的讨论中我们将会看到,阴阳变化在本质上述说的是事物自身发生、发展的基本道理.特别是,其中蕴含了"对立统一"思想的雏形.

构建符号的出发点.基于阴阳变化的思想,中国古代先民巧妙地用阴阳的组合来刻画天下万物的时运兴衰.为了刻画得更加简洁和清晰,古代先民发明了非常抽象的符号:用一个长横线表示"阳",用两个短横线表示"阴".借助这样的抽象符号,有重复地三次叠加就得到

$$2\times 2\times 2=8$$

种不同的组合形式,这就是所谓的八卦.

众所周知,在现代社会,符号表达已经广泛地应用于自然科学、社会科学、人文科学的许多研究领域,已经成为构建模型和表述思维逻辑不可缺少的工具.可是,在三千多年以前,中国古代先民就创造了如此缜密的符号表达形式,不能不令人赞叹.这种符号表达的思想至少影响了近现代的德国哲学,因为莱布尼茨1703年发表在《皇家科学院记录》的论文"二进制算数的解说"的副标题就是"关于只用记号0与1的二进制算数的阐述——它的

第一讲 基于原始符号的模型

其用途以及它所给出的中国古代伏羲图的意义的评注"①,其中所说的伏羲氏使用的符号指的就是八卦.我们不是很清楚,莱布尼茨的后学、德国哲学家黑格尔提出的"对立统一"思想是否受到这些符号表达以及这些符号表达内涵的影响.

可是,这样构建八卦的道理是什么呢?《系辞上》解释说:"是故易有太极,是生两仪.两仪生四象,四象生八卦."其中太极是指太一;两仪是指阴阳;四象是指阴阳的两次重叠得到少阴、少阳、太阴、太阳;然后三次重叠得到八卦.我想,孔子的说明可能是正确的,因为太极、两仪、四象和八卦都已经成为研究《易》的专有名词.这些与《老子》中所说的"道生一,一生二,二生三,三生万物"大体相同,但比《老子》所说的要粗糙一些.因为老子说到了"三",是指阴阳相冲得到的"和",即后续所说:"万物负阴而抱阳,冲气以为和."由此可以推断,《老子》可能比《易》要更晚一些,但其中的思想是一脉相承的.

◀ 由此可见,道以及阴阳的思想在春秋时代已经成形.

为什么用"乾坤巽震艮兑坎离"这八个汉字来表示八卦不得而知,或许与西周时代这八个字所代表的意境、甚至与西周时代这八个字的发音有关②.

八卦的功能在于象,正如《系辞下》中说:"八卦成列,

---

① 原文为法文,参见 Leibniz, G. W., Explication de I'arithmetique binaire, avec des remarques sur son utilite, et sur cequ'elle donne le sens des annciennes figures Chinoises de Fohy, Memoires de I' Acalemic Royal des Scince, Paris, 1705(3); 85—89. 上面的翻译是东北师范大学历史文化学院张强教授给出的,文章的中文翻译参见:朱伯崑. 国际医学研究. 第五辑. 孙永平译. 华夏出版社,1999: 201~206.

② 马王堆出土的帛书《六十四卦》中的八卦的汉字表示皆不相同,比如,乾为健、坤为川、震为辰、艮为根、兑为说、离为罗,等等. 详见:吕绍纲. 周易辞典. 长春:吉林大学出版社,1992.

象在其中矣……是故易者,象也.象也者,像也."这是在说,八卦表示的是事物的类,并且,可以用相像的东西以及这些东西的引申来表示这样的类.如果把八卦理解为模型,那么,象就是模型的象征,而象的引申就是模型的特征和性质.八卦的大概含义以及卦象如下[①]:

"乾"是三个阳上下重叠在一起,象为天,表示刚健、父亲、马、首;

"坤"是三个阴上下重叠在一起,象为地,表示温柔、母亲、牛、腹;

"震"是一个阳在两个阴爻之下,象为雷,表示激动、长男、龙、足;

"巽"是一个阴在两个阳爻之下,象为风,表示卑顺、长女、鸡、股;

"坎"是一个阳在两个阴爻之间,象为水,表示隐伏、中男、豚、耳;

"离"是一个阴在两个阳爻之间,象为火,表示灿烂、中女、雉、目;

"艮"是一个阳在两个阴爻之上,象为山,表示稳重、少男、狗、手;

"兑"是一个阴在两个阳爻之上,象为泽,表示愉快、少女、羊、口.

通过上面的说明可以看到,八卦的分类是相当合理

---

① 参见:《说卦传》.

的,这个合理性就表现在类与类之间几乎没有共同部分. 类与类不交,这是现代数学以至于现代自然科学分类的基本原则. 同时,从上述象的引申可以看到,所给出的象作为那一类事物的象征也是恰如其分的. 我想,类的象征和性质基本如上面所述,但利用八卦的解释却远远没有结束,因为上述的引申方法只是**一种直接类比**. 进一步,先哲们还利用象的寓意联想的方法来解释许多事物,我们用上述第五卦和第六卦来说明这种**寓意联想**. 坎的基本卦象是水,那么,坎就是百姓,因为水无处不在;坎就是美德,因为水恩泽四方;坎就是雨,因为雨与水是同类;坎就是云,因为有云才有雨;坎就是隐伏,因为水隐江河泛滥之险. 离的基本卦象是火,那么,离就是太阳,因为骄阳如火;离就是电,因为电可能引发火;离就是光明灿烂,因为太阳使然;离就是绳,因为草绳可以为火种. 很显然,这种寓意联想的思想方法一直影响到当代中国人的思维.

  这样,我们就可以认为,八卦在分类的基础上,通过象、象的直接类比和象的寓意联想描述类的特征和性质,从而构建了认识事物的模型. 在这个基础上,八个卦可以表示天地万物的许多形态,可以解释许多事物发生发展的态势,也可以解释人的各种性格和人世间的许多关系. 但是,对于我们生活的大千世界来说,这些表示还是远远不够的,正如《系辞上》中所说:"八卦而小成. 因而伸之,触类而长之,天下之能事毕矣." 于是,为了更好地解释世间万物,必须对八卦进一步"因而伸之". 应当如何"因而伸之"呢?《系辞下》中说:"八卦成列,象在其中矣. 因而

◀ 我们不能不佩服古代先贤的想象能力和表达能力.

◀ 这是一种寓意联想,与第四辑讨论过的西文三大联想定律是有区别的.

重之,爻在其中矣."也就是说,"因而伸之"的方法是"因而重之",就是在一个八卦的基础上在叠加一个八卦,可以得到 $8 \times 8 = 64$ 种不同的组合形式,称为六十四卦. 这样,八卦就是构成六十四卦的基础,因而被称为"经卦". 而六十四卦则是八卦的派生,因而被称为"重卦"或者"别卦"[①].

《周易》的目的就是解释六十四卦,并且是通过每一卦的爻来解释的. 因为六十四卦的每一卦都是由六个表示阳或者阴的长、短线段叠加而成的,称其中的一个为爻. 这样,每一个卦都有六爻,即《系辞下》中所说,六十四卦确立了,爻就在其中了. 可以看到,在六十四卦的基础上,《周易》对自然界和人世间的事物就有 $64 \times 6 = 384$ 种不同的解释[②]. 关于八卦与六十四卦的关系可以参见我的一篇文章[③].

> 分析这个演变过程体会出古代先贤的形象思维之精巧.

卦是相对稳定的,爻是相对变化的,也就是说,模型是相对稳定的,而模型的解释却可以因为参数的不同而不同. 正如《系辞上》中说:"象者言乎象者也,爻者言乎变者也." 其中象辞讲的是卦的象,卦的象不变化,变化的是爻,这便是模型中的参数. 通过下面的例子容易理解这种关系,我们分析伽利略(Galileo Galilei,1564~1642)给出的自由落体模型,伽利略被誉为现代物理学、近代科学的奠基人. 自由落体模型的核心是描述自由落体下降的距

---

① 参见:《序卦传》;也可参见:高亨. 周易大传今注. 济南:齐鲁书社,1979:16~20.
② 如果再考虑占卜形式的各种可能情况,《系辞上》中说,可以扩展到 11520 种情况.
③ 参见:史宁中. 从八卦到六十四卦:试论《周易》的思维逻辑. 哲学研究,2011(8):42~49.

离与下降时间之间的关系,可以用符号把这个模型表示为 $s=gt^2/2$,其中 s 表示下降的距离,t 表示下降的时间,g 是一个与引力有关的参数(在地球上 $g=9.8$ 米/秒^2,在月球上 $g=1.62$ 米/秒^2).可以看到,虽然因为参数 g 的不同这个模型可以适用于地球,也可以适用于月球,但模型本身是不变的,依然表示的是自由落体下降的距离与下降时间之间的关系.同样的道理,对于六十四卦,虽然爻可以表述卦中事物的变化状况,但其本质依然是卦象的述说,爻的表示并不具有独立性.

◀ 万能的模型是不存在的,因此模型中必然要有参数,这是为了使模型适用于各种情况.

§1.3 如何确定模型:卦的确定

在《周易》中,六十四卦和卦中的每一个爻都有明确的表述,这就是卦辞.如果我们希望对某一个事物的未来进行推测,首先要通过占卜来确定这个事物属于哪一卦的哪一爻;然后借助卦辞进行推测.显然,为了适用范围的广泛性和一般性,卦辞的述说只能是相当宽泛和含混,这或许就是《系辞下》所说的"其言曲而中,其事肆而隐",即认为:虽然有些话说的不是那么直接,但寓意却是清楚的;有些话说得很浅白,但蕴含却是深刻的.

如何确定卦.为了用《周易》的卦象及其引申对某一事物进行推测,那就必须在推测之前确定所要推测事物的卦.因为卦是由六爻组成的,那就必须通过六个爻的阴或阳来确定卦.《周易》规定:卦中六爻的顺序是由下到上,因此,要确定一个卦就必须确定出六个爻,即确定出六个阳或者阴,然后从下到上排列,这样就可以得到一个卦.

显然,我们可以通过各种方法来得到阴或阳,比如利用骰子.记录抛掷骰子的结果,出现奇数为阳,出现偶数为阴,抛掷六次由下到上记录就得到了卦.比如,抛掷六次得到的记录为:阳阳阳阳阳阳,那么对应的就是乾卦;得到的记录为:阳阴阴阴阳阴,那么对应的就是屯卦.可以想象,如果骰子是均匀的,则得到阴或阳的可能性的大小是一样的.为了讨论问题的方便,我们称这个可能性的大小为概率.这样,在理论上,通过抛掷骰子得到六十四卦中的任意一卦的概率是相等的,都是1/64.人们通常称这种概率相等的情况为对称,即对所要推测事物得到任何一个卦都是机会均等、不偏不倚.现在的问题是,用传统的占卜方法得到卦也是对称的吗?

▶ 这种完全随机的结果或许不是先哲们所希望的.

传统的占卜方法比我们上面说的方法要麻烦得多,或许这种麻烦是为了增强占卜的神秘性.传统的方法决定爻的阴或阳需要进行三次操作,通常称它为"三变".占卜的基础是四十九个草棍[①],即《周易·系辞上》中所说:"大衍之数五十,其用四十有九."具体操作过程是这样的,首先从49个草棍中拿出一个草棍,称它为挂一;把剩

[①] 通常用蓍草的茎,蓍草是一种多年生草本植物,其茎有棱,叶子呈披针形.

余的 48 个草棍随意分成两组,称它为分二①;对其中一组的草棍每次剔除四个,称它为揲四.这样操作的象征意义可能是这样的:拿出去一个为"易有太极",分成两组为"是生两仪",每次剔除四个为"两仪生四象",而三变就是"四象生八卦"了.逐步剔除后得到余数,称它为奇;对另一组也每次剔除四个得到余数,把两组余数相加.最后用 48 减去这个余数之和,称它为归奇.可以看到,这样的操作经历了四个步骤:挂一、分二、揲四、归奇.

◂与天或者祖先通话是一件非常神圣的事情,因此需要通过形式来表达寓意,这种思想也相当深刻地影响了当代的中国人.

  因为 48 能被 4 整除,因此余数之和只可能有两种情况,即 0 或者 4.如果余数之和为 0 时记为 8,如果余数之和为 4 时记为 4,至此一变结束.用 48 减去 8 或者 4,可以得到 40 或者 44 个草棍,开始二变.重复上述分二、揲四的过程,余数之和依然记为 8 或者 4,至此二变结束.用 40 或者 44 减去 8 或者 4,可能有 32,36,40 三种结果,开始三变.仍然重复上述分二、揲四的过程,余数之和依然记为 8 或者 4,至此三变结束.用 32,36,40 这三种可能结果减去 8 或者 4,可能有 24,28,32,36 四种结果,用这些结果除以 4,可能有 6,7,8,9 四种结果.现在就可以决定阴或阳了:如果得到的是单数,即 7 或 9,为阳;如果得到的是偶数,即 6 或 8,为阴.从上面的过程可以看到,得到一个卦需要经历三变六次,每一变需要四个步骤,因为三变六次为一十八变,因此《周易·系辞上》说:"是故四营而成易,十有八变而成卦."

---

① 在《周易·系辞上》中是先分二后挂一,得到的结果是一样的.我想,按本文的述说思路似乎更清晰一些.

通过这个程序得到阴爻或阳爻的概率是否相等呢?我们详细计算一下.因为揲四之后余数可能为 0,1,2,3 这四个数之一,其中只有余数是 0 时记为 8,其余三种情况均记为 4,因此,余数之和记为 8 的概率是 1/4,记为 4 的概率是 3/4.也就是说,在开始二变这个程序的时候,草棍的数目为 40 的概率是 1/4,为 44 的概率是 3/4.二变的程序结束以后,得到的结果可能为

$32=40-8; 36=40-4$ 或 $36=44-8; 40=44-4$

这三种情况.根据上面分析概率的同样道理,得到这些数值的概率分别为

$$\frac{1}{4} \times \frac{1}{4} = \frac{1}{16},$$

$$\frac{1}{4} \times \frac{3}{4} + \frac{3}{4} \times \frac{1}{4} = \frac{6}{16},$$

$$\frac{3}{4} \times \frac{3}{4} = \frac{9}{16}.$$

三变的程序结束以后,得到的结果可能为

$24=32-8; 28=32-4$ 或 $28=36-8; 32=36-4$ 或
$32=40-8; 36=40-4$

这四种情况.同样的道理,得到这些数值的概率分别为

$$\frac{1}{16} \times \frac{1}{4} = \frac{1}{64},$$

$$\frac{1}{16} \times \frac{3}{4} + \frac{6}{16} \times \frac{1}{4} = \frac{9}{64},$$

$$\frac{6}{16} \times \frac{3}{4} + \frac{9}{16} \times \frac{1}{4} = \frac{27}{64},$$

$$\frac{9}{16} \times \frac{3}{4} = \frac{27}{64}.$$

我们把一变、二变和三变的程序结束以后可能得到的数值整理在下面的图 1.5 中，括弧中的分数表示得到数值所对应的概率.

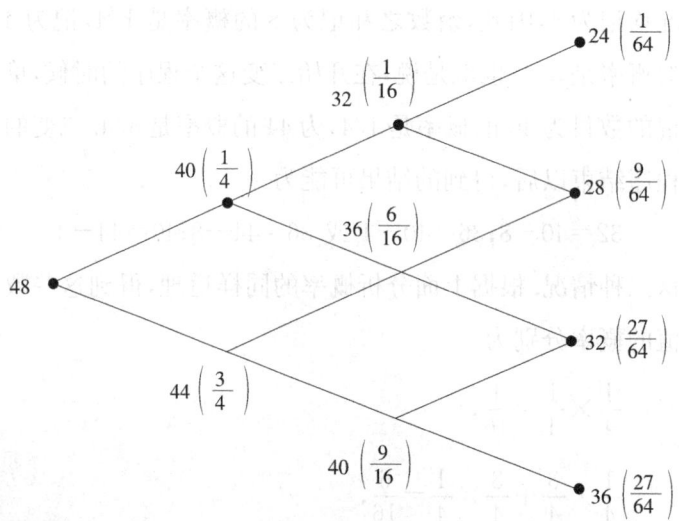

图 1.5 一变、二变和三变的程序结束以可能得到的
数值及对应的概率

因为 24 和 32 对应于阴爻，28 和 36 对应于阳爻，容易推算：得到阴爻的概率是 $\frac{7}{16}$，即 $\frac{1}{64}+\frac{27}{64}=\frac{28}{64}=\frac{7}{16}$；得到阳爻的概率为 $\frac{9}{16}$，即 $\frac{9}{64}+\frac{27}{64}=\frac{36}{64}=\frac{9}{16}$.

阳卦的概率大于阴卦. 可以看到，到现在为止，得到阳爻的概率要大于得到阴爻的概率，这个差为 $\frac{1}{8}$. 虽然最终确定卦还需要最后一步，就是变卦，但变卦所引起的阴阳变化不足以调整这个差异.变卦的过程是这样的,古代先哲称上面数字中 24 对应的阴为老阴,36 对应的阳为老阳,依据占卜草棍余数与老阴和老阳之间的关系,按照一定的规则让阴阳发生互换.这样卦就确定了.

    上面的计算结果表明,如果利用传统的方法进行占卜,阳爻多的卦出现的可能性要比阴爻多的卦出现的可能性大.因此,我们不能不认为,传统的占卜方法是不对称的.我们不知道,出现这种不对称是先哲的有意之为,还是先哲的无意之错.我非常乐观地想,孔子似乎察觉到了这个问题.因为他在《周易·系辞上》中说:"乾之策二百一十有六,坤之策百四十有四,凡三百有六十,当期之日."我们可以这样分析孔子的思考,乾卦六爻皆阳,坤卦六爻皆阴,从决定阴爻还是阳爻的传统占卜方法知道,取阳爻最大的数为 9,取阴爻最小的数为 6,为此《周易》中把阳也称为九,即老阳,把阴也称为六,即老阴.从上面的分析知道,九对应于老阳 36,六对应于老阴 24,则可以认为每一阳爻有 36 策,每一阴爻有 24 策.因此,乾卦有 36×6＝216 策,坤卦有 24×6＝144 策,乾卦与坤卦相加有 216＋144＝360 策,这与一年 360 天相符,于是有"当期之日"之说①.由此可以想象,孔子似乎已经察觉到:得到阳爻的可能性要大于得到阴爻的可能性.如果继续孔子的推算,那么可以进一步得到:取阳爻的可能性为 216/360＝3/5,取阴爻的可能性为 144/360＝2/5,其差为 1/5,这个数接近 1/8.当然,这只是一种猜测,孔子可能并没有

▶ 很可能是古代先哲的有意之为.

---

① 关于中国古代历法的讨论,可以参见:第二讲.

第一讲 基于原始符号的模型

想这么多. 还有一种可能, 那就是基于生活的经验, 中国古代先哲已经知道生男孩的比例高于生女孩的比例(在现代社会这个比例分别是 5.2 和 4.8, 在古代社会这个比例之差可能要更大一些), 如果把男孩类比为阳, 把女孩类比为阴, 那么, 在卦的生成过程中就可以有意识地让出现阳的概率高于出现阴的概率.

通过上面的分析可以看到: 《周易》的构建模型的思维框架是非常清晰的, 那就是借助模型(卦的象)来表述事物的类, 借助参数(卦的爻)来解释类中事物发展的态势; 《周易》的解释模型的思维逻辑也是非常清晰的, 那就是在卦象形态的基础上, 借助阴阳(进而引申为刚柔、强弱、成败)的存在和转化说明自然界和人世间的事物的存在和转化的道理. 这便是《说卦》中所说的: "观变于阴阳而立卦, 发挥于刚柔而生爻." 进一步, 如果人们能够掌握《周易》中的道理并且付诸实践, 则如《系辞上》说: "是以自天佑之, 吉无不利." 也就是说, 如果能够掌握事物发展的道理, 并且按照这个道理办事, 那就是顺其自然, 那就会一切顺利.

无论如何, 中国古代先哲尝试性地创造出了一些方法, 并且用这些方法来预测事物发展的未来, 探索事物发展的规律. 特别难能可贵的是, 古代先哲很巧妙地创造出了一些符号, 并且用这些符号来表达他们预测和探索的方法. 这就是一个相当完整的构建模型的过程, 我们或许可以对这个程度的模型评价为: 方法原始, 寓意深远. 下面, 我们讨论, 人类认识世界必不可少的模型.

◀ 在那个时代, 古代中国并没有形成天人合一的思想, 而强调的是人合于天.

第二讲　关于时间的模型

阅读提示

时间和空间是人类认识世界最基本的概念,因而也是最重要的概念.人们观察到了自然界和人世间的事物,通过时间可以分辨事物之间的先后关系,得到事物的顺序差异;通过空间可以分辨事物之间的位置关系,得到事物的性质差异.

时间是关于过程的度量,而如何刻画时间则完全依赖人的想象.刻画时间是人类迄今为止构建的最为重要的数学模型,其效能可以与火的使用、与文字的发明、与数的发明媲美.

制定历法的过程就是构建时间模型的过程.构建模型的目的是确定年、月、日,构建模型的依据是地球围绕太阳运转一周的时间、月亮围绕地球运转一周的时间、地球自转一周的时间,构建模型的关键是保证年、月、日之间的协调,而实现协调的方法是考虑上述三个运转周期之间的比例.

中国的传统历法被称为农历,表现形式是阴历.因此,人们普遍认为古代中国不很清楚阳历,甚至认为阳历是西方传教士带到中国来的,这是一个天大的误解.古代中国对阳历是非常知晓的,先民们确立了一个合理的观察和分析模型,这就是赤道平面.赤道平面完全是虚构的,但在实际应用中又是精准而有效的,这个模型是现代天文望远镜构造的理论原型.借助这个模型,古代中国准确地计算了夏至和冬至的时间,准确地计算了一年的周期和北回归线的纬度.

牛顿认为时间是绝对的,牛顿的所有研究都基于这个假说之上.基于这个假说,牛顿构建了关于时间、空间和运动的模型.按照牛顿的说法,过去、现在、将来这三个刻画时间最重要的概念是绝对的:一个事件,无论是发生在同一地点,还是发生在相距遥远的地方,三个概念的意义都是一样的.

爱因斯坦认为光速是绝对的,光速不变假说是爱因斯坦构建狭义相对论模型的基础.至今为止,所有观察和实验结果表明爱因斯坦的这个假说是正确的:光速在不同惯性系、在不同方向上都是相同的.可以想象,如果坚持光速不变,那么,时间就不可能是绝对的,时间将随着惯性系的不同而变化:时间是相对的.

时间和空间是人类认识世界最基本的概念,因而也是最重要的概念.人们观察到了自然界和人世间的事物,为了更好地认识和理解这些事物,逐渐建立起了关于时间和空间的概念:通过时间可以分辨事物之间的先后关系,从而得到事物的顺序差异;通过空间可以分辨事物之间的位置关系,从而得到事物的性质差异.那么,时间和空间到底是什么呢?

> 时间和空间到底是什么？人类为什么会有对时间和空间的直观判断能力？

我们在第二辑的最后一讲中曾经谈到,德国哲学家康德(Immanuel Kant,1724～1804)认为空间和时间是一种纯粹直观,并且认为纯粹直观是一般感性直观的纯粹形式,能够先天地在内心中被找到,人们的经验直观就是借助纯粹直观得到的.关于时间的问题,康德进一步论述道:[①]

> 时间不是独立存在的东西,也不是附属于物的客观规定,因而不是抽掉物的直观的一切主观条件仍然还会留存下来的东西.因为在前一种情况下,时间将会是某种没有现实对象却仍然现实存在的东西.至于第二种情况,那么时间作为一个依附于物自身的规定或秩序就会不可能先行于对象作为其他条件,也不可能通过综合命题而被先天地认识和直观到了.相反,这种事很有可能发生,如果时间无非是一切直观得以在我们心中产生的主观条件的话.因为这样一来,这一直观的形式就能先于对象、因而先天地得到表象了.

> 在那个时代,科学与哲学是齐头并进的.

康德关于空间和时间的论述影响了许多哲学家和科学家,甚至影响到许多近代物理学家.但是,康德关于时间的论述实在让人费解,康德似乎想说明:时间是一种主观条件,这种主观条件产生于先天直觉,并且这种主观条件既不附属于物,也不独立存在.康德的这种说法非常含糊不清,以至于这些论述令许多现代物理学家感到困惑,

---

① 参见中译本:康德.纯粹理性批判.邓晓芒译.杨祖陶校.北京:人民出版社,2004:36.

第二讲 关于时间的模型

比如热力学的奠基人、奥地利物理学家玻尔兹曼（Ludwig Boltzmann，1844～1906）就曾经抱怨说①：

> 哲学以无上的技巧建造了空间和时间的概念，然后又发现这样的空间里不可能有物体，这样的时间不可能有过程.……就是在康德那里，也有不少话，让我莫名其妙，以致令我怀疑，像他这样脑筋灵敏的人，是否在跟读者开玩笑，还是在存心欺骗读者.

我们不想对时间进行形而上学的讨论，只希望能够比较现实地描述时间到底是什么. 首先，必须确定一个前提，这个前提就是：**事物发生与发展具有先后关系这个事实本身是客观存在的**. 我想，即便是在远古的时代，人们也能感知这种存在，比如，打雷使森林着火了，具有思维能力的人就一定能够感知到：打雷在前、森林着火在后；再比如，一个人由年轻走向老年，具有思维能力的人也必然能够感知：这是岁月留下的痕迹. 正是长久的、无数个这样的感知，使得人类逐渐建立起时间的概念，并且能够借助时间的概念来描述一个事物的发生过程. 因此，**时间是关于过程的度量**，如何刻画时间的概念完全依赖人的**想象**. 进一步，与这一讲将要讨论的问题有关，为了精确地、符合客观实际地刻画时间的概念，人们就必须构建关于时间的数学模型. 也就是说，既然时间是关于过程的度

◀ 先后关系是事物发展过程的本质属性.

---

① 参见：彼得·柯文尼，罗杰·海菲尔德. 第一次推动丛书·时间之箭. 江涛，向守平译. 长沙：湖南科学技术出版社，1995：7～8.

> 在建立数学模型之前，应当抽象出模型所依赖的现实背景．

量，人们必须借助数学的语言来描述这个度量．似乎可以说，**刻画时间是人类迄今为止构建的最为重要的数学模型**，其效能几乎可以与火的使用、与文字的发明、与自然数的发明媲美．

仅仅凭借我们生活的地球，大概无法准确地建立起关于时间的概念，至少在远古时代是这样的．时间涉及过程，是事物发生与运动的产物，因此，要建立与时间有关的概念就必须要有参照物．对于生活在地球上的人类，最好的参照物便是太阳、月亮和浩瀚的星空．为了准确地表达时间的概念，就必须清晰地描述地球与参照物之间、参照物与参照物之间的变化关系，而且，准确、清晰表达的捷径就是借助数学的语言．这便是用数学的语言描述现实中的故事，这是一个完整的构建模型的过程．

> 如何抽象出数学概念来表述这种变化关系呢？

§2.1 关于日和时的模型

通过长期的观察，人们能够发现太阳升起落下、日复一日的变化，月亮阴晴圆缺、月复一月的变化，气候四季交替、年复一年的变化，于是人们可以建立起时间的概念，甚至可以建立起年、月、日的概念．可是应当如何刻画年、月、日呢？这就涉及了历法．

> 变化启迪人们思索．

制定历法的过程就是构建时间模型的过程． 在人们的日常生活和生产实践中，构建时间模型的基本目的是

第二讲 关于时间的模型

确定年、月、日;构建时间模型的基本依据是地球围绕太阳运转一周的时间,月亮围绕地球运转一周的时间,地球自转一周的时间;构建时间模型的关键是保证年、月、日之间的协调,而实现协调的方法是考虑上述三个运转周期之间的比例.问题说起来简单,但构建时间模型却是一件十分复杂的事情,其原因就在于上述三个运转周期之间的比例都不是整数.也就是说,无论哪个周期都不能整除其他的周期.比如,地球围绕太阳运转一周的时间是地球自转一周时间的365倍多一点.也就是说,年是日的365倍多一点;月亮围绕地球运转一周的时间是地球自转一周时间的29倍多一点,也就是说,月是日的29倍多一点;地球围绕太阳运转一周相当于月亮围绕地球运转12周再加11日多一点,也就是说,年是月的12倍再加11日多一点;特别是,其中所谓的"多一点"是一个无法精确表达的数.在认识世界最基本的问题上,大自然就是用这样复杂的结构来考验人类的智慧,事实上,大自然也是在用这样复杂的关系来启迪人类构造模型.可是,在那远古的时代,人们还不知道太阳、地球、月亮之间的运转关系,如何计算运转周期呢?

日是与日常生活联系最为紧密的概念. 我们不仅需要知道今天,还需要知道昨天和明天.显然,一个最为简单的确定日的方法,是把昨天日出和今天日出之间的间隔定为一日.用这样的方法确定日是可以的,但用这样的方法却无法统一每一个日的起始,因为远古的人们就已

◀ 这就是把现实问题抽象成数学概念的过程.

◀ 由此也可以知道,大自然的表现是偶然的而不是必然的.

◀ 人类智力的提升与大自然表现的复杂有关.

经发现,日出的时间是不一样的,这表现于日照的时间不一样:在夏日要长一些,在冬日要短一些.

我们今天知道,日出日落现象是由于地球自转引起的,而日照时间的长短变化却是由于两个原因:一个原因是地球除了自转之外还要围绕太阳的公转;另一个也是更重要的原因,是因为地球的自转轴与公转平面不是垂直的,倾斜角大约为 $23°26'$. 这样,太阳的直射总是在北回归线和南回归线之间,也就是说,总是在北纬 $23°26'$ 和南纬 $23°26'$ 之间,这也是"回归线"这个名称的由来. 对于北半球,夏至那一日太阳直射在北回归线上,一年中日照时间最长;冬至那一日太阳直射在南回归线上,一年中日照时间最短. 但是,古代的人们并不知道这些道理,当时的人们并没有意识到地球的自转,认为是星空包括太阳都是在围绕着地球旋转. 基于这样的认识,人们怎么能够确定时间呢? 这就涉及一个构建模型的过程:长期坚持不懈地观察和记录日、月、星空的位置变化,利用观察记录构建自己想象的模型,借助想象的模型进行时间的推算. **模型的最初建立往往是基于观察和想象的,而不是基于推理的;判断模型正确与否的标准也往往是基于经验的,而不是基于理性的.**

> 这就是模型不完全属于数学的道理.

考古资料表明,在很早以前,人们就知道夏至日照时间最长,冬至日照时间最短. 位于英格兰威尔特郡索尔兹伯里平原有一个巨石阵,参见图 2.1. 这个巨石阵大约建造于公元前 2300 年,那是旧石器时代的晚期或者新石器

第二讲 关于时间的模型

时代的前期,凭借当时的生产力要把如此多的巨石搬运、竖立在那里,简直是一件不可思议的事情.特别是关于建筑巨石阵的缘由更是谜团重重,人们为什么要建造这样庞大的巨石阵:是为了建造祭祀场所,还是为了建造祖先墓地?虽然各种疑惑困扰着人们,但有一点是肯定的,那就是这个巨石阵的设计考虑了时间的因素.人们发现巨石阵的主轴线、通往石柱的古道和夏至那一天早晨初升的太阳在同一条线上,并且,还有两块石头的连线指向冬至那一天日落的方向.与一年中日照最长的那一天以及日照时间最短的那一天呼应,显然是当时人们的有意之为,这说明当时的人们已经理解了"夏至"和"冬至"的具体含义,并且以此表示对太阳的敬畏.

◀ 史前人类经常会做一些让现代人匪夷所思的事情.

图 2.1 英格兰威尔特郡的巨石阵

与每天日照的时间不同相对应,太阳每天升起的位置也不同,人们在很早以前就发现了这个事实.在上一讲第一节曾经谈到的,大约距今4500~6000年前的中国大汶口文化发现了表示日、云、山的符号.山东日照附近的日月山,每年春分、秋分两个节气,早晨太阳正好从东方的峰顶冉冉升起,大汶口文化的符号表现的就是这个意境.春分在冬至到夏至的正中,秋分在夏至到冬至的正中,在春分和秋分这两个节气,白昼与夜晚的时间一样长.

综上所述,至少在新石器时代的初期,人们就知道了春分、夏至、秋分、冬至这四个节气.这四个节气恰好把一年均分为四段,这四段与人们感知的春夏秋冬相对应.这样,人们就通过日照时间的变化,或者说,根据地球自转与地球围绕太阳公转之间的关系构建了模型,利用这个模型清晰地描述出了春夏秋冬这四季的变化规律.对于人类来说,把握一年四季这个变化规律是非常重要的,这些节气与人们的日常生活和生产实践的关系太密切了,因此,几乎所有民族的历法,无论使用的是阳历、阴历还是阴阳合历,都要明确标出这四个节气.

> 因为信息量的庞大,现代人已经失去了对自然的观察能力,进而失去了朴素的思考能力.

确定日与确定时是密不可分的. "时"是比"日"更小的时间单位,所谓确定时是指在把日划分为若干个间隔,给这些间隔命名,并且用这些名来度量过程.虽然时是在日的基础上确定的,但如果确定了时,反过来又可以利用时来判断日,比如在现代社会,人们都认为过了午夜12时就是第二天.基于时的概念,每天日出的时间可以不

第二讲 关于时间的模型

同:夏日早一些,冬日晚一些.可以看到,这样对日的判断已经与日出日落无关,这是很方便的.那么,如何确定时呢?

确定时间更为准确的参照物是恒星.仰望星空,你会发现随着时间的推移整个星空发生旋转,但大多数星辰在星空中的相对位置是不变的,这些星辰便是恒星.特别是其中的北极星,绝对位置也是不变的,是人们辨别方位的最佳参照物,几乎所有的古老文明都注意到了北极星.这样,如果在夜空中画出坐标,那么就可以根据某个恒星移动到某个坐标来确定时间.对于深远浩瀚的星空,地球是那么渺小,以至于星空中星辰之间的相对位置近乎于永恒,因此用这种方法来确定时间是精确的,这种方法一直延续至今.那么,古代的人们是如何确定星空坐标的呢?

一个切实可行的办法就是把夜晚与白昼连接起来,这个连接点就是黄道.古代的人们普遍认为太阳是围绕地球旋转的,黄道就是指太阳在天空中的运行轨迹.我们在第一辑中曾经说过,无论是在古巴比伦还是在古代中国,人们都认真地研究了星座与黄道之间的关系.不能不令我们惊讶的是,这两个古老文明都把黄道分为十二个区域.我们不知道其中确切的理由,这或许与一年包含十二个月有关.

◀我们的学生们能想出确定黄道的方法吗?

公元前 5 世纪左右,古巴比伦人发明了黄道十二宫,即用十二个星座与黄道的十二个区域对应,这个发明后来逐渐传播到古希腊、古埃及、罗马和印度①.黄道十二宫的发明孕育出许多美妙的神话故事,也促进了占星术的发展,一直影响到今天.英语中表示"思考"的单词 consider 就与星辰有关,这个词来自拉丁文 considerare,是由表示"与"的介词 cum 与表示"星辰"的名词 sidus 复合而成,因此英语"思考"的直接意思是"与星辰在一起".

▶ 古人时常是坐在月下,仰望星空,浮想联翩.

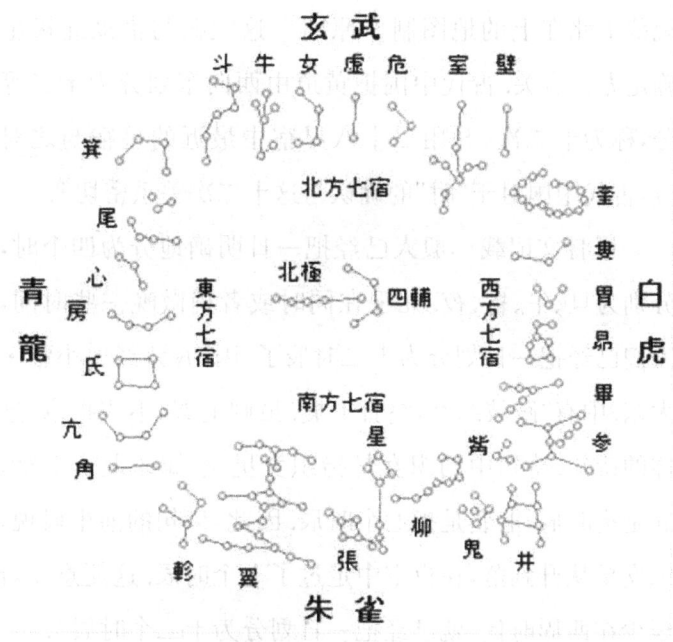

图 2.2　古代中国的星空坐标

在古代中国,人们在天空中设定了坐标,这就是二十八个星宿,东南西北各七个,正如《史记·天官书》说,"天

---

① 参见:H. Hungei and D. Pingree, Astral Sciences in Mesopotamia. Leiden,1999.

第二讲 关于时间的模型

则有列宿,地则有州域",参见图 2.2.比较西方的黄道十二宫可以发现,古代中国更强调的是恒定不变的坐标表示,后来中国古代先民又发明了赤道来表示这些星宿.赤道比黄道更为恒定不变,这一节的后半部分将详细地讨论这个问题.在图 2.2 中,星宿的表示是北在上、南在下,这是现代的表示方法.古代中国强调的是坐北朝南,因此星宿的表示通常是南在上、北在下.到了宋元以后,人们规范了北在上的地图制作原则[1],这大概与借助北极星确定方位有关.古代中国把黄道由西向东划分为十二等分,称为十二次,并用二十八星宿中最近的星宿与之对应,古代中国对于"时"的确认与这十二次关系密切[2].

◀赤道比黄道更为抽象,完全是人的想象,但用来解释自然现象却更精准.

甲骨文记载[3],殷人已经把一日明确地分为四个时,分别为旦、午、昏、夜.几乎在同时或者稍微晚一些时间,人们已经把一日划分为十二时辰了,因为《诗经·小雅·大东》中有"跂彼织女,终日七襄.虽则七襄,不成报章"这样的诗句.诗句中的织女是指织女星座,属于北方七宿,襄是指时辰,七襄是指七个时辰.因此,诗句的前半段说,织女星从升到落,在夜空中走过了七个时辰.这便意味着至少在西周时代,就已经把一日划分为十二个时辰[4].

---

[1] 参见:刘钢.古地图密码:1418.桂林:广西师范大学出版社,2009:85.
[2] 参照《汉书·律历志》和《淮南子·天文训》,王力在《古汉语·第三册》中给出了十二次与星宿的对应表.
[3] 甲骨文主要是指殷墟甲骨文.殷墟在现今河南安阳小屯村一带,商王盘庚于公元前 14 世纪左右将商王朝迁都于此,至约亡国,历 8 代 12 王 273 年.
[4] 参见:张闻玉.古代天文历法讲座.桂林:广西师范大学出版社,2008:60~61;同书第 39 页还谈到,应当把星辰区别,其中星是指行星,辰是指恒星,如果是这样,那么时辰一词就可以理解为由恒星确定的时间.

在中国传统文化中,12 这个数字是非常重要的,甚至影响到今天的每一个中国人,这便是与人的出生年份有关的十二生肖.十二生肖把十二种动物与十二地支联系到一起,这种表示至少可以追溯到汉代,因为在东汉王充(27~约 97)的著作《论衡》中就有与今日述说完全相同的记载.古代中国的十二个时辰也是用十二地支命名的,十二地支分别为①子、丑、寅、卯、辰、巳、午、未、申、酉、戌、亥,其中"子时"对应于现在的时间 23:00~1:00,其余顺推.到了汉代,为了皇宫守夜更替的需要,又把夜晚分为五更,其中"三更"半夜,对应于"子时"在 23:00~1:00 之间;"五更"黎明,对应于"寅时"在 3:00~5:00 之间,其余类推.到了宋代,人们进一步把每个时辰一分为二,分别称其为初和正,比如,子被分为初子、正子,分别称其为小时,这便是现在汉语中"小时"这个词的由来.这样,一日就被划分为二十四小时,延续至今.可以看到,时间的确定完全是人为的,确定的基础便是模型,模型的清晰表述需要数学,但不一定是现代意义下的数学表达式.

▶ 现在规定取消小时的称谓是没有道理的.我们应当对祖先留下来的东西表示敬畏.

明确了"时"就明确了"日",那么如何纪录"日"呢?在古代中国是用干支纪日法,就是用天干与地支组合.天干共有十个:甲、乙、丙、丁、戊、己、庚、辛、壬、癸,与十二地支组合.天干地支的组合方法是这样的:天干的单数配地支的单数;天干的双数配地支的双数.这样,组合数正好是 10 与 12 的最小公倍数 $2\times 5\times 6=60$,从甲子开始到癸亥结束,六十天为一周,循环记录.

---

① 关于天干地支的详细讨论,参见:第一辑第二讲.

第二讲　关于时间的模型

　　我们不知道这样的纪日方法是从什么时候开始的，据史书《世本》中说，"容成作历，大桡作甲子，……二人皆黄帝之臣，盖自黄帝以来，始用甲子纪日，每六十日而甲子一周"，根据这个说法，可以认为纪日方法从黄帝时代就开始了.我想，这种纪日方法至少可以确认到商代，因为殷墟甲骨的卜辞中已经明确有干支纪日的记载①；并且，在《诗经·小雅·车攻》中也有"吉日庚午，既差我马"这样的诗句.资料表明，自鲁隐公三年（即公元前722年）二月的"己巳"日至今，干支纪日从未间断，这就是人类迄今为止最长的纪日纪录，长达2733年，已经超过了10万日.

◀ 由此可知文字记载的重要.

◀ 可以在传统日历中找到这样的记日方法.

　　干支纪日法的好处是周而复始，可以日复一日不间断地纪录；这种纪日法的缺点是不便于记忆和推算，在日常生活中使用不便.我们现在采用的纪日方法是分年、月、日三个层次，分别用数字记载，采用这样的纪日法必须确定年和月.

§2.2　关于年和月的模型

　　古代中国也用天干地支的方法来纪年，即六十年一个甲子.从东汉至今六十甲子周而复始，天干地支纪年法

---

① 参见：王宇信，杨升南，聂玉海.甲骨文精粹释译.昆明：云南人民出版社，2004："释文及译读"中的第598条.

一直没有中断①. 在古代中国还使用一种纪年方法, 就是年号. 用年号纪年的方法是从公元前 841 年开始的. 令人回味的是, 第一个年号的名称是"共和". 周厉王(? ～前 828)是西周第十位国王, 执政时间从公元前 878 年到公元前 841 年. 周厉王在位期间横征暴敛, 酷刑止谤, 终于引起国人暴动, 将他放逐到彘(今山西霍县东北). 厉王被放逐后, 召穆公和周定公共同管理朝政, 或许与此有关, 定国号为共和②. 共和元年即公元前 841 年, 从这一年开始, 中国就有了明确的用年号纪年的方法, 直到中华人民共和国的建立, 历时 2790 年. 但是, 人们如何确定一年的长短呢? 确定一年长短的参照物应当是什么呢?

> 在日本,仍然使用年号纪年的方法.

历法最初的参照物是月亮. 几乎在所有民族的历法中, 一年都是十二个月, 而月的确定依据的是月亮围绕地球的运转周期. 按常理说, 确定月是没有意义的, 因为月亮只是地球的卫星, 对地球上一年四季变化的影响很小. 但是, 几乎所有古老民族的历法都是从月历开始的, 也就是我们通常所说的阴历. 这大概是因为月亮伴随着人们度过漫漫长夜, 月亮的圆缺变化又是那么明显, 于是人们就参照月亮的变化来制定时间. 但是, 这些古老民族的人们没有想到, 制定基于月的历法之后引来的麻烦更大.

人们通常把朔日, 也就是夜空无月的那一日作为一个月的开始. 月亮本身不发光, 月光是由于阳光的反射而

> 人们常常是从最方便的事情开始作起, 逐渐走向深入.

---

① 参见: 王力. 古代汉语·第三册. 北京: 中华书局, 1995.
② 《史记·周本纪》中载: 召公、周公二相行政, 号曰共和.

形成. 每逢朔月, 月亮正好运行到地球和太阳之间, 与太阳同时出没, 于是被阳光照亮的那一半背向地球, 而面向地球的是黑暗的一半, 所以在这一天地球上看不到月球, 称其为朔月. 过了朔日, 黄昏后在西方天际可以看到弯弯的月亮, 称其为新月; 十五天后圆月在中天, 称其为望月; 过了望月, 黄昏后的月亮逐渐移向东方, 直到下一个朔月, 周而复始. 这样, 人们就称在地球上看到的月亮运行周期为朔望月. 可以观察得到, 一个朔望月应当是 30(29.53) 日. 但是, 一个结束的朔日恰好又是新周期的开始, 这样就必须以两个月为单位计算周期, 共有 59 日, 于是人们就用大月 30 日、小月 29 日进行调整. 即便如此, 两个月还有 0.06 日的盈余, 因此每过一段时间还要增加一个大月, 才能保证月初必朔、月中必望. 但真正的麻烦并不在此.

月亮的圆缺变化非常明显, 因此, 基于月把月和日组合在一起就容易记忆日月的流逝. 但是, 基于月的历法很难判别一年的四季, 这是因为阴历一年 12 个月共 354 日, 与地球公转一周 365 日相差 11 日多, 三年将累积 34 日. 这就意味着第一年的春分和第二年的春分相差 11 天, 三年之后春分相差一个月, 这个差实在是太大了. 四季变化将涉及春种秋收, 这实在是一个大问题. 因此, 许多古老民族在阴历的基础上又用阳历加以补充, 被称为**阴阳合历**.

在古巴比伦, 根据出土的乌尔第三王朝(前 2010～前 2003)的行政管理文件, 在历法中规定 25 年加入 10 个

> 这就是星期的由来,星期已经深刻地影响了现代人的生活周期.

闰月①.古巴比伦还规定了7日为周期的星期,分别用太阳、月亮和行星命名,这个规定一直影响到今天.在古代中国,人们则利用二十四节气进行调节.二十四节气的基础是阳历,比如,夏至总是在阳历的6月21日左右,冬至总是在阳历的12月21日左右.中国古代先民的春种秋收完全依赖二十四节气,甚至人们还编出了一些口诀,影响至今.我们上山下乡的那个年代,听到过不少口诀,比如,清明忙种麦、谷雨种大田等等.基于二十四节气,通过闰月调整历法,使其与自然季节吻合,正如《尚书·尧典》中说:"以闰月定四时成岁."②比较古巴比伦,古代中国采用的添加闰月的方法更加准确:19年加7个闰月,如《淮南子·天文训》中说:"故十九岁而七闰."

> 对于古代社会,确定新年伊始是非常重要的.

把一月初一定为一年的开始似乎是天经地义的事情,据说远在5000年前的夏朝就是这样制定的,但后来商朝定在十二月初一,周朝定在十一月初一,秦朝定在十月初一.到了西汉太初元年(前104),汉武帝(前156～前87)责令制定《太初历》,恢复了夏历,即现在所说的农历,以正月初一为岁首.后来历朝虽有过修改,但基本以《太初历》为蓝本.民国元年(1912)规定使用阳历,称阳历的一月一日为新年,称农历的正月初一天为春节.

---

① 参见:Wu Y. H., The Calendars Synchronization and Intercalary Months in Umma, Puzriš—Dagan, Nippur, Lagash and Ur During Ur III Period, *Journal of Ancient Civilizations*, 2002(17):113～134.
② 在古汉语中"岁"与"年"的含义不同.岁是指某一气节,比如春分,到第二年这个气节这段时间,因此岁是指阳历的一年;年是正月初一到下一个正月初一这段时间,因此年是指阴历的一年.参见:王力.古代汉语·第三册(第三版).北京:中华书局,1999.

第二讲 关于时间的模型

古埃及创造了阳历. 在最初的时候,古埃及也使用阴历,但很快就发现了使用阴历的局限性,于是限定阴历只使用于宗教仪式. 因为一种缘由,古埃及制定阳历不是参照太阳而是参照天狼星. 在北半球看,天狼星是南部夜空中最明亮的星,在猎户星座附近,在猎人腰带三星的东南方向. 古代中国也注意到了天狼星,春秋战国时的屈原(约前 340～前 278)的《九歌·少司命》中有"举长矢兮射天狼"的诗句,更有宋代苏东坡(1037～1101)的《江城子·密州出猎》中"会挽雕弓如满月,西北望,射天狼"的诗句. 其中,天狼是指天狼星;长矢和雕弓都是指弧矢星座,共有九颗,正如《史记·天官书》中所记载的那样:"弧九星,在狼东南,天之弓也."

◀ 由此可见,关于时间的确定完全是凭借人的想象.

我们在上一讲中谈到,古埃及文明的兴盛得益于尼罗河每年的泛滥. 而在尼罗河泛滥之时,天狼星就要比太阳更早地出现在东方的天空,在黎明前的黑暗中显得格外耀眼. 这样,天狼星也就得到了古埃及人们的崇拜,并且规定一年从天狼星的偕日升这一天开始,即透特月(Thot)的第一天(7 月 16 日)开始. 通过长时间的观察,古埃及人发现天狼星的偕日升周期为 365 日,误差 1/4 日,于是规定一年 12 个月,一个月 30 日,外加 5 日的假期,共 365 日,然后每四年加 1 日调整误差. 可以看到,这样的历法规定是非常合适的,因为每个月的日数是一定的. 其中,一年 12 个月的规定大概参照了月亮的盈缺. 很显然,古埃及的历法不应当称为太阳历,而应当称为天狼历. 据说,古埃及的这种天狼历的起始可以追溯到公元前

◀ 这是一种最为合理的历法,可惜被凯撒修改了.

4226 年左右①,距今 6238 年,可见历史之久远.

现代历法的确定. 在埃及亚历山大城的希腊数学家、天文学家索西琴尼斯(Sosigenes)的帮助下,儒略·凯撒(Julius Caesar,前 102～前 44)把古埃及的天狼历引入罗马,于公元前 46 年的 1 月 1 日开始实施. 其中规定回归年 365 又 $\frac{1}{4}$ 日:四年中的前三年为平年 365 日,后一年为闰年 366 日;一年 12 个月:单为大月 31 日,双为小月 30 日. 这种历法被人们称为儒略历,后来因为一些众所周知的故事,某些月的日数有所变动.

君士坦丁时代罗马教会获得自由后,于公元 325 年的尼策阿教会会议决定,基督教国家共同采用儒略历,并且把传说中的耶稣基督诞生之年定为纪年的开始,称为公元(A.D.,即"我主纪年"的拉丁文 Anno Domini 的缩写),同时决定春分的时间为每年的 3 月 21 日. 后来,人们为了述说历史的方便,称纪年之前为公元前(B.C.,即"基督诞生前"的英文 Before Christ 的缩写).

> 现在,在全世界范围内普遍采用了这种纪年方法.

但是,回归年应当是 365.2422 日,儒略历与其相差 11 分 14 秒,128 年相差 1 日. 这样,到了公元 1582 年,人们发现春分竟是在 3 月 11 日,与 1258 年前比竟然相差 10 日,近乎每 400 年相差 3 日. 于是,罗马教皇格里高利十三世召集学者开会,研究改革儒略历:把 1582 年 10 月 4 日后的一天定为 1582 年 10 月 15 日,中间跳过 10 天.

> 再一次说明,现实才是检验模型真正性的标准.

---

① 参见:乔治·萨顿. 希腊黄金时代的古代科学. 鲁旭东译. 郑州:大象出版社,2010:35～36.

同时规定：能被 4 除尽的年是闰年，但能被 100 除得尽而不能被 400 除尽的那一年不是闰年，人们称这个历法为格里历．与儒略历相比，格里历在 400 年中减少 3 个闰年，即 400 年中有 97 个闰年和 303 个平年，每年平均长 365.2425 日，与 365.2422 日十分接近．这个方法可以保证到公元 5000 年前误差不超过 1 天．

下面讨论古代中国的历法．中国传统使用的历法被称为农历，因为农历的表现形式是阴历，因此，人们普遍认为古代中国不很清楚阳历，甚至认为阳历是西方传教士带到中国来的．这是一个天大的误解，为此，我们在这一节的剩余部分专门讨论古代中国的阳历．

古代中国的阳历． 直到民国元年，也就是 1912 年，中国才正式采用阳历．在这之前中国一直使用阴历，因此阴历对中国的影响深远，比如，今天的中国人仍然重视"春节"而不重视"新年"．中国使用的阴历又被称为农历，因为中国历来以农业为本．但是，正如我们上面讨论过的那样，仅仅凭借阴历是无法指导农业生产的，那么，为什么农历在中国能够使用的如此长久呢？事实上，在古代中国的历法中，真正指导农业生产的是基于阳历制定的二十四节气．这些节气在历代历法中都被放置在非常突出的位置，因此，中国的农历实质上是阴阳合历．在古代中国，人们很早就知道阳历一年的周期．

◀ 我们应当站在现代科学的角度，重新分析古代中国的创造和发明．

远在商周时代，人们测定阳历一个周期为 366 日，正如《尚书·尧典》中说："期三百有六旬有六日，以闰月定四时成岁."这就是说,一年有 366 日,并且用阳历的周期来调整春分、夏至、秋分、冬至四个节气.当时测算阳历周期的方法被称为"土圭测景",也就是立杆测影.《周礼·夏官司马》中说,"土方氏掌土圭之法,以致日景",可见在周朝已经有了专门掌管土圭的官员,被称为土方氏.在平台中央竖立一根杆子,因为在一天中正午时杆子的影子最短,把其长度作为这一天的日影.显然在一年中,夏至时日影最短,冬至时日影最长,如果把冬至这一天的日影长度记下,那么,下一次同样日影长度出现时,间隔的天数就是阳历一年的周期.同时,可以取夏至和冬至日影长度的平均,用这个平均长度来定春分和秋分时日影长度,这样就决定了一年中最重要的四个节气.

▶ 多么巧妙的方法,但要坚持长期观测.

至少在汉代以前,中国就测定阳历一年的周期是 365 又 1/4 日,这是通过土星的运行周期计算得到的.与古埃及重视天狼星不同的是,古代中国重视的是土星,并且称这颗星为岁星.《淮南子·天文训》中用较大的篇幅讨论了岁星在夜空中的运转周期是十二年,而确定运转周期的参照物就是二十八星宿.其中说道:"日行十二分度之一,岁行三十度十六分度之七,十二岁而周.""十二岁而周"就是说岁星的运转周期是十二年;"分度"是现在所说的"分之"的意思.因此,这句话是说:土星一日运行周天的 1/12 度,一年运行周天的 30 又 7/16 度,12 年运行一个周期.现在,我们根据这个记载来计算阳历一年的周期.假设一年有 a 日,通过上面的解释可以得到算式:

▶ 观测的多么精细,计算的多么精准.

$$\frac{a}{12}=30+\frac{7}{16}=\frac{30\times16+7}{16}=\frac{487}{16},$$

可以计算得到

$$a=12\times\frac{487}{16}=3\times\frac{487}{4}=\frac{1461}{4},$$

这样,一年就有 365 又 1/4 日.

还有一种方法可以计算年与日之间的关系,这就是利用日影长度的变化周期,即土圭之法.比如,用冬至那一天的日影长度分析,可以得到同样的结果,正如《后汉书·律历》中所说:"日发其端,周而为岁,然其景不复,四周千四百六十一日,而景复初,是则日行之终.以周除日,得三百六十五度四分度之一,为岁之日数."这段话就是说,观察冬至那一天的日影长度,一岁过去后,日影长度不能重合,四岁即 1461 日过去之后日影长度才重合,所以用 4 除 1461 得到岁的日数为 365 又 1/4 日.

◀这是一种完全凭借观测的方法,因此要求观测的非常精确.

根据上面所说的道理,古代先民就把由二十八星宿所构建的周天定为 365 又 1/4 度. 我们必须注意到,古代中国规定的圆周是 365.25 度而不是现在的 360 度,这个规定完全是为了描述星辰运转的方便,这与《汉书·律历志》的记载是一致的. 其中记录:东方七宿 75 度,北方七宿 98 又四分度之一,西方七宿 80 度,南方七宿 112 度,加起来正好是 365 又 1/4 度.

◀这种规定在世界上是独一无二的,完全是为了与自然规律相符.

尽管参照系不同,古代中国关于一年周期的结论与古埃及是一致的,这也是那个时代最为精准的结果.正因为如此,古代中国才可能在很远古的时候就制定出相当准确的二十四节气,这对指导农业生产是至关重要的.

郭守敬历法模型.讨论古代中国的天文历法,必须提及元代天文学家、数学家郭守敬(1231～1316)的工作.郭守敬曾任忽必烈(1215～1294)时代主管天文历法的太史院的同知太史院事,对我国水利建设、天文历法以及数学的发展都作出过很大贡献.我们在这里只讨论他在天文历法中的两个工作,即制作天文观测仪器和远距离多点观测,以及天文学方面的两个计算结果,即黄道倾斜角和阳历一年周期.这些工作都涉及黄道与赤道之间的关系.

▶ 黄道是观测的,赤道是想象的,哪一个更实用?

黄道与赤道.在上一节中我们曾经谈到,黄道是指太阳白昼里走过的轨迹.人们最初认为,基于黄道建立坐标,可以度量星辰的运行过程,从而可以指导历法的制定.但在实践的过程中人们发现,随着季节的变化太阳运行的"高低"也发生变化,因此太阳运行轨迹不是恒定不变的,用黄道来确定星辰的方位是不方便的.在浩瀚的星空中,只有北极星的位置是恒定不变的,因此北极星是地球人类最可靠的参照物.可是,北极星只是天空中的一个

第二讲 关于时间的模型

点,无法作为星空球面的参照系,于是中国古代先民设想出了赤道和赤道面.我之所以用"设想"这个词,是因为当时的人们是不可能知道现在所说的赤道,更不可能知道过这个赤道切割地球而得到的虚拟的赤道平面.设想是需要想象力的,事实上,**设想是构建数学模型的开始,也是构建数学模型的关键**.

构建赤道的过程充分表现了中国古代先民丰富而浪漫的想象力,可惜,我们不知道最初是谁设想出来的.这个设想是简洁的,但要清晰地刻画出这个设想又是非常复杂的.首先,古代中国强调天地合一,把天地看成一个天体,就像一个鸡蛋一样,地球是蛋黄,繁星在圆形的蛋壳上移动①,诗句"天似穹庐"描绘的就是这个意境.然后,设想观测者直视北极星得到一个射线,而天上的繁星就是围绕这个射线旋转的.现在,我们作这个射线的垂直平面,并且在这个平面上勾画出一个周长与黄道同样的圆,称这个圆为赤道,称这个面为赤道平面.显然,这样的平面可以做无穷多个,为了得到一个相对固定的赤道平面,古代先民设想在春分和秋分两个节气时赤道与黄道相交②.这样,就可以在天空中得到一个唯一的赤道,这种设想的几何结构如图 2.3 所示.

◀多么丰富的想象力,多么敏锐的直觉判断.

---

① 张衡的《浑天仪注》中说:"浑天如鸡子,天体圆如弹丸,地如鸡子中黄,孤居于天内,天大而地小."这便是古代中国宇宙模型之一的浑天说.

② 张衡的《浑天仪注》中说:"黄道斜截赤道者,则春分、秋分之去极也."这里"斜截"就是相交的意思.

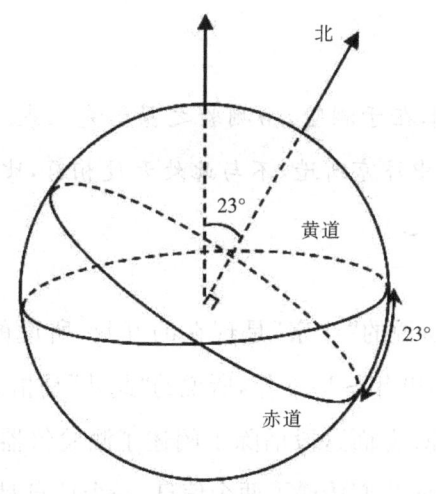

图 2.3　黄道与赤道的关系

为了合理地使用赤道平面,还有一个问题需要得到解决.根据上述设想,只有当观测者站在北极时,才能头顶北极星,才能得到连接北极星的那条射线,因而才能得到那个恒定的赤道平面,使得这个赤道平面与我们今天虚拟的赤道平面平行.但在郭守敬的那个时代,做出这样的要求显然是不现实的,那么,能不能通过北极以外的观测结果,得到那个恒定的赤道平面呢?问题的答案是肯定的,这将涉及纬度的测算,而测算的前提是必须有精密的天文观测仪器.郭守敬很清楚上面问题的答案,因此他非常重视天文观测仪器的制作.

制作天文观测仪器.据《元史·列传·郭守敬》中记载,郭守敬到太史院上任伊始就提出了制造天文观测仪

▸ 赤道平面完全是虚构出来的东西,但作为模型的基础却是恰到好处.

第二讲 关于时间的模型

器的建议:①

> 历之本在于测验,而测验之器莫先仪表.今司天浑仪,宋皇佑中汴京所造,不与此处天度相符,比量南北二极,约差四度.

其中所说的"汴京"是现在的开封,所说的"宋皇佑中"是指 1049 年～1053 年,所说的"此处"是指元大都,即现在的北京.上面这段话除了阐述了测验仪器的重要性外,还至少向我们传递了两个信息:一个信息是有一种很重要的天文观测仪器叫做浑仪;另一个信息是在开封和北京这两个地方的天文观测结果是有差异的,并且,**这个差异是可以计算的**.

最初的浑仪是一种基于赤道的观测仪器,虽然在浑仪上也附有黄道圈和子午圈的天象观测仪,但本质上是基于赤道坐标的.我们已经讨论过,使用赤道作为参照物比黄道要精确得多,这是因为在地球上观测星空,星辰(比如二十八宿)的运动平面与赤道平面平行.在古代中国,至少在战国时代就有了基于赤道的星辰运行纪录②.与中国的情况有所不同,或许是受古希腊天文学的影响,西方一直使用的是黄道,直到丹麦天文学家第谷(Tycho

◀ 古代中国,紧紧地抓住北极星作为观测天体的参照物.

---

① 参见:元史・列传・郭守敬.北京:中华书局,1976:3846.
② 成书于战国时期的《石氏星经》中有基于赤道的数据记载,证明在那时已经有浑仪.石氏是指石申,战国时期的魏国人,活动年代大约在公元前 4 世纪.《石氏星经》这部书已经在宋代以后失传,只能在唐代天文学书籍《开元占经》里见到一些片断摘录,可以从中辑录出一份石氏星表.参见自然科学史研究所薄树人在网上发表的《中国古代在天体测量方面的成就》一文.

> 我们应当反思自己民族的历史，从中总结出一些规律性的东西．

Brehe，1546～1601)开始观测、研究行星运动轨迹的时候，西方的天文学才重视基于赤道的观测仪器[①]，这比古代中国不知道晚了多久．正是因为这个原因，李约瑟(Joseph Needham，1900～1995)曾经嘲弄地说："从以上情况看，耶稣会的传教士在对中国人进行所谓的科学启蒙时，竟于1674年为北京观象台建造了一座黄道经纬仪，这是何等的荒唐可笑．"[②]但是，讨论到这里，我们也不得不进行反思：古代中国的这些非常重要的成果为什么最终没有得到发扬光大呢？人们通常把原因归罪于近代中国的国力衰败．我想，问题并不是那么简单：中国古代先民研究问题的方法是否也存在问题呢？我们将在"北极出地"那个话题中，再比较详细地分析这个原因．可以看到，这个原因与我们正在讨论的构建模型的思想以及方法关系重大．

东汉天文学家张衡(78～139)是传统浑仪的集大成者，正如《晋书》中所说："崔子玉为其碑铭曰：'数术穷天地，制作侔造化．高才伟艺，与神合契．'盖由于平子浑仪及地动仪之有验也．"其中所说的"平子"是张衡的字．但是，传统的浑仪比较复杂，郭守敬经过缜密的研究之后，去掉了浑仪上黄道圈、子午圈等不必要的部件，同时加强了赤道的精度，人们称这个仪器为**简仪**．这样，简仪就是一个简单实用的纯赤道式天象观察仪．其构造与现今天文望远镜所使用的赤道装置是一样的：虽然郭守敬没有

---

① 参见：Gunther, R. T., Early Science in Oxford. Oxford(14), 1923～1945.
② 参见：李约瑟．中国科学技术史·第四卷天学·第二分册．北京：科学出版社，1975：497．

发明望远镜,却是现代望远镜赤道装置的创始人①.

远距离多点观测. 郭守敬非常清楚,为了在北极以外也能够精准地得到赤道平面,就必须进行远距离多点观测,通过观察结果测算所在平面与赤道平面的夹角,通过这些夹角分析地球与星宿之间、黄道与赤道之间的关系. 他在给忽必烈的奏折中陈述说:②

◀ 观测建立直观的基础,也是构建模型的基础.

> 唐一行开元间令南宫说天下测景,书中见者凡十三处. 今疆宇比唐尤大,若不远方测验,日月交食分数时刻不同,昼夜长短不同,日月星辰去天高下不同,即目测验人少,可先南北立表,取直测景.

其中所说"一行"是指唐代天文学家张遂(673～727). 郭守敬的意思是说,唐代张遂在开元年间(724年)曾经进行过大规模的天文观测,设立了十三个观测点,当今疆域更大了,应当设立更多的观测点. 忽必烈接受了郭守敬的建议,下令在全国建立了二十七个观测点. 这些观测点南起南海(西沙群岛),北至北海(贝加尔湖),东起高丽(朝鲜半岛),西至西凉州(甘肃威武),可见范围之广③.

这次大规模观测最重要的成果之一就是测定了各地的"北极出地". **北极出地**是古代中国天文学的一个重要概念,有时也说某某星宿出地,其含义是一样的. 所谓北

---

① 参见:李约瑟.中国科学技术史·第四卷天学·第二分册.北京:科学出版社,1975:467～489.
② 参见:元史·列传·郭守敬.北京:中华书局,1976:3848.
③ 参见:元史·天文·四海测验.北京:中华书局,1976:1000～1001.

极出地是指北极星与地面的高度所形成的角度,即观测者所处地平线与观测者与北极星连线所形成的夹角角度.

不可思议的是,北极出地所刻画的角度与现在人们所说的北纬完全吻合.许多研究文献都谈到了这一点,但均没有给出明确的证明.为此,我尝试性地分析了一下其中的道理,我惊奇地发现:要得到这个结论,就必须用到罗巴切夫斯基几何.所谓罗巴切夫斯基几何,是以俄罗斯数学家罗巴切夫斯基(Nikolas Lobachevsky,1792～1856)的名字命名的一种几何,与古希腊学者欧几里得(Enclid,约前325～前265)所描述的几何不同,这种几何假设过直线外一点可以作无数条平行线,详细讨论参见第二辑.这也就是说,中国古代先民无意识地,但非常清晰地使用了罗巴切夫斯基几何.

北极出地与罗巴切夫斯基几何. 我们已经谈到,如果设想有一个赤道平面存在:北极星 N 与地心 O 连线,赤道平面与这条连线垂直且过地心.如果在北半球有一个观测点 A,那么,点 A 的北纬度数就是指点 A 与地心 O 连线与赤道平面的夹角 a,如图 2.4 所示.

下面讨论点 A 的北极出地.所谓点 A 处的地平线就是过点 A 作一条地球的切线,然后连接北极星与观测点得到连线 NA,北极出地就是指切线与 NA 之间的夹角.按照欧几里得几何,这个夹角无论如何也不会等于北纬度数.但是,如果我们设想:北极星非常遥远,相对于地球半径就是无穷远点(事实上,北极星距离地球 400 光年,即光以每秒行走 30 万公里的速度需要行走 400 年,而地球半径只有 6 千多公里),因此,我们可以认为从点 A 遥望北极星 N 得到连线 NA 与 NO 平行,如图 2.4 所示的那样. 这样,所谓的北极出地就是图 2.4 中的角 a'. 因为

$$\angle a + \angle b = 90° = \angle a' + \angle b,$$

于是就有 $\angle a = \angle a'$,因此,北极出地与北纬度数相等. 事实证明,这样的思考是正确的.

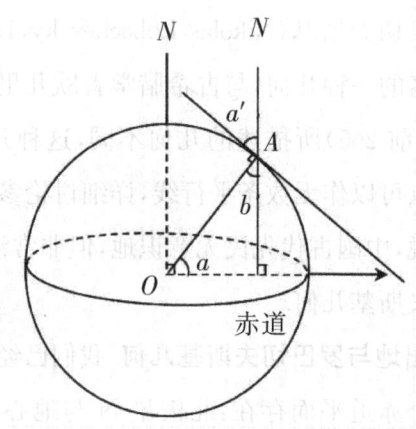

图 2.4 北极出地与纬度之间的关系

在上面的论证中用到了一个假设前提,这就是从无穷远点 N 出发,可以在地球上得到两条平行的直线 NO 和 NA,或者说,可以得到无数多条平行线. 这个假设前提显然与欧几里得几何关于平行线的假设相悖,这正是罗巴切夫斯基几何与欧几里得几何的差异所在. 由此可以看到,古代中国先民在天文学的测量以及地理方位的确定中,无意识但十分合理地使用了罗巴切夫斯基几何,

并且在时间上,要比罗巴切夫斯基至少早 5 个世纪.

与赤道平面的问题一样,中国古代先民往往不追求严格的论证,仅仅凭直观就能把许多非常重要的结果应用得恰到好处,这不能不令人惊叹不已;进一步,他们对结果合理性的判断凭借的是经验,这样判断方式可以省略许多不必要的繁琐论证.因此,这样认识问题的方法是简洁的,也是明快的.这种认识问题的方法是古代中国思维方法的集中体现,这便是人们通常所说的"悟".可以看到,这种认识问题的方法很大程度上影响到了现今的中国.但是,我们也应当看到,单纯凭借直观和经验认识问题是不够的,因为这样认识问题不利于进行长期而稳定的研究.或许就是因为这个原因,**在中国古代很难形成明晰的概念,很难建立系统的理论**.没有明晰的概念和系统的理论,即便是非常有价值的方法和结果也很难让世人理解,更难以发扬光大,这方面最典型的例子就是我们在第三辑中曾经讨论过的朱世杰的著作《四元玉鉴》.朱世杰(1249~1314)是元代数学家,他在那部著作中讨论了立体结构的级数求和问题.其中很多结果即便是今天也是富有启发的,但他只给出了问题的结果而没有阐述理由,更没有建立理论,于是这些结果到了明清时代就没有人能够理解了,这样的研究也就无法传承下去.对于构建数学模型也是这样,虽然模型本身可以凭借想象得到,但模型的合理性仅凭经验判断是不够的,还应当在适当的时候进行相对严格的论证;进一步,为了使得这个模型能够让更多的人理解、更加深入地研究下去,就必须利用数

▶ 直观是重要的,但是仅仅凭借直观是不行的.归纳推理是重要的,但仅仅凭借归纳推理也是不行的.

▶ 这也是数学模型为什么如此广泛地应用了自然科学、社会科学,甚至人文科学的原因.

学的语言以及数学的推理逻辑来清晰地表达这些模型.

有了上面的关于北极出地的论证,只须注意到古代中国规定的圆周是 365.25 度,就可以放心地使用郭守敬的那些观测结果了. 我们来分析一个很有争议的观测点,那就是郭守敬所确定的二十七个观测点中最南端的观测点——"南海". 南海到底在哪里? 许多学者认为南海是指现在的广州[①],但《元史·天文 四海测验》中记载的南海的北极出地是 15 度,即南海大约位于北纬 15°. 我们知道,广州几乎是在北回归线上,因此是在在北纬 23°附近,这样,这些学者的说法与郭守敬的测量结果未免相差太远. 据此,可以推测元代所说的南海是指现在的西沙群岛一带. 进一步,下面两个结果可以验证郭守敬的观测结果和计算结果都是可以信赖的.

黄道倾斜角. 黄道倾斜角是指夏至正午时,太阳直射光线与赤道平面之间的夹角,参见图 2.3. 通过上面的分析我们可以知道,这个夹角就是北回归线的度数,即北纬 23°26′. 至元十七年(1280 年),郭守敬等人联名给忽必烈进呈奏章,汇报天文观测结果,其中专门谈到对于太阳的观测. 关于黄赤道角度的差异,奏章中是这样说的:[②]

四曰黄赤道内外度:据累年实测,内外极度二十三度九十分.

[①] 参见:李迪. 郭守敬. 上海人民出版社,1966:40;也参见:李约瑟. 中国科学技术史·第四卷天学·第一分册. 北京:科学出版社,1975:288. 在广州附近确实有个地方叫南海,晚清康有为(1858~1927)就是那个地方人,于是人们也称他康南海.

[②] 参见:元史·列传·郭守敬. 北京:中华书局,1976:3851.

其中"黄赤道内外度"是指黄道与赤道的夹角,这个夹角是随季节的变化而变化的,而"内外极度"就是其中的最大夹角,即夏至这一天的夹角. 表面看,郭守敬测得的夹角似乎有很大差距,但事实上,郭守敬的测量是非常准确的,我们来分析这个问题. 随着北极星的微小移动①,这个最大夹角是逐渐缩小的,大约每年缩小半秒(0.468秒),这个差异在短时间是观察不出来的. 但据此推算,730 年前这个角度比现在大约要多 6 分,因此那时的北回归线的纬度大约为 $23°26'+0°6'=23°32'$. 现在,我们换算一下郭守敬的观察结果,即把周角 365.25 度换算成为 360 度,计算如下:

> 夏至这一天黄赤道之间的夹角就是北回归线的纬度.

$$23.90 \times \frac{360}{365.25} \approx 23.55 = 23°33'.$$

这个结果与我们今天的计算结果相差大约为 1 分,即相差大约为一度的六十分之一. 这足以说明,郭守敬关于北回归线的把握,进而对夏至的把握是相当准确的,因为通过夏至可以推算冬至以及其他的节气. 这也说明,古代中国从阳历的角度把握二十四节气是相当准确的.

> 人们对春夏秋冬都有明显的感觉,但要正确地定义却不是一件简单的事情.

阳历一年周期. 郭守敬等人根据天文观测结果,进行了精心的计算,最终形成了新的历法,借《尚书·尧典》中

---

① 更确切地说,应当是地球自转轴方向发生微小移动. 早在晋代,天文学家虞喜(281~356)就发现了这个现象,称其为岁差,如《宋史·律历志》记载:"虞喜云:尧时冬至日短星昴,今二千七百余年,乃东壁中,则知每岁渐差之所至."

"敬授民时"的古训,新历法取名为《授时历》,于至元十八年正月初一(1281年1月22日)颁布实施.后来明代继续使用这个历法,这个历法前后使用363年(1281~1643),是中国历史上使用时间最长的一部历法.基于1280年冬至观察到的准确时间,再结合对南北朝数学家、天文学家祖冲之(429~500)以来各家历法的关于冬至纪录的分析,郭守敬等人在《授时历》中把阳历一回归年测定为365.2425日[①].可以看到,这个结论与前面谈到的1582年格里历所规定的一年的周期是完全一样的,但要早出整整300年.

通过上面的讨论可以看到,古代中国对阳历是非常知晓的.首先,古代中国先民确立了一个合理的观察和分析模型,这就是赤道平面.虽然这个赤道平面完全是虚构的,但在实际应用中精准有效,这个模型是现代天文望远镜构造的理论原型.其次,准确地计算了夏至和冬至的时间,此基础上准确地计算了一年的周期和北回归线.可以看到,这些结果对刻画阳历就足够了,因为节气和周期是阳历的核心,对阳历而言,月的划分是不重要的.

◀ 由此可知,古代中国对阳历是相当知晓的.

§2.3 关于分和秒的模型

"分"是比"时"更精细的时间单位,"秒"又是比"分"更精细的时间单位.在人们的日常生活和生产实践中,时

---

① 参见:元史·列传·郭守敬.北京:中华书局,1976:3851.

间单位精细到秒是必要的,一般来说,精确到秒也就足够了.

如果说确定年、月、日必须参照自然界的一些东西的话,那么,确定分和秒就必须依赖人的发明和创造了,因为利用肉眼观察,无论是测量日影的长度还是观察星体的移动,都不可能精确到分,更不可能精确到秒.因此,确定分和秒的参照物则必须是人为制造出来的那些东西.那么,最为简单易行的参照物是一些什么东西呢?

▶ 时间的本质是对事物发生过程的度量.

水流钟. 中国自古就有"流年似水"的说法,更有孔夫子站在江边感叹"逝者如斯夫,不舍昼夜"的诗句.因此,最自然、最简洁的方法就是利用**水流量的多少来刻画时间的流逝**. 在古代中国,用水流刻画时间的仪器有两种:一种被称为漏壶,一种被称为刻漏. 这两种仪器在本质上是一样的,都是用两个或者两个以上的水壶,其中一个水壶泄水,其余的水壶接水. 漏壶以泄水的多少表示时间的经过,刻漏则在接水的壶上刻出尺度,以接水的多少表示时间的经过.

▶ 对于一些简单的东西,人们的思维是有共性的.

漏壶的出现要更早一些,因为《周礼·夏官·司马》中有"凡军事,悬壶以序聚榔"的记载. 这就是说,有军事活动时,打更者根据悬挂漏壶所示时间,决定敲榔子的次数. 由此可以推测,中国至少在周就有了漏壶. 考古发现,古埃及以及古巴比伦在公元前 15 世纪就使用了漏壶,于是汉学家李约瑟推断,漏壶是经阿拉伯传入中国的[①]. 我

---

① 参见:李约瑟.中国科学技术史·第四卷天学·第一分册.北京:科学出版社,1975:336~337.

想,李约瑟的这个说法可能有些武断,因为制作漏壶的想法和工艺都非常简单,制作这样的仪器不一定必须向他人学习.

至少到了汉代就有了刻漏,汉代学者桓谭(前23~56)曾经做过管理刻漏的官员,他在《新论·离事》中说:"余前为郎,典刻漏,燥湿寒温辄异度,故有昏明昼夜.昼日参以晷景,暮夜参以星宿,则得其正."[1]说明当时不仅知道温度的变化对刻漏的精度有影响,并且规定要经常参照日影和星辰来调整刻漏的精度,这说明当时刻漏的管理已经制度化了.刻漏的时间单位是"刻",把每天分为 100 刻.我们现在度量时间也使用刻,一刻钟是指 15 分钟,因此一个小时 4 刻,一天 96 刻,与古时所说的刻稍有不同.西汉末年曾规定一日为 120 刻[2],南北朝曾规定一日为 96 刻[3],与现代一样.虽然这两种方法都比一日 100 刻更有道理,使用起来也更加方便,但不知为什么,在古代中国这样规定刻的方法实施的时间都很短暂,只有一日 100 刻的规定一直延续到清代.

许多学者认为,东汉张衡发明的水动浑天仪以及宋代苏颂(1020~1101)在浑仪上装上的机械装置,是机械钟的始祖[4],我却不那么认为,因为就规定时间的模型而

---

[1] 参见:宿县·安徽大学中文系桓谭新论校注小组.桓谭及其新论.1976:128.
[2] 是在西汉末年(纪元前后),如《汉书·卷十一》第 340 页中说:"以建平二年为太初元将元年,号曰陈圣刘太平皇帝.刻漏以百二十为度."参见:汉书·卷十一.北京:中华书局,1962.
[3] 是在南北朝梁武帝(464~549)时期,如《畴人传·卷第九》第 98 页中说:"天监六年,武帝以昼夜百刻分配十二辰,辰得八刻,仍有余分.乃以昼夜为九十六刻,一辰有全刻八焉."参见:阮元,等譔.畴人传·卷第九.扬州:广陵书社,2009.
[4] 参见:李约瑟.中国科学技术史·第四卷天学·第二分册.北京:科学出版社,1975:439~450.

> 人们往往认为用连续的东西记录时间会更精确,因为没有遗漏,事实并不是这样,参见关于原子钟的讨论.

言,机械钟与水流钟有本质的不同. 现在,让我们思考另一种计量时间的模型:如果一个人的脉搏一分钟跳六十次,则规定脉搏跳动之间的间隔为一秒. 可以看到,这种模型与利用水流量的多少来计量时间的模型是完全不同的,这种模型强调的是脉搏跳动的周期性. 机械钟以及后来的石英钟、原子钟利用的都是"脉搏跳动"式模型,只是各自"脉搏跳动"的形式有所不同.

机械钟. 在过去相当长的一段时间里,机械钟特别是机械表是人们日常生活中不可缺少的伴侣. 人们亲切地称机械表为手表,现代仍然有许多人对机械表情有独钟.

机械钟的基本时间单位是秒,通过秒来控制分,通过分来控制小时. 机械钟主要由蓄能装置、守时装置、报时装置这三个部分组成. 传统机械钟的蓄能装置依靠的是重锤的重力,后来使用压缩了的发条. 守时装置非常复杂,但本质上是利用振荡来控制能量的释放,以此控制"秒"的行走,因此,守时装置又被称为振荡器. 最初的机械钟是通过一组特殊的齿轮来控制振荡,显然,通过齿轮控制的机械振荡是不准确的. 报时装置则是利用指针,为了简洁明了,机械钟使用的是十二制,规定一制是一个小时. 因为一天是二十四小时,这样,报时的时候就需要说明是上午(am)还是下午(pm).

伽利略发现单摆的等时性后,荷兰数学家、物理学家惠更斯(Christiaan Huygens,1629~1695)则利用单摆的原理制作了振荡器,于1656年设计并制作了第一台单摆

第二讲 关于时间的模型

机械钟.自从有了单摆机械钟,人类关于时间的确认就可以精确到秒了,这也意味着,从那个时候开始,人类社会终于进入了精确守时的时代.除了设计制作单摆机械钟,惠更斯还给出了著名的单摆周期公式,这就是 $T=2\pi\left(\dfrac{L}{g}\right)^{\frac{1}{2}}$.其中 T 表示周期,L 为摆长,g 为重力加速度.有了这个数学公式,人们可以通过计算来设计钟摆的长度,进而控制机械钟的精度.显然,惠更斯给出的是一个现代意义的时间模型,其中不仅用数学语言描述了一个刻画时间的故事,更重要的是,**这个模型明确地表达了时间的周期性**,这个周期性是精确刻画时间的基础.

◀ 这是第一个关于时间的数学模型.

机械表的原理与机械钟基本相同,只不过机械表的蓄能装置是压缩了的发条,振荡器是用摆轮与游丝的简谐运动来代替单摆.

◀ 伴随着摆轮的滴答声,人们体验时间的流逝.

石英钟.石英钟的基本原理与机械钟是一样的,也是由三个部分组成.其中,蓄能装置使用的是电池,振荡器利用的是石英晶体①的压电效应,报时装置有传统的指针式,也有液晶数字显示.因为石英钟的蓄能装置是电池,因此人们也称这样的钟为电子钟.现代社会,人们通常使用的是电子表,电子表的构造与电子钟的构造基本相同.石英钟刻画时间的精度相当高,目前最好的石英钟,日计时能精准到十万分之一秒,270 年才差 1 秒.

◀ 后来,液晶显示被广泛应用于日常生活的各个领域.

时间似乎是一个最为简单的概念,因此康德认为时

---

① 石英是一类矿物的统称,化学成分为二氧化硅,常见的有硅石、水晶、玛瑙等.

间是纯粹直观而不是经验直观.不可思议的问题是,在这个世界上,最为简单的东西往往又是最难说清楚的东西,我们将在下一节再详细讨论这个问题.现在,我们把人的一生作为参照物,从感性的角度描述一下人们对时间是如何感悟的.在"文化大革命"的年代,我曾经游历过桂林的芦笛岩,岩洞里面布满了形状各异的钟乳石,非常壮观.钟乳石是碳酸钙沉淀物,形成过程非常缓慢,即便是一个石笋,其形成时间也往往需要上百万年.凝视着这些钟乳石,任何人都会感叹人生的短暂,也会感叹时间的寂寞和永恒.

▶ 时间的流逝,也是人的一种感觉.

但是,对于电磁振荡的周期而言,不要说一个人一生的时间长度,就是一秒的时间长度也似乎太长了,这就是设计原子钟的思维基础.

原子钟. 现代科学研究对时间精度的要求是非常苛刻的,这就要求把时间划分得更加精细,比如,带电 π 介子的半衰期是一亿分之十七秒.随着人们对时间刻画得精细,也必然使得人们对时间认识得更加深刻,后来人们制造出了比石英钟更为精准的时间仪器,这就是原子钟.

▶ 时间的最终刻画,依赖于物质存在的最基本形态.

原子钟的振荡器是利用电磁辐射的振荡周期.不同原子的电磁辐射周期是不同的.或者说共振频率是不同的,美籍奥地利物理学家拉比(Isidor Rabi,1898~1988)发明了一种磁共振技术,能够精确地测量出原子的自然共振频率,为此他获得了 1944 年度的诺贝尔物理学奖.根据这项技术,美国麻省的摩尔登公司于 1956 年建造了第

第二讲 关于时间的模型

一台商用原子钟.1967年,在第13届国际度量衡大会上,利用原子钟的原理对"秒"给出了严格的定义:铯133辐射9192631770个周期的时间间隔.现代科学技术的进步真可谓突飞猛进,竟然可以如此精准有效地记录原子的辐射频率.也正因为如此,人类终于能够严格地度量时间了,这个定义是从"秒"开始的.

目前,最好的铯原子钟可以精确到2000万年误差1秒.最近,美国科罗拉多大学的物理系教授叶军和他的研究小组做成了基于锶的原子钟,其精度达到7000万年差1秒,这或许是目前世界上最准确的计时器.对于我们生活在地球上的人类来说,7000万年以后的事情几乎是不可思议的,除非时间可以缩短.时间可以缩短吗?

我们已经用很长的篇幅讨论了时间.可以看到,时间完全是一个人为的概念,这个概念是人类对事物发展过程的一种抽象,是为了度量事物发展过程的先后关系.为了实现这种度量,就必须寻找合适的参照物,比如我们讨论过的太阳、月亮、星辰、水流、机械震荡、晶体振荡、电磁波等等.对于这些参照物,人们关注的是变化规律,特别是关注变化周期.**为了借助参照物的变化周期来刻画时间,就必须使用数学的语言,而为了实现精细刻画,就必须构建数学模型.**虽然这些数学模型完全是人们在实践中想象出来的,但事实证明,利用数学模型刻画时间的方法是行之有效的.我们知道,故事是经过人们演绎加工过的东西,由此可以知道,数学模型就是人们借用数学的语

◀ 时间的流逝不是平铺直叙,而是周而复始,这就表现于时间刻划的周期性.

言对现实世界故事的演绎加工,就像我们在绪论中曾经表述过的那样.

但是,在上面的论述中,讲故事的人似乎是一个局外人,讲故事的人并没有进入到参照系之中.如果讲故事的人也在参照系中,那么,对时间的判断也是一样的吗?为了回答这些问题,就必须对时间进行更加深入的思考,这将涉及相对论的问题.

▶ 这个想法是不是很有趣?正是这个想法引发了爱因斯坦的狭义相对论.

§2.4 相对于运动物体的时间模型

通过前面三节的讨论,我们似乎对时间有了一种感觉,时间就像一条长河,这条长河承载了所有发生过的事情,静静地、以同样的速度流淌着.时间是永恒的,时间也是绝对的.伟大的英国物理学家牛顿(Isaac Newton,1643~1727)的所有研究就是建立在这种绝对时间之上的,他非常强调时间流逝的不变性:[①]

▶ 牛顿的想法是自然的,但牛顿的想法有其局限性.

所有运动都可能加速或减速,但绝对时间的流逝并不迁就任何变化.事物的存在顽强地延续维持不变,无论运动是快是慢抑或停止.

按照牛顿的说法,过去、现在、将来这三个刻画时间最重要的概念本身是绝对的:一个事件,无论是发生在同

---

① 参见:牛顿.自然哲学的数学原理.王克迪译,北京:北京大学出版社,2006:5.

第二讲 关于时间的模型

一地点,还是在相距遥远的地方,这三个概念的意义都是一样的.但是,仔细思考一下,我们会发现这个说法是有问题的,比如,遥远的天边打雷的时候,既有闪电又有雷声,是应当通过闪电来确定打雷的"现在"呢,还是应当通过雷声来确定打雷的"现在"呢?经验告诉我们,应当通过闪电来确定,因为是先有闪电后有雷声.那么,更加遥远的地方会怎么样呢?比如,在天狼星附近有一个超新星发生了爆炸,我们在地球上能够同时知道这个事件的发生吗?按照牛顿的说法,"现在"这个概念是绝对的,因此,"时间绝对"这个说法就必然要求那个超新星爆炸的信息"即刻"被送达地球,这可能吗?输送超新星爆炸信息的载体是光,那么,光能够实现信息的即刻到达吗?我们必须提出这样的问题:光是不是也有速度呢?如果光也有速度,是否还有比光更快的速度呢?

◀对简单的现象问为什么,往往会引发深入地思考.

◀信息的载体往往是问题的核心.

光速是绝对的.我们曾经在第四辑讨论过光的速度是绝对的,并且通过爱因斯坦(Albert Einstein,1879~1955)的思维的实验来说明光的速度与发光物体的速度无关,从而论证了光速的绝对性.光速实在是太重要了,在我们的日常生活中,收音机、电视、手机、卫星定位系统都是通过电磁传递信息的,英国物理学家、数学家麦克斯韦(James Maxwell,1831~1879)给出了著名的麦克斯韦方程(详细讨论参见第四讲第四节),告诉我们电磁传递的速度与光速是一样的.我们似乎觉得,收音机传递的信息是即刻的,在20世纪,人们都是听收音机报时来调整家里的钟或自己的手表,这样的调整从来没有出现差错.因此人们有理由认为:光速是无穷大的,光传递信息是即刻的.

对于地球而言,光速确实是无穷大的,那么,对于浩瀚无涯的宇宙空间呢? 为了明确这个问题,人们开始尝试测定光的速度.在伽利略用自己制作的望远镜观察木星、认定木星也有卫星之后,人们发现了一个奇怪的现象,当地球与木星之间距离发生变化时,木卫一[①]进入木星阴影的时间与计算值之间会发生变化:距离远时相差大一些,距离近时相差小一些,时间最多相差 22 分钟,参见图 2.5,图中 A 和 B 是地球轨道上的两个不同点. 丹麦天文学家勒默尔(Ole Roemer,1644~1710)认为引起这种时间差异的原因是光的速度,也就是说,光的速度是有限的,光穿越地球轨道直径大约需要 22 分钟,据此勒默尔计算出光速为 214000 公里/秒.

▶ 当事物发展的过程中出现差异时,应当探究引发差异的原因,这个原因往往就是事物的本质.

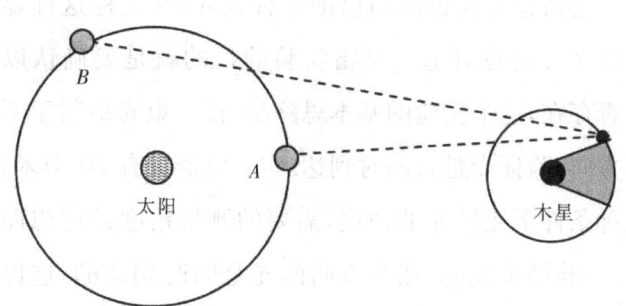

图 2.5　地球上观察木卫一的时间差异

---

① 这是伽利略最早发现的木星卫星,也是伽利略发现的木星四颗卫星中最亮的一颗.

第二讲　关于时间的模型

美国实验物理学家迈克尔逊(Albert Michelson,1852～1931)于1931年,也就是在他生命的最后一刻,给出了光速精密的测定:299910 公里/秒. 迈克尔逊发明了一种用以测定微小长度、折射率和光波波长的干涉仪,这种干涉仪在研究光谱方面起着重要的作用,后来被人们称为迈克耳逊干涉仪. 1887年,迈克尔逊与化学家莫雷(Edward Morley,1838～1923年)利用这种干涉仪,做出了著名的迈克耳逊—莫雷实验. 这个实验不仅否定了以太的存在,并且为狭义相对论奠定了实验基础,为此,迈克尔逊获得1907年诺贝尔物理学奖,成为美国获得的诺贝尔物理学奖的第一个人. 现在,人们利用原子钟测定时间,得到光速为299792.458 公里/秒①.

许多实验结果表明,光是以粒子的形式传播,但其传播路径不是直线而是波②. 这使人们联想到了水波和声波,因为水波的媒介是水,声波的媒介是空气,于是人们自然会猜想光波也应当借助一种媒介,并且称这种媒介为以太③. 迈克耳逊—莫雷实验的目的就是要确认以太是否存在,这个实验的基本思路是:让一束光折射于不同的方向,验证光是否同时到达. 实验仪器只有20多米长,这种条件下比较光的速度,需要的测量精度是可想而知的. 实验结果表明:几个方向的光是同时到达的,这说明

◀这种联想属于亚里士多德三大联想定律中的相似律,参见第四辑的讨论.

---

① 参见:伊戈尔·诺维科夫. 时间之河. 吴王杰,等译. 上海:上海科学技术出版社,2001:37～38.
② 事实上,正如第二辑中讨论过的那样,直线的定义是非常困难的,我们只能认为,光行走的路线是最捷径的.
③ 以太的英文是Ether,来自希腊语,原来的意思为上层的空气,即天上的神呼吸的空气. 笛卡儿把这个词引入科学中.

以太是不存在的.事实上,这个实验结果说明,无论是加上地球自转的速度,还是减去地球自转的速度,对光速都是没有影响的,因此也说明,光速在不同惯性系、在不同方向上都是相同的.光速不变原理,正是爱因斯坦狭义相对论的基础,但1905年爱因斯坦发表狭义相对论时,提出光速不变原理只是基于我们曾经讨论过的他头脑中想象的思维实验,而没有参考这个仪器实验.

> 这是为什么呢?这样得到结论的理由充分吗?

时间是相对的. 正如我们在前几节所讨论过的那样,时间的确定依赖于物体的运动;进一步,有了时间的刻画,又可以反过来研究并且度量物体的运动.下面的讨论都基于最简单的匀速直线运动,这涉及三个最为基本的概念:时间、速度、距离.我们定义:单位时间物体的位移为速度,用 v 表示.如果时间 t 之后物体移动的距离为 x,那么,距离可以表示为

> 深刻的结论往往出自于对简单问题的实质分析.

$$x = vt. \qquad (2.1)$$

这个式子是典型的数学模型,表述的是距离与时间以及速度之间关系,这也是小学数学中最主要的数学模型[①].通过这个式子可以得到关于时间的表达

$$t = \frac{x}{v}. \qquad (2.2)$$

---

① 小学数学中还有"总价=单价×数量"这样的模型,但模式是相同的.

第二讲 关于时间的模型

可以看到,这个模型完全是一种静态的描述.那么,如何考虑动态的情况呢?我们可以提出这样的问题:如果考虑运动者与观测者之间的相对运动,这个结果也成立吗?对于这样的一类问题,人们通常称运动者与观测者处于不同的惯性系①.可以把这个问题化简为下面的例子.

◀ 提出问题是深入思考的前提.提出的问题要尽可能简捷明了.

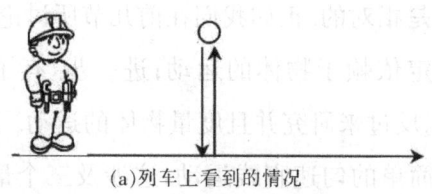
(a) 列车上看到的情况

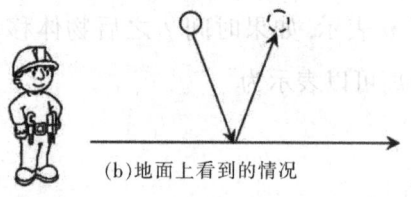
(b) 地面上看到的情况

图 2.6 列车与地面看到光行走的路线

如图 2.6 所示,一个人在飞驰的列车上,一个人在地面,这样,列车上的人和地面上的人就处在两个不同的惯性系.在列车的天棚设置一个发光源,在列车的地板上设

---

① 名称来源于牛顿力学三大定律的第一个定律,即惯性定律:在不受外力的作用下,物体保持静止或者匀速直线运动.

置一个反光镜,从发光源向地板直射一束光,那么,两个惯性系的人看到的光行走路线将是不同的:在列车上看,光是垂直向下然后向上;在地面上看,光走了一个 V 形. 那么,如何解释这两种不同的情况呢?

> 这个例子是具有一般性的,其本质是基于想象的.

为了回答这个问题,我们先针对两种情况建立两个 (2.1)式,然后再分析这两个式子之间的关系. 这两个式子一个是为列车中的人建立的,一个是为地面上的人建立的,式中的速度为光速.

在讨论之前,我们需要认定物理学中的一个基本公理,这就是:

宇宙中所有各处的物理规律都是一样的. (2.3)

> 在构建模型之前,必须确定一个思维的起点.

这个公理意味着,无论是在哪一个惯性系,所用的物理学公式都应当是一样的,变化的只能是其中的参数,就像我们曾经讨论过的伽利略自由落体公式,其中的重力加速度 g 在不同的惯性系中是可以不同的. 可以看到,物理学的这个公理无论是从哲学角度,还是从现实角度都是无可挑剔的,否则我们生活的宇宙就太杂乱无章了.

> 构建模型的前提本身必须是不悖的,也就是通常所说的无矛盾性.

我们已经知道光速是绝对的,也就是说,在两个式中"光速"是相同的,是一个常量. 如果仍然坚持牛顿的说法,认为时间也是绝对的,那么,在两个式中"时间"也是相同的,也是一个常量. 因为两个式子中的量都是常量,因此,两个惯性系看到的情况应当完全一样. 但从图 2.6 中知道,这个结论与事实不符,因此,我们必须改变传统

第二讲 关于时间的模型

的观念:时间不是绝对的,时间将随着惯性系的不同而变化.**光速是绝对的,时间是相对的,这是狭义相对论的核心.**

我们在上一节谈到,目前为止最精准的度量时间的仪器是原子钟.如果时间是相对的,那么,同一台原子钟,在不同的惯性系中得到的时间将是不同的,这可能吗?这几乎是一个不可思议的事情,但实验结果表明,事实确实如此.比如,我们前面谈到的带电 π 介子的半衰期是一亿分之十七秒,也就是说,在通常情况下,带电 π 介子每隔一亿分之十七秒粒子就要衰变一半;但是,如果把这种粒子加速到光速的 90%,则半衰期将会增加两倍多,达到一亿分之三十九秒.这个结果意味着,在更快的、比如接近光速的惯性系中,原子钟将会变慢.正是根据这个原理,在科学实验中,人们利用高速的粒子加速器研究各种粒子的特性.

◀这真是不可思议,但事实确实如此.

不知道为什么,古代中国的先民凭借直觉,似乎就已经感悟到,在不同的场合时间的度量是不同的,因为古代中国许多古老的故事中都有这样的说法:天上方一日,地上已几年.可是,出现这种情况的原因是什么呢?这个原因就是,在不同的惯性系中,物体的存在形式不同.为此,爱因斯坦在狭义相对论的基础上,给出了著名的质能变换公式:

◀许多民族都有这样的古老传说.

$$E=mc^2, \qquad (2.4)$$

数学思想概论

> 什么是物质存在的本质呢?

其中 E 表示能量,m 表示质量,c 表示光速.这个质能变换公式告诉我们,任何物质中都蕴含着大量的能量,比如,通过公式可以计算得到:一克物质中蕴含着 9×10^{13} 焦耳的能量,足以把 22 吨的水从零度加热到沸腾,这个公式也为制造原子弹奠定了理论基础.进一步,这个公式还意味着,随着速度的增加,物体的动能增加,物体的质量也增加,我们将在这一节的最后再来讨论这个问题.

现在,考虑如何建立数学模型来描述图 2.6 所显示的两种情况.也就是说,我们必须建立一个惯性系相互转换的模型,这个转换模型涉及伽利略变换和洛伦兹变换.

> 在建立数学模型之前,必须把许多事物考虑清楚,这是一个科学分析的过程.

伽利略变换与洛伦兹变换.现在,我们考虑两个惯性系 A 和 B,惯性系 A 的原点为 O_A,惯性系 B 的原点为 O_B,当时间 $t=0$ 时两个原点重合.如果惯性系 A 相对惯性系 B 沿直线方向移动,速度为 v,时间 t 后到达 Q,如图 2.7 所示.我们来分析两个惯性系对位置 Q 的度量.

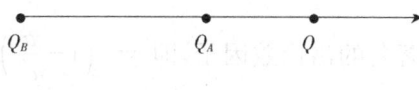

图 2.7 伽利略变换

> 参照物是不可忽略的,参照物是构建模型的依据.

对这样的惯性系,原点是唯一的参照物.假设在惯性系 A 中看,Q 距离原点为 x_A;在惯性系 B 中看,Q 距离原点为 x_B,所用时间分别为 t_A 和 t_B.因为牛顿假设时间是绝对的,则 $t_A=t_B=t$.容易得到

$$x_A=O_A Q,$$

$$x_B = O_B Q = O_B O_A + O_A Q,$$
$$O_B O_A = vt.$$

这样,就可以得到伽利略变换:

$$x_A = x_B - vt,$$
$$t_A = t_B = t. \tag{2.5}$$

现在我们考虑,如果在伽利略变换的基础上去掉牛顿的关于时间是绝对的这个假设,情况将会是什么样的. 显然,去掉这个假设最简洁的办法就是在两个惯性系中都加上时间坐标. 可是,如何描述加上了时间坐标的变换呢? 荷兰数学家洛伦兹(Hendrik Lorentz, 1853~1928)在研究麦克斯韦方程时发现,如果用伽利略变换从一个惯性系变换到另一个惯性系时,会导致不同惯性系中麦克斯韦方程以及各种电磁效应的表达不同. 这有悖于(2.3)所表述的物理学的公理,这是不能被允许的. 为更好地解释麦克斯韦方程,洛伦兹提出了一种新的变换公式,引进了著名的洛伦兹因子,即 $\gamma = \left(1 - \frac{v^2}{c^2}\right)^{-\frac{1}{2}}$,其中 c 为光速. 1904 年,洛伦兹正式发表了他的研究成果[1]. 几乎就是在相同的时间,法国数学家庞加莱(Henri Poincare, 1854~1912)从数学的角度也研究了类似的问题,在他的文章中第一次提出了"洛伦兹变换"这个词,并讨论了基于洛伦兹变换的变换群的性质. 1905 年,爱因斯

◀ 改变最本质的假设前提,是构建新模型的关键.

◀ 在那个时代,数学几乎是与物理学同步的.

---

[1] 洛伦兹和他的学生塞曼共同获得 1902 年诺贝尔物理学奖.

坦把洛伦兹变换用于时空变换,提出了著名的狭义相对论.

现在,我们简约地推导一下洛伦兹变化,推导的目的是为了更好地把握洛伦兹变换的精髓[①]. 在洛伦兹变换中,其他的条件与伽利略变换是一样的,但需要假设时间是相对的、光速是绝对的. 因为时间是相对的,就需要在两个惯性系 A 和 B 中分别加入时间坐标,比如,令 A 中的坐标为 (x_A, t_A),B 中的坐标为 (x_B, t_B). 仍然参见图 2.7,设想从原点 $O_B(O_A)$ 向前发出一束光,因为光速是绝对的,因此由(2.1)式有

> 从下面的推理可知,所有工作都是原有工作的扩充,这才能保证原有结果是新结果的特例.

$$x_A = ct_A, \quad x_B = ct_B. \tag{2.6}$$

现在,由(2.5)式出发构建一个新的坐标变化模型. 构建的基本思路是对伽利略空间进行压缩或者膨胀,这样,我们就可以得到

$$x_A = a(x_B - vt_B), \quad x_B = a(x_A + vt_A),$$

其中 a 为待定系数. 把上式中的 x_A 代入 x_B 的式子中可以得到

$$t_A = \frac{avt_B + (1-a^2)x_B}{av},$$

再用 x_A 乘以 x_B 可以得到

$$x_A x_B = a^2(x_A x_B + x_B vt_A - x_A vt_B - v^2 t_A t_B).$$

---

① 参见:福克.空间、时间和引力的理论.周培源、朱家珍、蔡树棠,等译.北京:科学出版社,1965:32～35.

把(2.6)代入上式,可以求得待定系数 a 恰为洛伦兹因子 γ. 这样,我们就得到了针对于时间和空间变换的洛伦兹变换:

$$x_A = \gamma(x_B - vt_B),$$
$$t_A = \gamma\left(t_B - \frac{x_B v}{c^2}\right), \tag{2.7}$$

其中 γ 为洛伦兹因子.

虽然我们比较容易地推导出了洛伦兹变换,但应当知道,洛伦兹变换之所以能够成为爱因斯坦狭义相对论的基础,是因为在这个变换中蕴含了很强的物理背景. 事实上,对所有的数学模型都是如此,我们不应当仅仅从数学的角度加以理解,因为数学模型的本质在于讲述现实世界的故事,数学的公式和符号只是讲述故事所使用的语言. 正如1915年,洛伦兹在评价爱因斯坦的工作时所说的那样:[①]

◀利用数学模型合理地解释现实世界是至关重要的.

我没有成功的主要原因是我墨守只有变量 t 可被看做真正的时间,我的局部时间 t' 最多只被认为是一个辅助的数学量.

其中洛伦兹所说的 t 是我们文中的 t_B, t' 是 t_A, 在下

---

① 参见:Abraham Pais, SUBTLE is the LORD: The science and the life of Albert Einstein. Oxford: Oxford Unibersity Press, 1982:167.

> 伟大的学者都是具有尊重事实的习惯,这是他们得以求真的思维基础.

一个话题,我们将讨论这两个时间坐标的实际意义. 即便如此,爱因斯坦仍然实事求是地评价了洛伦兹的贡献①:

> 可以说,没有洛伦兹变换公式也就没有狭义相对论.……虽然洛伦兹本人从来不认为自己的理论与狭义相对论的发现有密切的关系,而且他一生都不肯放弃绝对空间和绝对时间的时空观念,但是他的方法确实成为狭义相对论的基本数学方法.

> 在这个意义上,那个时代的数学与哲学的关系极为密切.

还有一个事实可以进一步说明,在数学模型中理解物理意义或者说现实意义的重要性."洛伦兹变换"、"相对论"这些名词都是数学家庞加莱提出来的,但庞加莱是从哲学的角度提出的,并没有很好地理解这些词背后的物理意义,因为他始终对爱因斯坦提出的相对论表示怀疑.

从上面的讨论可以看到,理解模型的基础不是数学,也不是哲学,而是对现实故事本身的理解. 正如美籍华人物理学家、诺贝尔奖获得者杨振宁(1922~)所说的那样:"洛伦兹懂了相对论的数学,可是没有懂其中的物理学,庞加莱则是懂了相对论的哲学,但也没有懂其中的物理学."②

现在,我们分析爱因斯坦狭义相对论中的时间到底

---

① 参见:爱因斯坦.相对论.周学政,徐有智编译.北京:北京出版社,2007:24.
② 参见:杨振宁的《爱因斯坦对二十一世纪理论物理学的影响》,源于杨振宁2004年3月14日在德国爱因斯坦诞辰125周年纪念会上的讲话稿,原文为英文.

第二讲 关于时间的模型

是什么.

◀ 新的模型往往迫使人们重新思考传统概念的本质.

狭义相对论中的时间. 容易看到,当相对速度 v 很小时,洛伦兹因子几乎为1,因此当相对速度很小的时候,洛伦兹变换等价于伽利略变换,爱因斯坦时空等价于牛顿时空.

还是从我们生活的地球出发来思考时空的问题.我们知道,如果运动物体的速度:达到了每秒7.9公里,则称第一宇宙速度,物体可以环绕地球在最低的轨道上运行;达到了每秒11.2公里,则称第二宇宙速度,物体可以脱离地球的引力;达到了每秒16.7公里,则称第三宇宙速度,物体可以飞出太阳系.很显然,即便是达到了第三宇宙速度,与每秒30万公里的光速相比,其相对速度 v 也几乎可以忽略不计.因此,正如《时间之箭》这本书中写到的那样:[1]

尽管爱因斯坦对时间作了重新评价,但牛顿学说的大部分,经过300年的考验仍然卓有成效.所以,一位宇航员1968年在第一次绕月航行返回途中说道:"我想,现在主要是伊萨克·牛顿在驾驶飞船了."这句话突出表明,当年阿波罗计划是如何依赖于牛顿定律来计算飞船的轨道的.只有当物体运动速度接近光速时,牛顿定律才会失效.这种高速运动的情况,与我们的日常经验迥然不

---

[1] 参见:彼得·柯文尼,罗杰·海菲尔德.第一次推动丛书·时间之箭.江涛,向守平译.长沙:湖南科学技术出版社,1995:63.

同,除非是涉及光和电磁作用的场合.

在这个意义上,即便有了爱因斯坦的狭义相对论,我们祖先的那些关于"天上方一日,地上已几年"的古老传说还只能是传说. 但是,无论如何,我们可以借助狭义相对论中的时间观念想象一下,如果宇宙飞船的行走速度真的接近光速,比如,假设宇宙飞船的速度 $v=0.995c$(洛伦兹因子 $\gamma\approx 10$)的时候会出现什么样的情况.

> 构建模型需要想象力,解释模型也需要想象力.

在浩瀚的宇宙中,宇宙飞船只能是一个点,因此在图 2.7 中,我们可以用原点 O_A 来表示宇宙飞船. 那么,对于以 O_A 为原点的惯性系而言,坐标 $x_A=0$. 由(2.7)式的第一个式子可以得到 $x_B=vt_B$,带到第二个式子中得到 $t_A=\dfrac{t_B\gamma}{\gamma^2}$. 这样就可以得到

$$t_B = \gamma t_A = 10\, t_A. \tag{2.8}$$

这就是说,即便是使用同样的钟,在宇宙飞船上度过了一年,则在地球上度过了十年. 回想我们曾经讨论过的天狼星,距离地球是 8.6 光年,因为宇宙飞船的速度是 $v=0.995c$,所以宇宙飞船往返天狼星需要用 20 年. 在这样的假设下,依据狭义相对论,会出现什么情况呢?

> 这个例子是形象的,这个例子也是具有说服力的.

如果 A 和 B 是大学同学,A 是这个宇宙飞船的宇航员,出发前两个人同龄,都是 25 岁. 但是,当宇宙飞船返回地球时会出现这样的情景:B 同学已经 45 岁了,但 A 同学才 27 岁半. 这个结果似乎是不可思议的,虽然通过

第二讲 关于时间的模型

洛伦兹变换和狭义相对论的计算,确实得到了这样的结果,但我们依然很难接受这样的事实.理论计算是一回事,从机械原理、原子钟原理以及从生物学原理考虑,能够解释这样的结果吗?我们尝试性地回答这个问题.

◀这个事实确实让人难以接受,是因为新陈代谢变缓了吗?

回想(2.4)式中的 $E=mc^2$,这是著名的爱因斯坦质能转换公式,其中 m 表示质量.这个公式还有一个表达方式,就是:①

$$m = m_0 \gamma,$$

其中 m 表示物体的运动质量,是一个随着运动速度加快而不断增加的量,m_0 表示物体的静态质量.这就意味着,宇宙飞船上的钟,随着速度的加快,质量也不断增加,因此"走"的比在地球上要慢,这是时间变慢的机械原理.如果是原子钟,问题已经非常清楚了,正如我们前面谈到的,带电π介子在粒子加速器中半衰期增加,周期加大则钟变慢,这是原子钟的原理.对于生物学原理的解释,似乎可以作这样的猜想:质量增大时,新陈代谢变慢.如果这个猜想成立,那么,经过乘坐宇宙飞船往返天狼星之后,不仅是在感觉上,就是在生理上,同学 A 也"真"的比同学 B 年轻.当然,这个生物学原理的猜想还需要事实的验证.

由(2.8)式可以知道,当相对速度 v 非常接近光速 c 时,洛伦兹因子 γ 可以非常大,这样,相对时间也可以相差非常大.人们在宇宙射线中发现,氢原子的原子核的速度与光速相差无几,如果按照我们地球的时间计算,这种

---

① 参见:爱因斯坦.相对论.周学政,徐有智编译.北京:北京出版社,2007:38~39.

> 可以浪漫地认为,时间的流逝依赖人的感觉,而这种感觉的基础就是这个人所在的惯性系,因此,对于每一个人而言,时间也是相对的.

质子穿过银河系的时间需要 10 万年,但按质子所在惯性系的时间,只需要 5 分钟.同样的道理,如果一个人在这种质子所在的惯性系中生活,地球上已经过了 10 万年,对于这个人来说才过了 5 分钟,这比"天上方一日,地上已几年"的说法还要浪漫.虽然这些结论似乎是不可思议的,但事实就是如此.现在,有必要对我们讨论的关于时间模型的结果作一个小结.

§2.5 关于时间模型的小结

时间模型是人们日常生活和生产实际中所必需的一种模型,因而也是一类最本源、最重要的模型.正因为如此,人们从远古时代就开始构建时间模型,这要远远地早于人类对于文字的创造.甚至可以这样认为,人类即便不创造文字,也要构建时间模型.许多民族在历史上并没有创造文字,但这些民族都构建他们的时间模型,确定了他们认识时间的方法,这是因为确认时间是人们生活的必须.

> 至少是在远古时代,人们的所作所为都是因为生活或者精神的需要.

几千年过去了,人们构建的关于时间的模型经历了从粗糙到精细、从特殊到一般、从静态到动态的过程.从现代科学的角度看,人们构建的时间模型是如此完美,人们设计的时间度量是如此精细,我们不能不赞叹人类的智慧.现在,我们总结一下构建时间模型的一些核心问题,从而感悟构建模型的关键所在.

第二讲 关于时间的模型

从时间模型的产生与发展过程可以看到,模型在本质上是一种抽象,与数学的抽象一样,模型的抽象也经历了一个由简单到复杂、由具体到一般的过程.回忆我们在绪论中曾经谈到的,数学的抽象大体上可以分为两个层次:一个层次为概念抽象(感性抽象),一个层次为符号抽象(理性抽象).与此相对应,数学模型的抽象是不是也可以分为两个层次呢?我们先分析数学模型的本质、构建数学模型的过程,然后再来讨论这个问题.

◀ 抽象的两个层次.

构建模型是为了解释现实.通过上面的讨论可以看到,人们构建时间模型的目的是非常明确的,这就是为了度量事物的发展过程.事实上,这个特征是具有一般性的,构建数学模型的目的必须非常明确,并且,无论是构建什么样的数学模型,其目的都是为了更好地解释现实世界,而不是为了满足数学的好奇心.为此,我们反复强调,数学模型是用数学的语言讲述现实世界的故事,这也意味着,模型讲述的不是数学的故事.

◀ 模型是为了现实而不是为数学本身.

许多学者可能会不同意上面的说法,因为数学家从数学发展的需要出发,也构建了各种模型,比如,线性模型、非线性模型、参数模型、非参数模型,以及控制模型、灰箱模型、黑箱模型等等,但是我们必须清楚,建立这些数学意义上的模型的目的是为了研究一类数学算法的共性,这样的模型更确切的称谓应当是**数学模式**[①].甚至有的著作认为,数学是关于模式和秩序的科学.从数学的角

---

① 参见:美国国家研究会.振兴美国数学:90年代的计划.北京:世界图书出版社,1993.

度看,**数学模式比数学模型更为一般**,数学模式涉及的是一类数学问题,包括求解的具体方法、研究解的性质等等,因此,数学模式针对的是数学问题,而模式本身并没有确切的现实指向.

正因为数学模型的现实特征,因此数学模型的价值取向往往不是数学结果本身,而是实效性,即关注模型解释现实问题的功效. 如我们曾经讨论过的,洛伦兹、庞加莱与爱因斯坦对狭义相对论理解的不同,就充分地体现了这几位学者价值取向的不同. 由此可见,价值取向是非常重要的,价值取向决定了研究的起点、重点和归宿. 我想,在数学的教学和研究中应当重视以现实为基准的价值取向,特别是在材料科学、信息科学和生物科学快速发展的今天,数学面临着这些学科提出的许多新问题,这些问题中所蕴含的海量数据和大维数据对数学的严谨性、简约性和程式化都提出了挑战,迫使数学家们不得不重新审视数学,不得不构建新的数学模型以及新的数学模式. 事实上,这个挑战也为数学的发展提供了一个新的机遇,而能够抓住机遇的关键,就是要重视以现实为基准的价值取向.

> 数学教育也应当重视价值取向,无论是基础教育还是高等教育.

> 迫使人们重新思考什么是数学计算,什么是数学证明.

从现实中抽象出模型. 数学模型的现实性决定了模型的构建必须从现实出发,而不是从数学出发去寻找数学结果在现实中的应用. 比如构建时间模型,人们自然而然地要去寻找现实世界的参照物. 最初的参照物往往是非常具体的,比如与人们生活息息相关的太阳、月亮、星

第二讲 关于时间的模型

辰等等. 从这些参照物的运动周期出发,借助数学的语言抽象出时间的概念,进而刻画时间. 应当看到,这个程度的数学模型还不能很好地刻画时间与其他量之间的关系,因此,我们称这个层次的模型为**概念模型**. 虽然这个层次的数学模型还不严格,对本质的刻画也不精确,但是我们也应当看到,这个层次的数学模型即概念模型有着非常深厚的物理背景,这对把握数学模型的本质是很重要的.

◂ 在数学教育中,必须清晰准确地把握概念.

实践表明,只有在概念模型的基础上,人们才有了相互交流的基础,才可能逐渐深刻地认识时间. 为了表达得更加清晰,人们需要创造出一些新的概念,诸如周期、速度、距离、惯性系、绝对时间、绝对速度等等,并且通过想象,用数学的语言表达时间与这些概念之间的关系. 这个工作是从惠更斯开始的,因为是单摆周期公式第一次表述了时间与运动周期之间的关系. 这个关系对刻画时间是本质的,从此以后的所有关于时间的研究(包括精度极高的原子钟以及需要高度想象力的狭义相对论)都与事物的运动周期有关. 为此,我们称这个层次的模型为理念模型. 用"理念"这个词,是为了突出在构建模型的过程中人的想象力的作用. 可以看到,这个阶段的模型表述以及模型推理,需要大量使用那些在数学中已经成熟的运算法则和推理原则. 也正因为如此深入地使用了数学,人们才可能利用这个阶段的模型深刻地认识时间,深刻地认识现实世界.

◂ 只有实现高度抽象,才能抓住事物的本质.

构建数学模型的过程. 我们已经讨论,构建数学模型必须从现实出发,因此,就构建模型的过程而言,每一个数学模型都是个案的,很难给出一个统一的构建数学模型的程序,我们只能大概地描述构建数学模型的过程. 首先,数学模型的现实性为我们确定了讲故事的主题,一个好的故事主题必须非常鲜明,不能引起人们的误解. 在主题清晰的前提下,必须建立一个构建数学模型的基本原则,比如构建时间模型的基本原则就是选择合适的参照系. 可以看到,几千年来这个基本原则没有改变,只是后来人们更加清晰地认识到,利用参照系的实质是利用事物的周期变化,这是对基本原则认识的深化.

> 在构建模型之前,首先要清楚构建模型的基本原则是什么.

有了基本原则就可以构建模型了,构建模型的核心是刻画事物之间的因果关系,而如何利用数学的语言来刻画这个因果关系则完全是凭借人们的想象. 可以称这个想象为模型假设,我们讨论过的概念模型和理念模型都属于模型假设. 在第四辑中,我们曾经用很大的篇幅讨论了如何利用观测结果或者实验结果来判断假设与现实是否吻合,其中包括判断的原理和方法,在此就不再累述了.

> 人们发现的只是自然现象,而如何使用数学的语言来解释自然现象则无必然性.

人们往往会认为,模型是一种客观存在,甚至会认为通过对现实的观察、分析、归纳,最终发现了客观规律. 但事实并非如此,客观存在的只是事物的运动以及事物运动之间的一些关系,而事物的运动规律和运动物体之间的关系则完全是未知的. 人们构建出来的所有模型,只是凭借想象,只是为了更好地刻画那些未知的东西. 如果构建的模型能够很好地解释现实世界,人们就认为这个模型是正确的;随着认识问题的深入,人们会不断地修改原有模型或者构建新的模型,使得修改后的模型或者新的模型能够更好地解释现实世界.在这个意义上,所有模型的正确性都是相对的.

关于时间的两个问题.有了爱因斯坦的狭义相对论,人们似乎觉得,对时间的认识可以终结了,因为已经无法创造出更好的时间模型了.但是,人们对事物的探究是无止境的,对事物的认识也是无止境的,比如我们可以进一步提出下面两个问题.

第一个问题是,光速是绝对的吗?就信息传播的载体而言,光速似乎应当是绝对的,如果物体运动的速度可以超过光速,那么洛伦兹因子将是一个虚数.可是,为什么我们就不能思考"虚"时间的存在呢?与此有关,为什么我们就不可以考虑时间的倒流呢?如果可以考虑,那么,不就可以把倒流的时间设定为虚的吗?由此也可以看到,对于数学模型中参数的研究,往往会启发人们思考更加深刻的问题,因为参数的变化是为了使得模型能够适应不同的情况.既然现代物理学家们都在千方百计地寻找反物质,为什么就不能构造虚的时间模型来对应这些反物质呢?

第二个问题是,时间是否有开始呢?如果单纯地从哲学的角度考虑,提出这个问题本身就是不可思议的,因为哲学家会问:如果时间是有开始的,那么,这个开始以前就没有时间了吗？但是，我们曾经把时间比做流水，时间这个流水承载着事物发展的过程，静静地、缓缓地流淌着.我们知道，任何流水都是有源头的，那么，人类可认识的事物、可认识的时间是不是也有源头呢？我们将在这本书的结尾部分认真讨论这个问题.

上面提出的两个问题都涉及事物的存在形式和运动规律，进而涉及表达这些形式和规律的空间模型，这正是我们在下一讲将要讨论的内容.

第三讲 关于空间的模型

阅读提示

与时间概念一样,空间概念也是人类认识世界的最基本概念.与康德的思考恰恰相反,人们不是通过空间来描述时间,而是通过时间来描述空间,因为空间概念比时间概念更难把握.

为了判断事物所在位置,为了判断事物之间的位置关系,人们就需要构建关于空间的模型.与构建时间模型一样,构建空间模型也需要参照物,人们借助参照物形成测量的工具,正如庞加莱所说的那样:如果没有测量空间的工具,我们便不能构造空间.现今社会有两个长度单位具有特殊意义:一个是纳米,为了度量小;一个是光年,为了度量大.

为了研究问题的方便,人们构建几何模型研究空间,给出了点线面的概念,构建了坐标系来表示这些概念的空间位置和变化规律.经验告诉我们,只有在更高维的空间才能看清楚低维空间的事情:只有在二维空间才能判断一条线是直的还是曲的,只有在三维空间才能判断一个面是平坦的还是弯曲的.

研究空间的方法主要是类比.也就是说,基于低维空间的概念和性质,通过类比的方法推断高维空间的概念和性质.这是典型的归纳推理的思维:通过经验过的东西推断未曾经验的、甚至无法经验的东西.当然,推断结论的正确与否还需要通过演绎的方法进行验证.利用这种思维形式,人们构建更高维的抽象空间来解释现实世界的许多事情.

如果时间是相对的,那么空间也是相对的.基于黎曼的曲面空间模型,爱因斯坦构建了四维时空模型.这个时空模型是弯曲的,可以利用这个时空模型很好地解释自然界的许多现象.

现代物理学的研究成果表明:可能认知的宇宙的形成是有开始的,大约开始于130亿年以前,这便是时间的开始.可能认知的宇宙是有界的,直径大约为130亿光年,这便是距离的终结.这个结果虽然令人匪夷所思,但至今为止所有天文学的观测结果都支持着这个结论.

> 无论如何,康德对问题的认识是深刻的.

与时间概念一样,空间概念也是人类认识世界的最基本概念.我们还是先回忆一下康德的论述,前面说过,康德关于空间和时间的论述不仅影响了许多后世哲学家,也影响到了许多后世物理学家.与对时间的认识一样,康德认为空间也是一种纯粹直观,是一种能够先天地在内心中被找到的直观,因此他明确地说:①空间不是什么从外部经验中抽引出来的经验性的概念.并且,康德认为空间是比时间更为基础的概念,甚至认为可以借助空

---

① 参见中译本:康德.纯粹理性批判.邓晓芒译.杨祖陶校.北京:人民出版社,2004:28.

第三讲 关于空间的模型

间来认识时间:①

……用一条延伸至无限的线来表象时间序列,在其中,杂多构成了一个只具有一维的系列.我们从这条线的属性推想到时间的一切属性,只除了一个属性,即这条线的各个部分是同时存在的,而时间的各部分却总是前后相继的.

从上面的论述可以看到,无论多么伟大的哲学家,他的许多观念的形成凭借的依然是自己头脑中的想象.康德用直线来想象时间,直线显然是空间的概念,于是康德是用空间概念来描述时间概念.康德这样思考问题是正常的,正像我们在第二辑中曾经谈到的,建立几何直观是重要的,也是可行的,因为空间中的许多事物是可以看得见摸得着的,是容易建立起直观的.但是我们也应当看到,越是简单明了的东西往往越难给出确切的定义,也越难刻画事物的本质,比如,定义"点线面"就要比定义"数"更加困难.康德用空间概念描述了时间概念,那么,又应当如何描述空间概念呢？康德只能给出了一个非常含糊的说法:空间是一个作为一切外部直观之基础的必然的先天表象.②康德通过想象构造出来的这些关于时间和空间的概念以及时间与空间之间的关系实在令人费解,甚至引起了许多哲学家们的抱怨,称这些说法为:全部

◀人们可以用数轴上的点来形象地"描述"数之间的大小关系,但无法确切地"定义"这种关系.

---

① 参见中译本:康德.纯粹理性批判.邓晓芒译.杨祖陶校.北京:人民出版社,2004:36~37.
② 参见中译本:康德.纯粹理性批判.邓晓芒译.杨祖陶校.北京:人民出版社,2004:28.

《批判》中最难懂而最引起争议的教义.[①]

我们依然不想对空间进行形而上学的讨论,只希望能够比较现实地描述空间到底是什么. 在此,我想说明的是,空间概念可能要比时间概念更难把握,正像上面我们说过的那样,越是基础的东西往往越难刻画. 虽然人们通常感觉时间如流水,而不像康德那样感觉时间如直线,但无论如何,这样的述说提供了一个关于时间的类比方法,根据这样的类比方法,人们可以从事物发展的过程中感悟时间的流逝,最终可以把时间刻画得非常准确,把时间与事物发展过程之间的关系描述得非常清晰,就像我们在上一讲最后一节中所讨论的那样. 可是,我们也能用类比的方法来描述空间吗?空间是如何存在的呢?进一步,应当如何刻画空间呢?

§3.1 一维空间模型

人类控制自然的能力越强,则越是倾向于固守田园,这或许是一个不争的事实,其原因或许就是人们通常所说的小富即安. 而在远古的荒蛮时代,因为生产力低下,为了生存的需要人们不可能那样安分守己. 我们在第四辑的第一讲谈到,人类学家相当一致地认为,现在分布在

[①] 参见中译本:康浦·斯密.康德《纯粹理性批判》解义. 韦卓民译. 武汉:华中师范大学出版社,2000:169.

第三讲 关于空间的模型

世界各地的人都是在远古时代从东部非洲走出的[①]. 如果是这样的话,我们不能不对中国的河姆渡文化、北美洲的印第安文化、中美洲的玛雅文化表示震惊和敬仰,因为要完成这样的伟业,当时的人们需要跨越万水千山,需要攀登崇山峻岭. 特别是,需要相当长的时间努力,甚至需要几代人坚持不懈的跋涉. 我们不知道,当时的人们是否已经建立起了关于距离的概念.

◀ 祖先们不惜跋山涉水为自己,也为子孙后代寻找合适的生存空间,因此,我们应当珍惜我们的生存空间.

无论如何,对于从事狩猎、放牧和航海这样周而复始活动的人们,必然要建立起关于距离的概念,并且,这个概念很可能与时间的概念是紧密相连的. 我想,这个相连与康德的思考恰恰相反:**不是通过空间来描述时间,而是通过时间来描述空间**,这也是我们在这本书中先讨论时间后讨论空间的缘由,而不是像康德在《纯粹理性批判》那样,先讨论空间后讨论时间. 事实上,今天的人们也经常用时间来描述距离,比如,人们往往不知道从北京到纽约的距离到底是多少,但知道坐飞机大概需要十三四个小时. 在我上山下乡的那个年代,向老乡打听路程,经常得到的是诸如"一袋烟的路"这样的回答,抽一袋烟大约需要十分钟,十分钟大约可以走一里半到两里的路程.

◀ 就基本生存而言,对于具有智慧的人类,对空间只需要知道就可以了,对时间则必须认识,他们要去某一个地方,关心的不是这个地方多远,而关心的是需要走多长时间.

人们在道路上行走,是一维空间的事情,关心的是道路上两点之间的距离. 人们知道,如果两点之间有几条道路可以走,那么,最直的道路是最近的. 我们大概很难说清楚,人们的这种判断依赖的是先天直觉,还是后天经验. 或许就是因为这个原因,康德才认为空间是先天直

[①] 传统说法是 200 万年前,现代有些说法认为是 10 多万年前,参见:第四辑第一讲.

觉，他才说"空间不是什么从外部经验中抽引出来的经验性的概念"。如果认为是后天的经验，那么判断的基准就必然是行走不同道路所需要的时间：需要时间少的道路距离就近.[①] 可是，我没有看到过、也没有听到过任何一个人为了这个判断基准而进行经验尝试，除非这个人分辨不出哪条道路更直一些. 不争的事实是，人们可以通过目测、凭借直觉判断距离的远近，这或许是一种本能，这种本能在动物那里也能找到：猎豹在阻击猎物时，奔跑的一定是最近的路线. 下面的事实更能说明问题.

> 这是有一个重大的问题：哪些本能是祖先经验的结晶，哪些本身是自然选择的结果？

蚂蚁的判断. 蚂蚁外出觅食的道路在开始时是随机的，但生物学家发现，当找到食物之后，蚁群总能在很短的时间内，判断出食物与蚁穴之间最短的路径. 蚂蚁凭借本能，能够从诸多的随机路径中判断出最佳路径的方法是神奇的，数学家和生物学家在一起研究了其中的奥秘，发明了一种用于计算机计算的蚂蚁算法，并且利用这种算法用来解决物流和交通问题. 事实上，许多动物都具有这种本能，比如候鸟、鲸鱼，它们大规模迁徙时所走的路线往往都是捷径.

> 自然界的事情总是与能量有关.

光的判断. 在上一讲，我们曾经讨论了光. 在自然界中光是很奇特的，光走的路径必然是捷径. 如图 3.1 所示，从光源 A 出发的一束光，经过平面 α 的反射到达 B. 那么，所有由 A 出发、经过平面 α 到达 B 的线路中，光走

---

① 伽利略把这个基准作为一条公理，参见中译本：伽利略. 关于两门新科学的对话. 邱淑清译. 北京：北京大学出版社，2006：142.

过的路线必然是最短的.

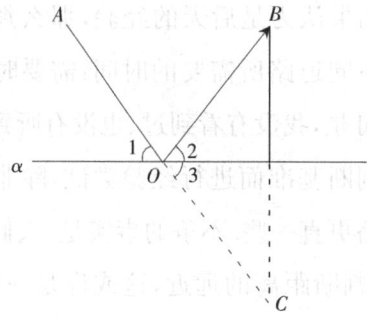

图 3.1　光反射的路径是最短路径

我们来证明这个结论. 如图 3.1 所示, 光线反射的特征是入射角等于反射角, 即 $\angle 1 = \angle 2$, 如果从点 B 向平面 α 作垂线延伸到对称点 C, 那么三角形 OBC 就构成了一个等腰三角形, 这样可以得到 $\angle 3 = \angle 2$, 于是 $\angle 1 = \angle 3$. 因为 α 是一个平面, 则 $\angle 1 = \angle 3$ 意味着对顶角相等, 所以点 A, O, C 在一条直线上. 这就证明了光走过的距离是最短的.

◀ 为什么最终可以得到这个结论呢?

人类总是要从直觉判断走向理性思维. 为了判断事物所在位置, 为了判断事物之间的远近关系, 就需要构建关于空间的模型. **构建空间模型的目的是为了度量物体的位置, 研究物体位置之间的关系**. 与构建时间模型一样, 构建空间模型也需要参照物, 人们借助参照物形成测量的工具, 正如庞加莱所说的那样: 如果没有测量空间的工具，我们便不能构造空间。[①]

长度的确定. 几乎所有古老民族，对距离的界定都远不如对时间的界定那样重视，因为人们最初的距离度量的参照物都是人体的外在器官. 这样的度量是便捷的，也是形象的，因此，现今人们在日常生活的言谈中仍然广泛使用这样的度量：比如"拃"，即大拇指与中指之间的距离；比如"庹"，即两臂张开之间的距离；比如"步"，即人正常行走的步幅. 这些正如《孔子家语》中所说："布手知尺，布指知寸."事实上，现在人们常说的"拃"就是古代中国的"尺"，是指成年男人拇指到中指伸展后的距离；还有一个距离单位为"咫"，是指成年女子拇指到中指伸展后的距离. 现在人们常说"咫尺之间"意味的是男人的度量和女人的度量，两种度量之间的差距是不会很大的. 我们可以看到，虽然这样的度量是便捷的，但这样的度量是因人而异的，因此是不确切的，于是人们在此基础上规定了"尺"的大小. 商代的一尺约合现在的 17 厘米，一丈十尺就是现在的 1.70 米左右，相当于成年男子的平均身高，据说"丈夫"一词就是由此而来. 秦始皇嬴政(前 259～前 210)统一中国之后，首先做的一件事情就是在全中国范围内统一了度量衡，其中明确规定了"尺"的大小，那时的一尺约合现在的 23.1 厘米. 据《史记》记载，西楚霸王项羽(前 232～前 202)身高八尺有余，更有《汉书·项籍传》中记载他"长八尺二寸，力扛鼎，才气过人"，可见项羽身

> 在远古时代，人们对距离的度量是不经意的.

> 最初关于距离的定义，也是凭借人的想象，但后世是王朝均把统一度量衡作为治国方略.

[①] 参见中译本:科学与方法.李醒民译.北京:商务出版社,2006:74.

第三讲 关于空间的模型

高约合现在的 1.89 米,真是高大魁梧.虽然后世对秦始皇的作为褒贬不一,但几乎所有的学者都认为,统一的文字以及统一的度量衡对维系中国的政治统一是至关重要的.

现在,全世界统一使用的长度单位米(meter)源于法国.1790 年,法国科学家特别委员会提出建议,定义"米"为巴黎子午线全长的四千万分之一.为了使用方便,1889 年第一届国际计量大会决定,把长度单位"米"固化,用一根相当于这个长度的、截面呈 X 型的铂铱合金棒为"米"的基准,人们称其为"米原器".这是第一次在全世界范围内确定的长度标准,现在这个"米原器"保存在巴黎国际计量局的地下室中.但是,凡是固化了的东西就必然会因为时间或者其他种种原因而有所改变,这不利于精确地刻画距离.于是,当人们已经能够很精确地测定时间和光速以后,1983 年国际计量大会通过了下述定义:米的长度为光在真空中 1/299792458 秒所经过的距离.回忆(2.1)式:距离=速度×时间,在距离"米"的规定中:速度为光速,时间为一秒,因此,人们称这样定义的距离单位为"光秒".问题已经非常显然,**要精确地刻画空间就必须依赖时间**:空间模型与时间模型是密不可分的,联系的桥梁就是距离与时间的关系,而构成这个关系的载体就是物体的运动.

◀ 可以再次看到,与定义时间单位不同,定义距离单位则完全是人为的.

◀ 最终,人们还是通过时间来定义距离.

虽然这个定义非常精确,但在日常生活中人们还是喜欢使用传统的度量名称或标准,比如在中国,就把传统的"尺"定义为"米"的 1/3,把传统的"里"定义为"千米"的

1/2,并且称"千米"为公里.我始终不明白,为什么在我国要强行规定在文件行文中只能用"千米"而不能用"公里"或者"里".事实上,在英联邦国家和美国,还是习惯用传统的、源于罗马千步(mille passus)的英里(mile).英里与米的换算非常复杂:1 英里＝5280 英尺＝1609.344 米.其中英尺的英文为 foot,是脚的意思,即用成年男子一只脚的长度做距离的单位.由于脚的长度因人而异,16 世纪的德国人采用了一个折中的方法,在某一个礼拜日,把从教堂里走出来的 16 个成年男子集中在一起,测量每人左脚的长度,加在一起除以 16,定义这个平均脚长为 foot,使用至今.

> 一个民族的传统,承载着这个民族的文化.

20 世纪后半叶以来,我们生活的这个世界发生了翻天覆地的变化,虽然很难评价这个变化对于人类的发展是好还是坏,但不可否认的是,这个变化得益于世界的和平,这个变化得益于科学技术的发展.事实上,这个变化也大大地激发了人们认识世界和创造世界的欲望.与此有关,现今社会有两个长度单位具有特殊的意义:一个是"纳米",为了度量小;一个是"光年",为了度量大.

> 这个世界很奇妙,虽然原子是构成物质的最小单位,但只有几个原子构成的团才能显示这种物质的特性.

纳米. 纳米是一个非常小的长度单位,纳米只有一米的十亿分之一,大约有四个原子的大小.纳米的国际公用名称为 nanometer,缩写为 nm,其中字头 nano 来源于希腊语,是侏儒的意思.这个度量单位之所以重要,是因为现代材料科学发展的需要,一门在 20 世纪 90 年代发展起来的新兴技术就是纳米技术.科学家们在研究物质的

第三讲 关于空间的模型

构成时,发现在 1～100 纳米的尺度下隔离出来的几个、几十个原子或分子,可以显著地表现出许多新的特性,这个发现使得人类第一次能够按照自己的意识直接操纵单个原子、分子,并且通过各种组合的方法制造出具有特定功能的产品.这种在纳米级单位制造具有特定功能产品的技术,就被称为**纳米技术**.因为利益的诱惑,人们往往不能理性地开发产品,因此,我们依然不能判断这种新技术的出现对人类的生存和发展是有利还是有害.

◁ 新技术的出现彻底改变了人类的生活方式和思维模式,但人类也已经尝到了滥用新技术所带来的危害.

光年.光年是一个非常大的长度单位,光年是指光以每秒 30 万公里的速度行走一年所通过的距离.我们知道,光一秒钟能够围绕地球转 7.5 圈,因此,光年这样的距离在地球上是不可想象的.但脱离了地球,表示距离就需要用到光年了.地球处于太阳系,其中恒星太阳拥有太阳系质量的 99.87%,凭借着这样的质量,太阳吸引着八颗大行星和二百多颗小行星围绕它旋转.地球是其中的一颗大行星,距离太阳大约为 1 亿 5 千万公里.太阳系又是银河系中众多星系中的一个,太阳系距离银河系中心 2.8 万光年,而银河系的直径大约为 10 万光年.银河系外还有众多的河外星系,距离银河系最近的是仙女座星系,距离银河系大约 220 万光年.仙女座星系的直径是 16 万光年,比银河系还要大许多.至今为止,人们已经发现了 10 万多个河外星系.仰望如此浩瀚无垠的星际空间,我们不能不提出这样的问题:宇宙是不是大得无边,大到不可度量了呢?

◁ 原来有九大行星,其中的冥王星后来被降级.

就像我们曾经讨论过的关于"时间的开始"那样,如果单纯凭借哲学的思考，人们会认为宇宙是没有尽头的：如果宇宙有尽头，那么，这个宇宙尽头之外是什么呢？但是，这样的思考凭借的只是一种思辨的想象，而我们对世界的认识不能单纯凭借思辨的想象，因为这样的想象是没有根基的．现代物理学的研究成果与这样的认识恰恰相反，根据宇宙大爆炸学说，可以认知的宇宙的形成是有开始的，大约开始于 130 亿年以前，**这便是时间的开始**．因为距离与时间有关，因此，我们可以认知的宇宙是有界的，直径大约为 130 亿光年，**这便是距离的终结**．这样的结论虽然令人匪夷所思，但至今为止所有天文学的观测结果都支持着这个结论，我们将在这本书的最后部分再次讨论这个问题．

▶ 人的意志要服从自然规律，而不是自然规律从人的意志．

数轴．有了长度单位之后，为了研究问题的方便，人们就构建几何模型来研究空间．必须再一次强调的是，几何模型是人创造出来的，其目的是为了研究问题的方便，比如，我们曾经利用图 2.7 所刻画的几何模型研究了伽利略变换和洛伦兹变换．确立模型的基本手法依然是：定义研究对象的概念，表述研究对象之间的关系．

▶ 这也是修改《义务教育数学课程标准》时，把"空间与图形"修改为"图形与几何"的原因．

最简单的一维几何模型是一条线．如果在线上标出原点、单位、方向，则称这样的线为**数轴**，如图 3.2 所示．虽然在所有的数学教科书中，都要求承载数轴的线为直线，但我们在一维空间中并不明确这样的要求，因为通过二维空间的讨论将会看到，站在一维空间的立场上，我们不可能分辨出一条线是直的还是曲的，因此，在一维空间中提出这样的要求是不合理的.

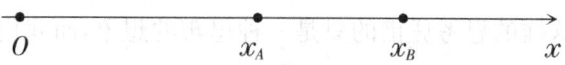

图 3.2 利用数轴表示两点间的距离

利用数轴这个几何模型,就可以清晰地表示两个点的位置以及两个点之间的相互关系. 在图 3.2 中,x_A 和 x_B 分别表示点 A 和点 B 的坐标,即这两个点分别到原点 O 的距离. 这样,坐标就表示了点在数轴上的位置,并且,**两点之间的距离可以用两点坐标的差来表示**,即

$$d(A,B)=x_B-x_A. \tag{3.1}$$

◀ 后来,人们就通过距离把数轴上的点与实数一一对应,这是思维抽象的结果.

可以看到,这样的表示既方便又直观,人们通常称用数表示的点的位置为几何位置. 一维空间的几何模型是单一的,但对于二维空间,几何模型的构建就要复杂得多,表示方法也有多种.

§3.2 二维空间模型

一维空间模型是针对一条已经给定了的线路而言的,这条线路可以是直线,也可以是曲线. 在一个面上,比如在地球表面上,如果没有一条给定的线路,那么描述点的位置以及点的位置之间的关系,就必须构建二维几何模型进行表述.

可以想象,古代的夜晚一定比现代更加万籁寂静、星光灿烂.毫无疑问,古代人比现代人更关注星空,几乎所有民族的古代传说中都有关于月空的畅想,也都有关于星座的故事.比如在中国,对月饮酒、月影思乡的诗篇千古绝唱,嫦娥奔月、牛郎织女的故事世代相传.并且,星空不仅为人们提供了幻想的舞台,星空也与人们的日常生活和生产实践息息相关.以北极星为北,古代中国把人们生活的平面分为"四面八方",即东、南、西、北构成四面,外加东北、东南、西南、西北形成八方,并且发明了八卦来表示这些方位,如图 3.3 所示.那么,如何构建一个类似图 3.2 那样的简洁模型,来表示平面上点的位置以及点之间的位置关系呢?

▶ 人们借助星空来确定方位,是自然的也是浪漫的.

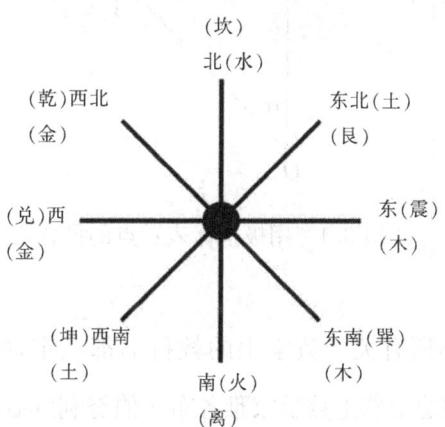

图 3.3 用八卦表示的方位

极坐标:方向与距离.显然,有了方向和距离,就可以在图上刻画点的位置了,这便是数学中所说的极坐标.虽

第三讲 关于空间的模型

然现在数学教科书中强调的都是直角坐标,但是极坐标的表示更为自然,也更为便捷,几乎所有古老民族最初采用的都是这样的几何模型.古代的人们大概是这样思考的:以某一点 O 为原点,通过这一点向北极星也就是正北方向画出一条射线,用 ON 表示这条射线,这就构成了极坐标的参照系,即起点和方向.对于射线所在平面上的任意一点 A,连接原点得到直线段 OA 可以得到两个量,这两个量如图 3.4 所示:一个是 OA 的长度,即距离 $a = \mathrm{d}(O,A)$;一个是 OA 与 ON 之间的夹角 α.于是,二维坐标 (a,α) 就明确地刻画了点 A 在平面上的位置.

◀在二维空间中确定一个点的位置,就必须使用两个.

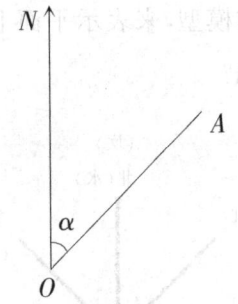

图 3.4 用极坐标表示点的位置

虽然所有关于数学史的教科书都认定,极坐标的发明应当归功于瑞士数学家雅各布·伯努利(Jacob Bernouli,1654~1705),但事实上,早在远古时代人们就开始使用极坐标来确定点的方位和位置了,只是没有明确地抽象出关于极坐标的几何模型而已.

◀认真总结前人的经验,并且抽象成为理论,就能得到许多新的东西.

可以看到,如果要用极坐标表示地理方位,就必须确立一个原点,平面中所有的点的位置都可以参照这个原点,反之,通过这个原点也可以确定每一个点的距离和方位角.西方熟语中所说的"条条道路通罗马",就是以罗马作为原点.古代中国对于这个原点更为重视,称这个原点为"地中".现在人们广泛使用的"中国"、"中原"、"中华"等称谓都与这个"地中"有关.这些工作主要是在周朝初期完成的,详细的讨论参见本书的附录.古代中国确定的"地中"是现在的河南省登封县告成镇,但确定的方法不是依赖极坐标而是依赖经纬线.

地图:经线与纬线.虽然用极坐标表示平面上的点与原点之间的关系是方便的,但是,利用极坐标表示许多点之间的位置关系就不方便了,特别是不便于计算两点间的距离.后来,人们构建了用经线和纬线来表示点的位置的方法,称南北的线为经线,东西的线为纬线,用经线和纬线在地球上画出网格,并且设定刻度,即经度和纬度.这样,地球上的每一点都可以用经度、纬度这二维坐标表示.可以看到,这便是现代使用的平面直角坐标系的雏形.

第三讲 关于空间的模型

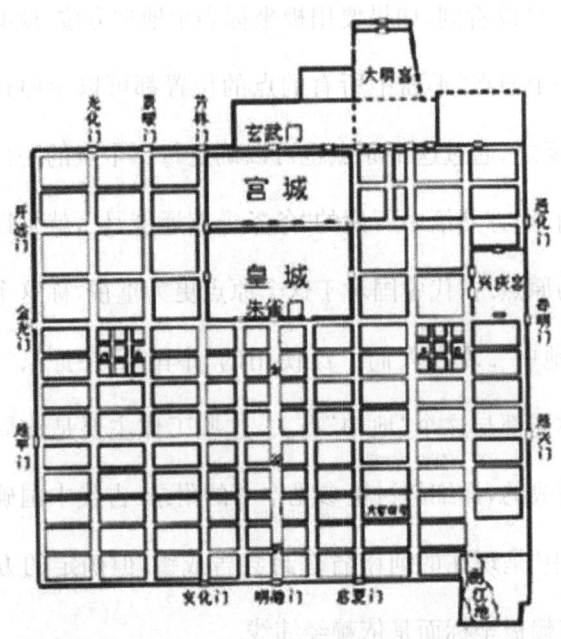

图 3.5 唐代长安的街道图

在上一讲，我们曾经讨论过纬度，并且讨论了北极出地与纬度之间的关系，纬线之间是平行的. 现在人们通常所说的经线是指北极和南极的连线，但是，古代的人们对南极没有确切的概念，他们所说的经线均朝向北极星，这样，所有经线都必然相交于北极. 即便如此，因为北极相当遥远，在局部区域看人们仍然认为经线之间是平行的，经线与纬线之间是垂直的，这便是我们讨论过的罗巴切夫斯基几何的基本原理. 古代的人们绘制地图所依赖的几何模型是这样的：在局部区域采用的是欧几里得几何，如唐代长安城的街道图，参见图 3.5，以及著名的《禹迹图》，参见图 3.7；在广泛区域采用的是罗巴切夫斯基几

◀ 古代的人们自然而然地使用了许多相当深刻的几何原理.

123

> 现在,越来越多的考古发现表明,史前人类对地理的知晓远远超出人们的想象.

何,如裴秀"制图六体"中的示意图,参见图 3.6. 我们说过,这两种几何模型的本质差异就在于假定过直线外一点可以作几条平行线:只可以作一条平行线的是欧几里得几何;可以作无数多条平行线的是罗巴切夫斯基几何.

西方普遍认为,是亚里士多德发明了纬度. 亚里士多德发现越接近赤道越热,越靠近北极越冷,于是构想把圆形的大地划分五个平行的气候带:广阔的赤道地区是热带,两个寒冷的极地是寒带,在热带和寒带之间是温带,并称这样划分的线为纬线.[1] 后来,古希腊学者托勒密(Claudius Ptolemaeus,约 90~168)在八卷本的《地理学》中提出,绘制地图不仅需要纬度也需要经度,为了把地球的位置平面化,他设计了扇形的经纬线,并绘制出著名的"托勒密地图". 虽然这个地图并没有被实际应用,但托勒密仍然被西方称为地图学之父[2].

在古代中国,用经线和纬线表示地点的方法至少可以上溯到周代,因为在西汉学者戴德(生卒年不详)选编的《大戴礼记》中记载:"凡地东西为纬,南北为经."其中的注释中对这句话解释道:"马注《周礼》云:东西为广,南北为轮."这就说明,在汉代被称为经和纬的概念在周代就已经有了,那时称之为广和轮. 到了晋代,利用经纬绘制地图的方法已经成熟,这集中表现在裴秀(224~271)的工作之中. 裴秀是一位学者,也是一位官员. 公元 267 年,晋武帝(236~290)任命他为司空,这个职务大概相当

---

[1] 参见:乔治·萨顿. 希腊黄金时代的古代科学. 鲁旭东译. 郑州:大象出版社,2010:653.
[2] 参见:中国大百科全书·地理卷. 北京:中国大百科全书出版社,1990:109,431.

第三讲 关于空间的模型

于现在的副总理,裴秀在地图学方面的成就与他担当的这个职务有关.裴秀主持编绘的《禹贡地域图》共 18 篇,他在为此图撰写的序中提出制图的六条原则,这些都记载在《晋书》卷三十五之中[①].后来,这六条原则成为中国地图史学中著名的"制图六体"理论,其中论及了比例尺,也论及了用经纬(文中用的是广轮)构建的矩形网格坐标.由于裴秀对中国地图绘制的影响,李约瑟称他为:中国科学制图学之父.[②] 图 3.6 就是根据裴秀理论构想出来的宏观经纬坐标[③],而图 3.7 则是宋代学者根据裴秀理论实际绘制的中国部分区域的地图.

◂ 宋代的《禹迹图》是令人惊叹的.

从图 3.6 中我们可以看到,由于古代的人们对南极没有明确的概念,所以只能画出一个所有经线朝向北极的扇形地图,托勒密构建的扇形地图大概也是这样的.即便如此,古代的人们对于经度已经有了相当的了解,并且在很早就把握了其中最为本质的事实:**不同经度的时间是不同的**.在今天,我们以地区划分时间就是基于这个道理,比如,北京时间、伦敦时间等等.因为中国用的是同一时间,因此人们能够明确地感觉到日出日落的时间不同,在东部要早一些,在西部要晚一些.而在美国和加拿大,不同区域使用的时间是不同的,这样,单纯就日出日落而言,在时间上是一致了,但也带来了不便:即便是在国内旅行也可能要变更时间.

◂ 事实上,古代中国不仅仅统一了度量衡,也统一了时间.

---

① 参见:晋书·列传第五·裴秀.北京:中华书局,1974:1040.
② 参见:李约瑟.中国科学技术史·第五卷地学·第一分册.北京:科学出版社,1976:108～117.
③ 参见:刘钢.古地图密码:1418.桂林:广西师范大学出版社,2009:147.

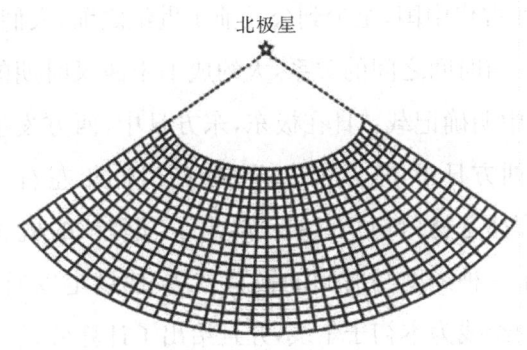

图 3.6 裴秀"制图六体"示意图

> 海洋文化与大陆文化的差异是日积月累的.

古希腊人很早就知道经度与时间的关系,这很可能与他们精于航海有关,因为海上航行对时间的判断与固守田园对时间的判断是截然不同的.这个差异主要表现在上面所说的最为本质的事实,即不同经度的时间是不同的.在亚里士多德提出纬度的基础上,古希腊天文学家希帕恰斯(Hipparchus,约前 190~前 125)提出绘制地图必须考虑经度.据说他曾经参照日月食的变化研究过经度,他在著作《驳埃拉托斯特尼》中说过:如果不与日月食的观测结果比较,就无法准确地确定东西方地点离开我们的距离.[1]这真是一种不可思议的想法,大概那个时候的人们还不能够准确地定义当地时间,事实上,只需要根据日出时间的不同就能够确定经度对时间的影响.后来,托勒密给出了根据地球的大小来确定经度的方法.[2]

---

[1] 参见:孙小淳.从"里差"看地球,地理经度概念之传入中国.自然科学史研究,1998(4):304~311.
[2] 参见:梅森.自然科学史.上海外国自然科学哲学著作编辑组译.上海:上海人民出版社,1977:44~45.

第三讲 关于空间的模型

在古代中国,至少到公元前 1 世纪之前,人们就明白了经度与时间之间的关系,大约成书于西汉时期的《周髀算经》中明确记载:"日在极东,东方日中,西方夜半.日在极西,西方日中,东方夜半."[①]到了 1220 年左右,元代科学家耶律楚材(1190~1244)给出了"里差"的概念,并且提出了一种经度与时间的换算方法.他设定以通过寻斯干城的经线为本初子午线,并且给出了计算公式:

$$T = M \times 0.04395 \times \frac{6}{2\,615},$$

向东加之,向西减之[②].公式中的 T 表示时差,M 表示测量地与寻斯干城之间的经度距离,$M \times 0.04395$ 被称为"里差",系数 $\frac{6}{2\,615}$ 被称为"辰法".耶律楚材设定本初子午线的寻斯干城是一座中亚古城,曾经是帖木儿帝国的首都,即现在的撒马尔罕,是乌兹别克斯坦的第二大城市.

◀ 与现代的许多数学模型一样,模型中的系数是基于经验的.

1884 年,国际公约规定了现在通用的时间与经度的换算方法,以通过英国伦敦近郊的格林尼治天文台旧址的经线作为计算经度的起点,为经度零度零分零秒,即本初子午线.在它东面的为东经,共 180 度;在它西面的为西经,共 180 度.因为地球是圆的,所以东经 180 度和西经 180 度的经线是同一条经线,规定这条经线为国际日期变更线:从西向东减一天,从东向西加一天.法国科幻小说作家儒勒·凡尔纳(Jules Verne,1828~1905)在他的

◀ 为什么要差一天呢?能让中学生理解其中的道理吗?

---

① 参见:算经十书·上册.钱宝琮校点.北京:中华书局,1963:53.
② 参见:元史·卷五十六.北京:中华书局,1976:1296.

小说《八十天环绕地球》中,生动地利用了国际日期变更线为小说营造悬念,渲染了故事的戏剧性.在读中学的时候,儒勒·凡尔纳的科幻小说曾经深深地吸引了我们,激发了我们想象的欲望,开阔了我们想象的空间.

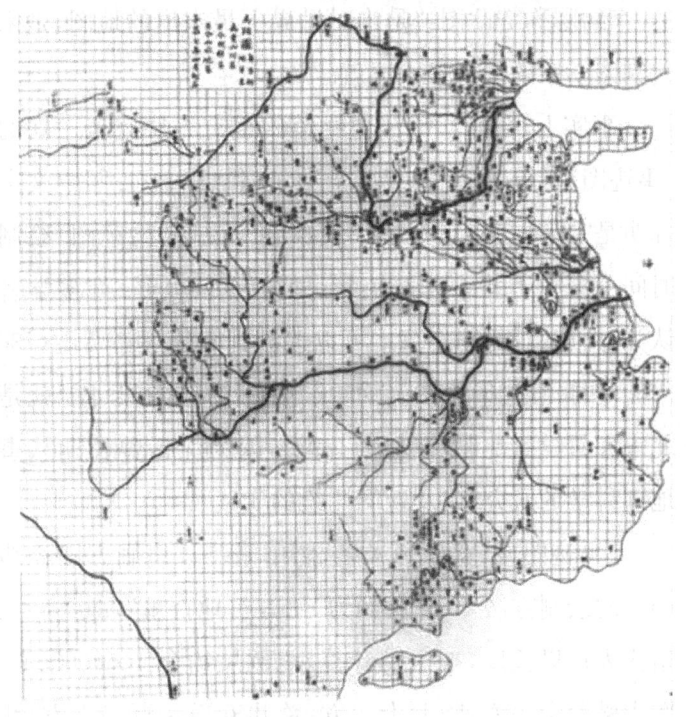

图 3.7 《禹迹图》石刻拓本

不能不令我们非常惊讶的是,在很早的时候,至少到了宋代,古代中国的先哲就能非常合理地利用经纬线来构建地图.现在在陕西西安碑林博物馆中,收藏一块方形石板,正反两面都刻有地图:正面为《禹迹图》,背面为《华夷图》.制图时间为"刘豫阜昌七年",即齐阜昌七年(1136),相当于南宋绍兴六年.美国国会图书馆藏有《禹

第三讲　关于空间的模型

迹图》的 19 世纪的拓本,据《美国国会图书馆藏中文古地图叙录》记载:这幅石刻原在西安以西 120 里的岐山县,描绘了公元前 2205 年夏朝大禹王统治地域内贡物运输情况,作者不详,刻于宋代,是按照裴秀的绘图方法绘制的.李约瑟称赞此图:"是当时世界上最杰出的地图,是宋代制图学家的一项最大成就."①

◀ 在那个时代,人们描绘出如此精美的地图,绝对不会是为了怀古,但却需要借助怀古来抬高地图的地位.

事实上,在江苏镇江博物馆内也有一块完全一样的《禹迹图》石板,是南宋绍兴十二年(1142)立石.图中文字标明是"元符三年正月依长安本刊",说明《禹迹图》绘制时间不会晚于北宋元符三年,即公元 1100 年.许多学者认为《禹迹图》的制作范本可以追溯到唐代学者贾耽(730～805)的《海内华夷图》.而《禹迹图》的作者很可能就是北宋大科学家沈括(1031～1095),因为沈括曾长期从事地理科学的研究,以及地图测绘的实践②.

《禹迹图》长宽各一米多,图中采用计里画方即经纬画方的绘制方法,其中比例为"每方折地百里",即每一方格代表百里长度,按宋制计算,比例尺约合 1:4000000. 图中横七十一方,竖七十三方,总共五千一百一十方.此图北至黄河、南至海南、西至青海祁连山、东至黄海岸边,其中水系、海岸线非常接近现今地图的形状,参见图 3.7. 图中行政区名有三百八十个,标名的河流近八十条,标名的山脉有七十多座,标名的湖泊有五个.此图为研究中国地图学史提供了珍贵的资料,其历史价值和科学意义都

◀ 由此也可以看到,古人的地理测量技术是相当精确的.

---

① 参见:李约瑟.中国科学技术史·第五卷地学·第一分册.北京:科学出版社,1976:133～134.
② 参见:刘建国.镇江宋代《禹迹图》石刻.文物,1983(7):59.

129

是登峰造极的.

二维直角坐标系. 从上面的地图中可以看到，利用经线和纬线的表述方法就是我们现在日常生活中通常使用的二维直角坐标系，而不是现代世界地图中广泛使用的上下收缩、椭圆形坐标的表示方法. 现代地图制作的几何模型是三维球体的二维球面展开，这必然要涉及三维空间的几何模型，我们将在下一节讨论这个问题.

把图 3.5 和图 3.7 中的基本特征抽象出来，就可以得到二维直角坐标系. 人们又称直角坐标系为笛卡儿坐标系，这是为了纪念法国著名的哲学家、数学家笛卡儿 (Rene Descartes, 1596～1650) 对构建坐标系的贡献. 关于笛卡儿构建坐标系的过程，我们在第二辑第八讲中曾经用很大的篇幅讨论过，这里不再累述. 现今社会，人们约定俗成，在较小的空间范围内使用欧几里得几何模型，而直角坐标系就是刻画欧几里得几何模型的有效工具. 在此，我想特别强调的是，欧几里得几何模型的使用范围是有限的，甚至可以更加一般地说，所有几何模型的使用范围都是有限的. 我们曾经在绪言中说过，**使用范围有限是数学模型的基本性质**，正是因为使用范围有限，才使得数学模型能够更加准确地描述有限范围内的事物，这个基本性质也为人们构建合适的数学模型提供了广阔的舞台.

人们广泛使用的笛卡儿坐标系的特征是：通过经线和纬线描述点的位置，其中经线之间平行、纬线之间平行、经纬线之间垂直；坐标系中标有原点、方向和刻度. 如图 3.8 所示，人们通常用 x 表示经线，称它为横坐标；用 y 表示纬

▶ 远在笛卡儿之前，人们就在日常生活和生产实践中"不经意"地使用了直角坐标系.

▶ 这与古代中国所强调的分类是不谋而合的.

第三讲 关于空间的模型

线,称它为纵坐标. 利用二维直角坐标系,平面上点 A 的位置,就可以用一个数对 (x_A, y_A) 表示,而两个点 A 和 B 之间的距离仍然定义为直线距离,由勾股定理可以得到

$$d(A,B)=\sqrt{(x_B-x_A)^2+(y_B-y_A)^2}. \qquad (3.2)$$

◀ 在后面的讨论中将会进一步看到,定义距离始终是几何的核心.

可以看到,这样的距离表示在本质上与(3.1)式是一致的.

如果从数学角度考虑,比较图 3.8 和图 3.2,可以认为二维直角坐标系是一维数轴的类比推广,并且几乎所有的性质都可以用类比的方法得到推广. 但是,如果从物理学的角度思考,二者之间却有本质差异,我们来分析这个差异.

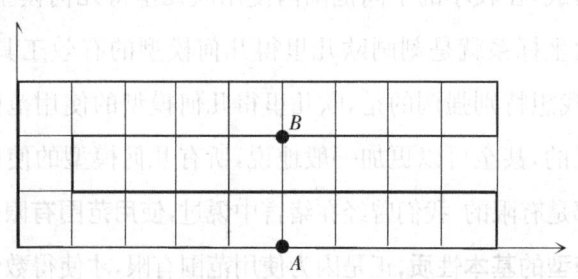

图 3.8 一维空间与二维空间的差异

一维空间与二维空间的本质差异:曲线. 对于一个给定的一维图形即一条给定的曲线,我们讨论在二维空间分析这个图形的几何性质与在一维空间分析之间的差异. 为了方便起见,通过图 3.8 来分析这个差异. 图中加

◀ 只有找到差异才能发现本质. 类比强调的是共性,创新强调的是差异.

黑的线表示一维空间，这是一个封闭的折线. 我想, 在图中至少可以得到下面三个差异, 而要得到这些差异是需要想象力的.

首先, 如果在一维空间思考问题, 因为没有参照物, 我们感觉不到这是一条折线. 也就是说, 因为没有参照物, **在一维空间不会知道一条线是曲的还是直的**. 进一步, 如果不在道路上设立标志, 我们可能会认为这个封闭折线的长度是无穷的, 就像传说的在森林中迷路那样, 会重复同一条道路一个劲地走下去, 直到看到某些标志时才会发现走的是一条回转的路. 因此, 在二维空间看是有界的东西在一维空间看可能是无限的, 特别是在无法设立标志的时候. 这便是爱因斯坦后来所说的有界和无限的区别, 我们在这本书的最后将详细地讨论这个问题.

▶生活中也是这样, 当一个人对外部世界无知时, 也就不知道这个世界还有别样的精彩.

其次, 如果站在二维空间看, **一维空间的任何一个点都不是内点**. 也就是说, 一维空间中任何一个点的二维邻域必然有不属于一维空间的点. 我们似乎可以体会到, 无论是一维空间的一个点还是一条线, 都感受不到二维空间所带来的孤立. 这个性质是具有一般性的, 这也是为什么对于 n 重积分, 任何一个 $n-1$ 维子集合上的积分必然为 0 的道理.

第三个结论是最为本质的: **在更高一维空间可能存在捷径**. 如图 3.8 所示, 在一维空间点 A 的坐标为 5, 点 B 的坐标为 23, 由公式(3.1)两点间距离为 $23-5=18$; 而在二维空间点 A 的坐标为 $(5,0)$, 点 B 的坐标为 $(5,2)$, 由公式(3.2)两点间距离为 2. 造成这个差异的原因是因为一

第三讲 关于空间的模型

维空间的点 A 只能通过一维空间到达点 B,而在二维空间就可能存在捷径了. 这个基本事实为现代物理学提供了假设的基础,也为跨越时空的科幻小说提供了想象的舞台.

◀ 这个事实告诉我们,距离与我们所思考的参照系有关.

上述讨论的三个差异完全是想象的东西,似乎是无稽之谈,但是,这些差异恰恰是现代物理学家构建多维空间模型的思维基础. 在这个意义上,"构建数学模型必须考虑实际背景"这句话的寓意是深刻的,这句话应当是构建模型的一个基本原则. 在下一节,我们将继续讨论类似的话题.

§3.3 三维空间模型

虽然说不清楚空间到底是什么,但人们能够感觉到自己生存的空间是三维的. 因为人们不仅能在地图上标记出某一座山、某一个建筑物的位置,还能够知道这座山、这个建筑物的高度,以至于人们对于三维空间的信念是那样的根深蒂固,几乎谈及空间时就自然认为这个空间是三维的①. 关于这一点,亚里士多德在《论天》中说的非常明确:②

◀ 为什么我们生活的空间可以抽象为三维呢?而不是像古人认为的那样是四面八方呢?

---

① 可惜的是,现在小学教材中,图形的引入往往是从点、线、面开始的,这完全是抽象了的数学化的东西,不符合人的认知过程的. 一个合理的方法应当以三维物体为基础,让学生体会一维、二维、三维空间之间的关系.

② 参见中译本:苗力田主编. 亚里士多德全集·Ⅱ. 徐开来译. 北京:中国人民大学出版社,1991:265.

133

面就是一切方面.

亚里士多德的论述似乎过于绝对,但抓住了描述空间的关键.在这一节,我们将基于亚里士多德的这段论述来重新构建空间的基本概念,包括点线面的概念.可以看到,如果说人们构建二维直角坐标系是为了解决数学问题的需要,那么,人们构建三维坐标系则完全是为了描述现实世界的需要.

在二维平面直角坐标的基础上,从原点出发构建一个与平面垂直的向量 Z,以此表示高度即第三维坐标,这样就构建了三维直角坐标系,如图 3.9 所示.类比二维直角坐标系,在三维直角坐标系中,空间一个点 A 的位置可以用一个三位数组 (x_A, y_A, z_A) 来表示,其含义可以分别为经度、纬度和高度.并且,空间中两个点 A 和 B 之间的距离仍然定义为直线距离,再次利用勾股定理就可以得到

> 这也是为什么称之为三维空间的道理.

$$d(A,B)=\sqrt{(x_B-x_A)^2+(y_B-y_A)^2+(z_B-z_A)^2}.$$
(3.3)

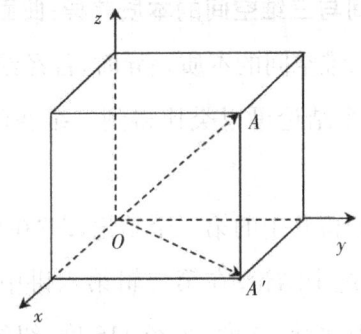

图 3.9 三维直角坐标系中线段的长度

第三讲 关于空间的模型

可以看到,这样的距离表示在本质上与(3.1)式和(3.2)式是一致的. 如图 3.9 所示连接点 A 和原点 O,由上面的距离公式,容易得到线段 OA 的长度的平方为

$$d^2 = x_A^2 + y_A^2 + z_A^2. \tag{3.4}$$

因为坐标之间是相互垂直的,因此可以把上式看做勾股定理的自然推广. 并且可以看到,上面的公式是两次利用勾股定理所得到的:一次是在 AOA' 平面上,一次是在 XOY 平面上. 其中 A' 是过点 A 向 XOY 平面作垂线与平面的交点,通常称向量 OA' 为向量 OA 在平面 XOY 上的**投影**.

◀ 因为定义距离与勾股定理有关,因此勾股定理的推广就非洲重要了.

我们在上一节比较了一维空间模型与二维空间模型的本质差异,这个差异主要表现在曲线的判定上. 类似,二维空间与三维空间也存在着本质差异,这个差异主要表现在曲面的判定上.

二维空间与三维空间的本质差异:曲面. 上一节讨论一维空间与二维空间的本质差异时,曾经给出三个结论,事实上,那三个结论可以类比得到二维空间与三维空间的本质差异.

我们先分析其中的第三个结论,即"在高一维空间可能存在捷径"这个结论. 在第二辑第六讲中曾经讨论过:北京大约位于北纬 40 度、东经 116 度,纽约大约位于北

> 直线距离的确立依赖于空间，依赖于空间的维数和弯曲程度.

纬 40 度、西经 74 度，因为纬度基本相同，从北京沿着北纬 40 度线一直向东行就可以到达纽约，行程大约为 14411 公里. 而两地之间测地线，即大圆劣弧的距离大约为 11005 公里，这比沿着纬度测量距离大约缩短了 3306 公里. 事实上，飞机的航线就是沿着大圆劣弧设计的，要经过北冰洋的上空. 这些距离都是在球面上即在二维空间中得到的. 除此之外，在三维空间上，两地之间还存在着更短的距离，那就是构建隧道，挖地而过，这个距离大约是 9723 公里①. 这就说明了，在高维空间可能存在捷径.

> 我们在地球表面上行走，会认为地球表面是平的.

其次，在比较二维空间与一维空间的三个差异中还有一个非常重要的结论：只有在二维空间才能判断一条线是直线还是曲线. 同样的道理，只有在三维空间才能判断一个面是平坦的还是弯曲的. 这就意味着，只有在三维空间才能讨论一个面是平坦的还是弯曲的问题.

为了讨论能够深入进行，**必须清晰地给出点线面的定义**. 我们曾经用很大的篇幅讨论过，要给出明确的定义是非常困难的：最初欧几里得用物理描述的方法给出了点线面的定义，但引发了许多悖论，迫使两千年以后希尔伯特采用符号表述的方法来给出定义. 事实上，正是因为这些基本定义阐述形式的改变，使得近代数学走向了符号化、形式化和公理化. 因此我们说，要给出明确定义是非常困难的. 现在的问题是，我们需要建立几何模型，希望通过数学的语言来描述现实世界的关于图形的故事.

---

① 这个结果是东北师范大学地理系赵云升教授计算的.

第三讲 关于空间的模型

在这种情况下,希尔伯特所创建的符号系统就不适用了,因为描述现实世界就必须使用现实生活中的、具有明确直观意义的语言:在现实世界中,点、线、面与桌子、椅子、啤酒杯是有区别的[①]. 为此,我们尝试性地直观描述点线面以及直线和平面.

◀ 经历了几百年形式化的发展,数学的某些基本概念应该有所回归,或者说更高层次的升华.

构建空间模型的基本概念. 通过上面的讨论已经知道,几何模型中最为基础的概念是空间的维数,因为空间维数的不同,图形的几何性质会出现很大的差异;此外,通过上面的讨论,我们对空间的维数已经建立起了一定的直观. 为此,我们可以重新思考亚里士多德的论述,把维数作为定义空间概念的基础,然后在定义的基础上讨论这些概念之间的关系. 具体表述如下.

称 0 维的图形为**点**,一维的图形为**线**,二维的图形为**面**,三维的图形为**体**.

一维空间的线上存在无穷多个点. 两点间的**距离**可以由(3.1)式得到.

二维空间的面上存在无穷多条线. 过两点的线段中,距离最短的线段为**直线段**. 如果一条直线段两边可以无限延长,并且这条线上任意两点间的线段都是直线段,则称这条线为**直线**[②].

[①] 为了解释数学的符号化,希尔伯特曾经说,从数学的角度看,点、线、面与桌子、椅子、啤酒瓶是没有区别的,参见:第二辑第 7.1 节的有关讨论.

[②] 参见:第二辑第 6.3 节的讨论.

三维空间的体上存在无穷多个面. 对于一个给定的面, 如果存在一条不在这个面上的直线段, 使得这个面上的所有直线段都与这条直线段垂直, 则称这个面是平面, 并且直线段为平面的**法向量**.

> 关于平角和垂直的定义, 在欧几里得几何中可以找到.

在一般情况下, 称具有上述平面性质的二维几何图形为**平坦的**, 不是平坦的面称其为**曲面**. 在后面的讨论中将会看到, 平坦以及曲面的概念可以扩充到更高维空间. 平坦这个性质是欧几里得几何模型的基础, 也就是说, 欧几里得平面几何的所有结论都与平坦这个性质有关. 如果一个面是平坦的即为欧几里得平面, 那么, 平面的定义与下面的命题等价:

过直线外一点有且仅有一条平行线;
线段长度可以由勾股定理计算;
三角形内角和为 180 度;
任意多边形的外角和为 360 度;
同弧上圆心角为圆周角的二倍;
圆的周长为半径的 2π 倍.   (3.5)

有些学者可能会不同意上面的说法, 认为在学习平面几何的过程中并没有涉及三维空间, 为什么必须通过三维空间来定义平面呢? 为什么只有在定义了平面之后, 才能再讨论那些等价关系呢? 我们通过两个具体的例子来说明这个必要性.

第三讲 关于空间的模型

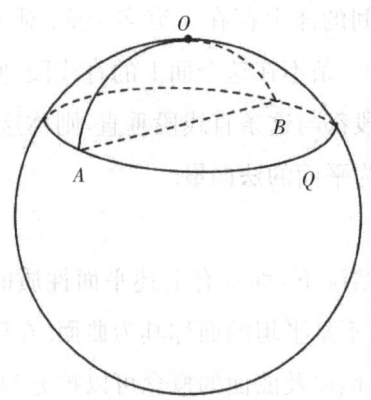

图 3.10 球面上圆的周长大于直径与圆周率的乘积

球面上圆的周长问题. 如图 3.10 所示, 以球面上一点 O 为圆点, 在球面上画一个圆, 即在球面上那些到圆点距离相等的点的集合, 用 Q 表示这个圆. 过点 O 在球面上作一条直线即一条过点 O 的大圆, 这个大圆相交圆 Q 于 A 和 B 两点. 这样, 可以得到两条直线段: 一条直线段是在球面上的, 即 AB 之间大圆的弧, 用 R 表示长度的一半; 一条直线段是在圆 Q 所在平面上的, 即 AB 之间的弦, 用 r 表示长度的一半. 如果用 c 表示圆 Q 的周长, 由欧几里得几何结论, 也就是 (3.5) 中的最后一个命题知道, $c = 2\pi r$. 但是, 在球面上考虑圆的周长时, 因为 $R > r$, 则有

$$c = 2\pi r < 2\pi R.$$

◀这个平面是在三维空间看到的, 也是符合我们定义的.

这个结果意味着, 对于球面上的几何模型, 通常使用的关于圆周长的计算公式不成立. 在现实生活中, 比如在地球表面上并且在教室这么大的范围内, 因为这时弧长

R 与弦长 r 之间的差异很小,用弦长 r 代替弧长 R 是可以的,所以欧几里得几何是适用的.

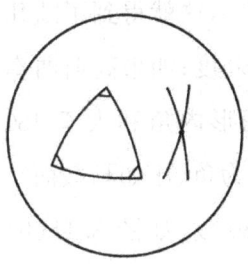 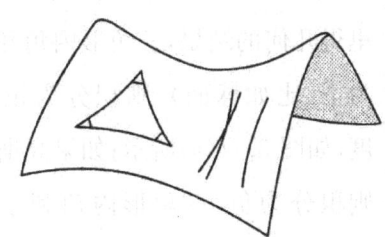

(a) 曲率为正的曲面　　　　(b) 曲率为负的曲面

图 3.11　曲面上三角形的内角与平行线

▶ 虽然讨论的问题是二维曲面的弯曲程度,但高斯曲率的表达必须借用第三维空间.

曲面上三角形的内角和问题. 如图 3.11 所示,曲面上三角形的内角和并不等于 180 度. 回忆在第二辑第六讲中所讨论过的问题,可以用高斯曲率来刻画曲面的弯曲形状以及弯曲程度,高斯曲率的功能就像我们上面所说的法向量那样,只不过是过曲面上一点切平面的法向量. 德国数学家高斯(Johann Gauss,1777～1855)发现,在曲面上三角形的内角和与三角形的大小有关,因此与三角形的面积有关,而曲面上的面积又可以通过积分得到. 如果用 A 表示高斯曲率为 K 的曲面上的一个三角形所围成的区域,高斯在 1827 年的论文中给出了一个非常漂亮的结果:[①]

[①] 1844 年,法国数学家博内(Bonnet,1819～1892)将这个公式推广到一般闭曲线围成的单连通区域,后来法国数学家韦依(Weil,1906～1998)于 1942 年,美籍华人数学家陈省身(1911～2004)于 1944 年把这个工作推广到高维闭黎曼流形.

三角形内角和 = K 在 A 上的积分 + π.

在一个面上,如果高斯曲率等于 0,这就得到了欧几里得几何的结果,三角形内角和为 180 度;如果高斯曲率为正(比如球面),则积分为正,三角形内角和大于 180 度,如图 3.11(a)所示;如果高斯曲率为负(比如马鞍面),则积分为负,三角形内角和小于 180 度,如图 3.11(b)所示.

上面的两个例子说明,对于一般的曲面而言,我们通常使用的许多关于长度、角度、面积的计算公式是不确切的,只是因为差异比较小,所以用欧几里得几何模型的结果来替代是可以的,但这个替代并不意味着欧几里得几何模型就是真理.这就像在讨论时间模型时说过的那样,在小范围内可以用牛顿的模型来替代爱因斯坦的模型,但不意味着牛顿模型就是真理.下面,讨论我们生活空间的真实情况.

◀ 在小范围适用的数学模型,往往是在大范围适用的数学模型的特例,但在小范围更为简捷适用.

我们生活在球面上:黎曼几何模型.人们最初思考问题,并不是从理性开始的而是从经验开始的.人们很早就意识到地球是一个球体,并且在日常生活和生产实践中充分考虑了这个因素.比如,我们在第二辑曾经讨论过,被西方誉为地理学之父的古希腊学者埃拉托色尼(Eratosthenes,前 276~前 196)不仅知道地球是圆的,还通过弧长计算了地球的周长.再比如,我们在上一讲中讨

◀ 在古代中国也有类似的工作,参见附录.

论过的,古代中国学者利用北极出地计算纬度,因为造成南北地域纬度不同的根本原因是因为地球是圆的,所以古代中国学者的思考也必然基于"地球是一个球体"这个基本事实.

正因为如此,远在欧几里得之前,因为航海和天文学的需要,人们就开始对球面的问题特别是对球面三角的问题进行了认真研究,其先驱就是前面提到过的古希腊学者希帕恰斯. 在第二辑中,我们专门讨论过亚历山大图书馆的学者们对科学的贡献,梅内劳斯(Menelaus,约公元 1 世纪)在那里写出了球面研究的第一部著作《球面学》. 这部著作开宗明义给出了球面三角形的定义:"在球面上由大圆弧所包围的部分."① 其中所说的大圆是指在球面上连接两点的最短弧线.② 关于天体(包括地球表面)研究的集大成者是亚历山大图书馆的后期学者托勒密,他在那里写出了巨著《天文学大全》,共 13 卷,其中第 2 卷专门讨论了球面上的三角形.

虽然因为生产实际的需要,人们在很早的时候就讨论了球面上的几何学,但在日常生活中,人们依然会感觉到自己是生活在平面上,会感觉到前面所说的那些等价关系是成立的,这是因为在很小的范围内欧几里得空间模型是适用的,并且是看得见摸得着的. 正是因为这个原因,在二千多年的数学教学和科学研究的过程中,人们深

> 古希腊的学者如此坚信地球是一个球体,其洞察能力实在是伟大.

---

① 参见:梁宗巨. 世界数学通史. 沈阳:辽宁教育出版社,2001:419.
② 对于球面上任意两点,都能像切西瓜那样,经过这两个点把球切开,切出的轨迹是一个圆. 切的角度不同得到的圆的大小也不一样,其中经过球心的那个圆是最大的,这便是古希腊学者所说的大圆,参见:第二辑第 6.3 节的讨论.

第三讲 关于空间的模型

信不疑的是欧几里得几何的空间模型.甚至到了伽利略的时代、到了牛顿的时代,**人们依然确信欧几里得空间模型是绝对的**.这样,一直到牛顿的时代,人们不仅认为时间是绝对的,并且认为空间也是绝对的.

◀ 时间与空间的概念是一体的,是不可分割的.

但是,欧几里得所描绘的平坦的几何模型实在是令人乏味.很显然,这种几何模型所创造的数学语言不足以描绘人们丰富多彩的生活画面,于是,那些变化莫测的云、形状各异的花、绵延起伏的山脉、规则多变的雪花,只能是文学家、画家、甚至音乐家的专利.虽然在文艺复兴之后,伟大的意大利画家、科学家达·芬奇(Leonardo da Vinci,1452~1519)引入了三维透视的画法,使得绘画的表现力由二维走向三维,但是,三维透视的方法在本质上解决的是图形之间远近大小的比例关系,而不是图形形状本身的问题,不足以描述图形形状的变化.

◀ 人们必须创造出丰富的数学语言,才能刻画丰富多彩的现实.

实现几何模型重大突破的是德国数学家黎曼(Georg Riemann,1826~1866),他的导师就是大数学家高斯.黎曼从小家境贫寒,但他的思维敏捷、聪明异常.他在读中学的时候,学校的数学教学内容已经无法满足他的需要,校长给了他一本法国数学家勒让德(Adrien-Marie Legendre,1752~1833)的长达 859 页的巨著《数论》.据说黎曼只用了 6 天的时间就把这本书一口气读完了,并且很好地掌握了其中的核心知识[①].后来,黎曼酷爱数学,在数学的诸多领域都作出了卓越的贡献,特别是在数论中提出的 ζ 函数的猜想可能都与他的这段经历有关.现在

◀ 这是一种因材施教的教学方法.

---

① 参见:E. T. Bell, Men of Mathematics, New York: Simon and Schuster, 1937:487.

人们称这个猜想为黎曼猜想,是当今数学领域最为著名的猜想之一.① 我想,黎曼的成长历程对于我们今天的基础教育是富有启发的:特殊人才的成长需要营造特殊的环境.

1854年6月10日,黎曼在哥廷根大学发表了题目为"论几何基础中的假说"的就职演说.这个就职演说彻底改变了人们对于传统空间模型或者说对于传统几何模型的认识.黎曼思考的基础就是包括上面讨论过的球面在内的一般曲面,他把曲面作为专门的研究对象,并且建立了曲线坐标来描述曲面.这样,黎曼就创造了描述曲面简洁而清晰的工具,使得曲面摆脱了欧几里得几何中"平坦"的束缚.

▶ 黎曼继承了高斯的思想,大跨步地发展了高斯关于几何的学说,其核心就是建立了新的参照系.

黎曼的研究基础依然是上面讨论过的两点间的距离,只是用曲线坐标来刻画这个距离,并且刻画的基本方法依然是勾股定理,只是更加一般化了的勾股定理.我们说过,度量是构建几何模型的关键,而距离的度量又是最基础的,**距离是构建几何模型的基础**.

▶ 可以看到,黎曼是如何创造性地扩张了勾股定理.

用类比的方法,黎曼构建了一般的 n 维空间:一个点 x 对应于一个 n 维数组 $(x_1, x_2, \cdots, x_n)$. 如果用 $x + \mathrm{d}x$ 表示点 x 附近的相邻点,这个相邻点的 n 维数组可以表示为 $(x_1 + \mathrm{d}x_1, x_2 + \mathrm{d}x_2, \cdots, x_n + \mathrm{d}x_n)$. 其中 $\mathrm{d}x_j$ 表示分量 x_j 附近的微小变化,我们可以把这个微小变化看做通常所

---

① 近代数学界有五个重要猜想:四色猜想、庞加莱猜想、费马大定理、哥德巴赫猜想、黎曼猜想.其中前三个猜想已经于近些年相继解决,分别参见:第二辑第9.1节、第9.3节和第四辑第4.1节的讨论.

第三讲 关于空间的模型

说的微分,其中 $j=1,\cdots,n$. 这样,由(3.4)式可以类比得到这两个相邻点之间的距离,即距离的平方为

$$\mathrm{d}s^2 = \mathrm{d}x_1^2 + \mathrm{d}x_2^2 + \cdots + \mathrm{d}x_n^2. \tag{3.6}$$

这表明整体的微小变化的平方是每一个分量微小变化的平方和,这就是扩张了的 n 维空间的勾股定理,并且与人们通常对几何的理解是不悖的.

现在的问题是:如何用曲线坐标来表示曲面上的点,来刻画相邻两点间的距离,从而构建基于曲面的几何模型呢?为了与传统的几何模型对应,或者更确切地说,为了使新的几何模型能够包含传统的几何模型,思考问题的出发点仍然是直角坐标系以及基于直角坐标系的距离定义,我们借助二维曲面来讨论这个问题.这时,相邻两点间距离公式(3.6)可以写成

$$\mathrm{d}s^2 = \mathrm{d}x_1^2 + \mathrm{d}x_2^2. \tag{3.7}$$

因为二维空间的图形必须用两个坐标表示,我们假设构建坐标的基础是两条曲线 u 和 v,那么,在二维直角坐标系中,这两条曲线都可以表示为 x_1 和 x_2 的函数,比如 $u=u(x_1,x_2)$,$v=v(x_1,x_2)$. 如果我们假定这两个函数是光滑的,并且,假定存在光滑的反函数,这样直角坐标系上的坐标又可以通过曲线坐标表示,比如,表现形式是

◀这完全是一种类比的思考方法,而问题的关键是如何用数学语言进行表达.

$$x_1 = f(u,v), \quad x_2 = q(u,v),$$

其中 f 和 q 表示反函数. 类比二维直角坐标系的表示方法,可以设定曲线坐标系的原点就是直角坐标系的原点,并且假设两个基本坐标曲线经过原点:$u(x_1, x_2)=0$ 和 $v(x_1, x_2)=0$. 这样,坐标网线就可以用曲线族 $u(x_1, x_2)=a$ 和 $v(x_1, x_2)=b$ 表示,其中的常数 a 或者 b 可以取不同的实数. 可以看到,随着 a 和 b 的变化,就可以得到一族"平行"的网线,如图 3.12 所示.

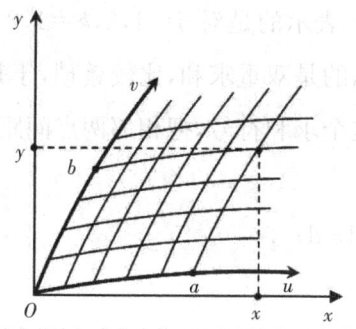

图 3.12 曲线网格与直角坐标系之间的关系

下面,我们考虑曲线坐标下相邻两点之间的距离. 根据微分的计算公式,容易知道(3.7)式可以写成下面的形式:

$$\mathrm{d}s^2 = g_{11}\mathrm{d}u^2 + g_{12}\mathrm{d}u\mathrm{d}v + g_{21}\mathrm{d}v\mathrm{d}u + g_{22}\mathrm{d}v^2,$$

(3.8)

其中的系数 g_{11}, g_{12}, g_{21} 和 g_{22} 均为函数 f 和 q 对 u 和 v

第三讲 关于空间的模型

的偏微商,因此是 u 和 v 的函数. 从偏微商的运算法则知道,系数 g_{12} 和 g_{21} 是相等的,人们通常称具有这样性质的系数为对称的,并且称由这样的系数构成的矩阵为对称阵.

◀ 于是,人们就可以用对称的数学语言来描绘自然界中无处不在的对称现象.

虽然数学公式都是利用符号表达的,但具体利用什么符号来表达却不是本质的,仅仅是一种习惯而已,只需要标明每一个符号所代表的具体含义.因此,为了与通常的习惯一致,在(3.8)式中我们仍然用 x_1 用代替 u,用 x_2 代替 v,这样就可以把(3.8)式化简为 $ds^2 = \Sigma g_{jk} dx_m dx_n$. 其中求和号 Σ 表示的是对 $j=1,2, k=1,2$ 进行求和. 因为求和号表示的是双重求和,比较繁琐,于是爱因斯坦则干脆省略了这个求和符号,把相邻两点间距离表示为①

$$ds^2 = g_{jk} dx_j dx_k, \qquad (3.9)$$

其中 $j,k=1,2$. 可以看到,上式所确定的距离的大小完全是由系数决定的,人们称这些系数为**黎曼度规张量**②. 有了曲线坐标下的距离,则一般的二维曲面空间就建立起来了.

很显然,如果单纯从数学的角度思考问题,很容易把上面的所有结果都推广到一般的 n 维空间,因为只需要扩大上面所讨论的下标集合,即 $j,k=1,2,\cdots,n$. 并且利用同样的方法,可以定义出平坦的或者弯曲的 n 维空间,

◀ 在抽象了的概念和符号中思考问题,往往会使问题变得简捷.

---

① 参见:福克. 空间、时间和引力的理论. 周培源,朱家珍,蔡树棠,等译. 北京:科学出版社,1965:156.
② 详细的讨论参见:第四讲第五节.

定义出这个空间的相邻两点之间的距离,有了距离就决定了几何模型.可是,这样推广的几何模型有什么物理意义吗?

§3.4 四维以及十维空间模型

自从黎曼构造了多维的空间、构造了弯曲的空间以后,先是在欧洲,后来扩展到全世界,有许多艺术家、哲学家当然也包括许多物理学家开始热衷于四维空间现实性的讨论,给出了各种各样的关于四维空间以及更高维空间的存在理由[1].即便如此,但是我始终相信,四维以及更高维空间是不可能经验的,甚至是不可直观想象的.人们可以构建四维以及更高维空间模型,但是必须明确的是,人们构建数学模型并不是为了表明一种存在,而是为了用数学的语言描述现实世界的现象,为了用数学的语言讲述现实世界的故事,就像我们反复强调的那样.数学模型完全是人想象出来的东西,不用顾忌这种东西的现实存在性.因此,**所谓数学模型的物理意义,是指用数学模型解释自然现象的有效性.**

> 只有知道数学的功能,才能真正的理解数学.

四维空间模型:爱因斯坦时空.在上一讲关于时间模型的讨论中可以看到,爱因斯坦已经把时间与空间有机

---

[1] 参见:[美]加来道雄.超越时空:通过平行宇宙、时间卷曲和第十维度的科学之旅.刘玉玺,曹志良译.上海:上海科技教育出版社,2009:第一篇.

第三讲 关于空间的模型

地结合在一起了:如果形体存在的空间是三维的,那么,加上时间就是四维的.事实上,洛伦兹变换(2.7)式就是四维的,只需要把其中的直线运动改为一般的三维空间的运动.如果把时间坐标 t 改写为一般的坐标 x_0,那么,由(3.9)式爱因斯坦的四维时空就可以表示为

◀我们将在下一讲继续讨论洛伦兹变换.

$$ds^2 = g_{00}dx_0^2 + 2g_{0j}dx_0 dx_j + g_{jk}dx_j dx_k, \qquad (3.10)$$

其中 $j,k=1,2,3$. 如果上面距离的微小变化满足 $ds^2 = dx_0^2 - dx_1^2 - dx_2^2 - dx_3^2$,那么就可以认为系数之间是相互独立的,也就是我们通常所说的欧几里得空间①. 图 3.13 是爱因斯坦所设想的四维时空模型的图形表示,空间中的每一个点都可以用四个坐标表示. 因为两个坐标形成一个平面,因此可以形成 $3+2+1=6$ 个平面,在图中分别用 p_k 表示,$k=1,\cdots,6$.

◀虽然几何图形是直观的,但其直观是有限的,至少到现代为止,人类还无法经验四维空间.

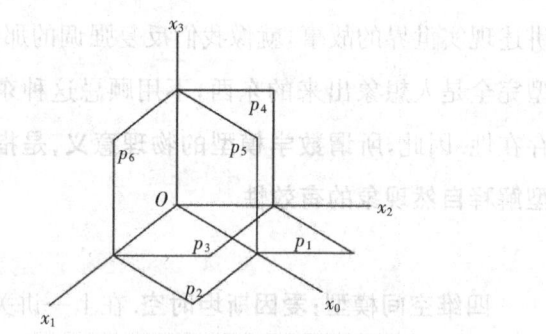

图 3.13 爱因斯坦所设想的四维空间

---

① 参见:福克.空间、时间和引力的理论.周培源,朱家珍,蔡树棠,等译.北京:科学出版社,1965:156.

这真是一个大胆的想象,如果仅仅从数学的角度思考,高维空间是不足为奇的,因为数学并不寻求概念本身的存在性,可是物理学就不同了:现实世界的空间可能是四维的吗?爱因斯坦对他所创立的四维空间模型解释为:①

我们的宇宙是由时间和空间构成的,时空的关系是在空间的架构上,比普通三维空间的长、宽、高三条轴外又加了一条时间轴,而这条时间的轴是一条虚数值的轴.

▶ 回顾上一讲,关于虚时间的讨论,这样,每一个三维空间都可以设想为"现在"这个时刻四维时空的具体体现.

我们曾经讨论了在二维空间观察一维的物体、三维空间观察二维的物体可能会出现的差异,那么,在四维空间观察三维的物体可能出现什么差异呢?我们曾经断言,四维以及更高维空间是不可能经验的,甚至是不可直观想象的,因此只能通过类比想象.这也是在第三辑中曾经讨论过的,为什么在几何学的研究中更多地要依赖类比的缘由.爱因斯坦利用类比的方法,阐述了其中的一个差异:

对于四维空间,一般人可能只是认为在长、宽、高的轴上,再加上一根时间轴,但对于其具体情况知道甚少.让我们先假设一些生活在二维空间的扁片人,他们只有平面概念.假如要将一个二维扁片人关起来,只需要用线

---

① 参见:爱因斯坦.相对论.周学政,徐有智编译.北京:北京出版社,2007:45.

第三讲 关于空间的模型

在他四周画一个圈,这样,在二维空间他无论如何也走不出这个圈.如果我们这些生活在三维空间的人对其进行"干涉"的话,只需要在平面垂直的第三维把这个二维人取出,再放在二维平面的圈外,就帮这个二维人"逃出"牢笼了.

爱因斯坦述说的这个故事我们是可以经验的,也是可以直观想象的.以此类推,如果存在四维空间的话,那么,在第四维的方向上就可解脱三维牢笼的束缚.但是,这样情景是无法经验的,也是无法直观想象的.虽然古代就有传说即一直发展到现在的特异功能,说是能探囊取物、隔墙穿越,但那只是一些遮人耳目的魔术而已.但在这里,有一件事情是可以思考的,那就是镜面反射.你照镜子看到了镜子中的你,你可以感悟到这个你与真实的你是完全相反的.比如,镜子中你的心脏在"你"的右边;并且,无论在三维空间如何移动,你永远不可能变换成镜子中的你.这样,我们似乎可以提出这样的问题:这种现象的出现是否是四维空间的效能呢?事实上,爱因斯坦是用弯曲空间来解释四维空间的.

◀ 镜面反射是不可思议的,是思维的幻影还是真实的存在?

四维时空是弯曲的. 爱因斯坦通过光速把时间和空间联系在一起,构成了四维空间.在爱因斯坦相对论中,无论是狭义相对论还是广义相对论,都要求光速是绝对的."光速绝对"这个命题包括两个含义:一个含义是光速是最快的,没有其他的速度能超过光速;一个含义是光的速度与发光物体的速度无关,在任何做匀速运动的参照系中光速都是一样的.

　　这样,光速就作为系数出现在(3.10)式之中,因此,爱因斯坦的四维时空不可能简单地划归成欧几里得几何模型的形式.这个结论意味着这个空间不是平坦的而是弯曲的,这个空间服从黎曼几何模型.但是到现在为止,这个结论完全是从数学的角度分析得到的,如何从物理学的角度解释这个结论呢?这个空间是如何弯曲的呢?我们曾经说过,爱因斯坦经常使用思维的实验来分析问题,这实质上是一种想象,在上述分析之后,爱因斯坦是这样解释空间弯曲的:

▶ 爱因斯坦希望用四维时空来解释我们经验的三维空间,因此这个四维时空只能是弯曲的而不能是平坦的.

　　下面再做一个试验:将一些橡皮绳按经纬编成一个网,拉直可以近似看做一个二维平面.如果在这个网上放一个小球,由于重力的作用橡皮网会出现塌陷,形成了三维空间.但是,二维空间的扁片人是不会意识到他们生活的空间已经发生了扭曲,即便是这个凹陷已经深到了一定程度,或者说空间扭曲到了一定程度,二维扁平人可能已经在这个凹陷处自由来往于三维空间.

▶ 在这里,爱因斯坦为我们开启了验证四维时空的科学之门.

　　引起空间扭曲的小球在我们三维世界的例子就是黑洞.黑洞事实上是存在于思维空间的一种现象,或者说,黑洞是连接三维世界和思维空间的通道.

　　爱因斯坦上述说法实在是让人难以相信,因为这些述说都是非经验的,甚至是不可经验的,凭借的完全是基

第三讲 关于空间的模型

于类比的想象.一个有趣的事实是,爱因斯坦的这些丰富的想象超越了自然科学领域,启发了那个时代人文艺术的发展.许多文学家、建筑家和艺术家对爱因斯坦所刻画的、弯曲的高维空间充满了神奇的想象与幻想,并以各种形式把这些想象与幻想表现在艺术作品之中.英国数学家、儿童文学作家道奇森(Charles Dodgson,1832～1898)写出了畅销世界的小说《爱丽丝梦游仙境》,其中爱丽丝就是通过镜面反射进入到另一个世界;西班牙建筑家高第(Antoni Gaudi,1852～1926)相信真实的世界是弯曲的,而所有的直线都是人为的产物,为了表现真实的弯曲的世界,他在巴塞罗那设计了以大教堂为代表的多个奇特建筑[①];现代派画家毕加索(Pablo Picasso,1881～1973)更是用奇特的笔法,勾画了他所理解的高维空间的立体感觉.

◀ *某种程度,艺术总是走在科学之前.*

我们可以接受地球表面是弯曲的这样的论断,因为"生活在球面上"已经成为现代人的常识,并且有坚实的地球表面在支撑着这个常识.可是,空无一物的宇宙空间也是弯曲的吗?我们可能通过什么样的实验结果,或者通过什么样的观察结论,来验证这个空间是弯曲的呢?即便得到了验证,那么,空间为什么会是弯曲的呢?弯曲的程度是由什么因素决定的呢?

◀ *这必然会促使我们深刻地思考空间的本质是什么,如何创造合理的数学语言来刻画这个本质.*

弯曲的空间是通过黎曼空间模型表述的,因此要回答这些问题,就必须清晰准确地解释黎曼空间模型的现

---

① 巴塞罗那大教堂始建于1884年,高第逝世时没有完成,现在仍在修建之中,似乎完工之日遥遥无期;在巴塞罗那,高第设计的奎尔公园(Park Guell)更是把曲线在建筑中的表现运用得淋漓尽致.

实背景而不是数学背景,就必须合理地解释黎曼几何模型中那些系数的物理意义而不是数学意义.这个问题涉及力的模型和物体运动模型,我们将在下一讲详细讨论.

十维空间的可能性.人们最初思考十维空间是基于对黎曼几何模型(3.10)式中那些系数的分析.我们曾经说过,一个模型一旦被确定,这个模型的计算结果就只依赖于系数,因此,如果单纯从数学角度分析,模型的结果是系数的函数.

现在我们来分析爱因斯坦时空.因为爱因斯坦时空是四维空间,因此(3.10)式中有十六个系数;又因为这些系数是对称的,即 $g_{jk}=g_{kj}$, $j,k=1,2,3,4$,因此,这些系数中只有十个取值不同的量,人们称其为十个自由变量.这样就数学而言,爱因斯坦四维时空模型的基础是 10 个数字的数组[①].根据我们对高维空间的定义,可以把这些数组看成十维空间中的一个点,这样,这些数组就决定了一个十维空间.正是基于这个理由,有些学者认为,爱因斯坦所描绘的几何空间应当是十维的.显而易见,这个理由完全是基于数学,如果仅仅凭借这个理由就对现实世界的空间性质下结论,那么,这个结论必然是苍白无力的.可是,到底是什么决定了现实空间的存在呢?到底是什么决定了现实空间的维数呢?我们仍然把这个问题留在下一讲讨论.

▶ 可以看到,就空间讨论空间是不可能讨论清楚的,还必须借助参照物,那么,这个参照物是什么呢?

---

① 参见:[美]加来道雄.超越时空:通过平行宇宙、时间卷曲和第十维度的科学之旅.刘玉玺,曹志良译.上海:上海科技教育出版社,2009:107.

§3.5 关于空间模型的小结

与时间模型一样,空间模型也是人们日常生活和生产实际中必须构建的一种模型;并且,为了清晰准确地描述空间模型,也必须借助数学的语言.

通过这一讲的讨论可以看到,构建空间模型比构建时间模型更为困难,以至于至今为止,人们所构建的空间模型还显得那样粗糙,还显得那样杂乱无章.分析其原因,我想,主要是因为空间模型要承载的内容是如此繁多,表述形式又是如此繁杂.但也正因为如此,认真分析构建空间模型的难点和解决途径,对我们理解和掌握数学模型的本质是有益处的,下面作一些尝试性的分析.

建立概念.清晰的概念是构建一个好的数学模型的基础,而建立清晰概念的基础是把握所要描述事物的本质.我们必须清楚:建立概念的目的是为了描述现实,而不是为了叙述真理;形成了的概念完全是一种人为的东西,取决于人的抽象能力和想象能力;形成了的概念必须具有某种共性,人们只能从那些无歧义的概念出发思考和讨论问题.但是,在构建模型的过程中,一个概念建立的合适与否却必然要经受现实的验证,与真理一样,所有的概念都不是一劳永逸的.在这个意义上,建立概念是一个动态的过程,必然会反映那个时代的认知能力和学术

◀可以参看并比较时间模型的小结.

水准,正如爱因斯坦所说:①

可是事实上,"实在"绝不是直接给予我们的.给予我们的只不过是我们的知觉材料;而其中只有那些容许用无歧义的语言来表述的材料才构成科学的原料.从知觉材料到达"实在",到达理智,只有一条途径,那就是有意识的或无意识的理智构造的途径,它完全是自由地和任意地进行的……

这些事实可以用一个悖论来表述,那就是,我们所知道的实在唯一地是由"幻想"组成的.我们对于那些有关实在的想法表示信赖或相信,仅仅根据如下事实:这些概念和关系同我们的感觉具有"对应"的关系.我们陈述的"真理"的内容就在这里建立起来.在日常生活和科学中都是这样.如果现在在物理学中,我们的概念与感觉的这种对应越来越接近,就没有权利责备这门科学是用幻想来代替实在.只有我们能够指明某一特殊理论的概念不可能以适当的方式与我们的经验相关联的时候,上述那种批评才能站住脚.

▶ 构建空间模型的困难之所在.

如果说,人们构建时间模型的目的是为了描述事物的发展过程,那么,人们构建空间模型的目的就是为了描述事物的存在形式和运动规律.为了描述事物的发展过程,人们可以选定某些具有运动周期的事物作为参照物,

---

① 出自《关于实在问题的讨论》,这是 1950 年爱因斯坦写给英国作家塞缪耳(Semuel)的信.参见:爱因斯坦文集·I.许良英,范岱年编译.北京:商务印书馆,1976:512～513.

建立起时间模型. 可是, 构建空间模型是为了描述"一切"事物的存在形式和运动规律, 因此很难"再"找到一个游离于空间模型以外的客观实体, 使得这个客观实体成为描述空间模型的参照系. 显然, 如果没有了参照系, 人们就只能"就事论事", 因此在这种情况下, 要给出清晰的概念是非常困难的, 就更需要把握事物的本质. 也正因为如此, 建立空间概念要比建立时间概念更为复杂, 与此相关, 建立几何概念也要比建立代数概念更为复杂.

◀ 构建空间模型要比构建时间模型更为困难.

把握本质. 我想, 空间的本质大概有两个, 一个是维数, 一个是曲面. 两千多年来, 几何学的发展就是紧紧围绕这两个核心内容展开的. 如前所述, 亚里士多德抓住了第一个本质, 即空间的维数, 黎曼抓住了第二个本质, 即空间的曲面. 可是, 应当如何**把这两个空间的本质抽象成空间的概念**呢？或者恰恰相反, 如何**用这两个空间的本质抽象出空间的概念**呢？

对于空间的维数, 欧几里得几何采用的是第一种策略, 过程是这样的: 利用事物的物理属性定义了包括"点线面"在内的几何学基本概念, 然后再通过"点线面"来描述空间的维数, 从而得到欧几里得几何模型. 欧几里得几何最为生动的部分是在平面上展开的, 因此又被称为平面几何. 我们曾经多次谈到, 在局部范围内欧几里得几何模型是现实的, 因而是实用的, 因此, 这个几何模型影响人们的思维长达两千年之久. 进一步, 欧几里得几何模型又为伽利略力学、特别是牛顿力学奠定了空间基础, 这才使得欧几里得几何模型具有如此的生机和活力.

但是,上述欧几里得的策略中至少存在两个隐患,一个隐患是事物的物理属性过于具体,容易引起歧义.经验告诉我们,凡是抽象度不够的东西都可能会引发悖论,比如,就像我们前面曾经谈到过的那样,把"点"描述为"没有部分的那种东西",就必然无法解释"两条直线相交必然交于一个点"这个基本关系.另一个隐患是无法讨论高维空间的事情,这是因为,我们无法像欧几里得描述"点线面"那样,通过事物的物理属性来表述高维空间的存在.事实上,高维空间的表述只能是抽象的而不能是具体的,高维空间的所有定义和性质的推断,只能依赖低维空间相应事实的类比.事实上,人们很难得到在高维空间成立而在三维空间不成立的东西

> 由此可以看到,合理地定义数学概念是多么的困难,因此在数学教学过程中,不能把概念视为想当然的东西.

正是因为这些原因,两千多年以后的希尔伯特用符号表示的方法重新定义了"点线面".可以看到,希尔伯特的定义完全脱离了现实背景,从而达到了抽象的顶峰.但是,就描述空间的维数而言,希尔伯特与欧几里得的策略是一样的,都是通过存在来刻画空间的维数,进而刻画空间的本质.其中的差异在于,欧几里得的存在是具体的,希尔伯特的存在是抽象的.

还有一种解决问题的策略,那就是回归亚里士多德的思考,这就是:通过空间的维数来定义"点线面",就像我们前面表述的那样.这样的定义可以摆脱过分具体,过分具体的东西是不可信的;这样的定义又可以摆脱过分的抽象,过分抽象的东西是不可及的.因此,回归亚里士

第三讲 关于空间的模型

多德的策略是一种"居中"的定义方法,就像我们曾经分析过的"形而上者谓之道,形而下者谓之器"那样,希尔伯特的定义是"形而上"的、过分抽象,欧几里得的定义是"形而下"的、过分具体,而回归亚里士多德的定义就是居中的"形",既把握了事物的本质,又给人以实在的想象.

这样的定义还有一个重要的功效,就是把空间的性质与形状的存在有机地结合起来,从而在空间的自身中构建了参照系.因为在这样定义的过程中,必须关注一个我们曾经反复论述过的基本事实,那就是:只有在"更高维空间"才能分辨清楚"这维空间"事物的存在形式,这样,我们就在"更高维空间"找到了分析"这维空间"事物存在形式的参照物.

事实上,在人们的日常生活和生产实践中,经常会使用上述的思维方法,这是一种"欲穷千里目,更上一层楼"的思维方法.我们知道,几乎所有民族的战争策略中都有一条,就是占领高地.这是因为只有占领高地才能统观全局,才能有效地指挥战斗.古代战争是在平面上进行的,是在二维空间上进行的,而占领高地就是进入到了三维空间,就是进入到了"更高维空间".

◀ 通过空间的自身来寻找参照物,这是解决问题的策略之一,但这种策略还仅仅是数学的.

下面讨论空间的曲面.显然,如果没有科学的进步,如果我们仍然停留在田园牧歌的生活中,欧几里得几何模型和牛顿力学就足以解释事物的存在形式和运动规律了.但是,人的欲望是没有止境的,人的好奇心也是没有止境的,这种"没有止境"的本性迫使社会不得不发展,研究不得不深入.在这个意义上,社会的发展和研究的深入是被推动的,是一种被动的行为.因此,在这个世界上,在必要的时刻就出现了研究曲面性质的黎曼几何模型,就出现了基于黎曼几何模型的爱因斯坦力学.在下一讲的讨论中我们将会看到,只有在构建"力"的模型的过程中,才能真正体会几何模型的重要性,才能够真正理解空间以及空间模型到底是什么.

第四讲 关于力和运动的模型

阅读提示

就意识与感知而言,产生力概念的背景与产生时间概念、以及空间概念的背景大不相同:关于时间和空间我们能够意识到,但感觉不到实体的存在,是不可以直接经验的;关于力,我们不仅能够意识到,并且都能够感觉到实体的存在,是可以直接经验的.

古代中国的墨子和他的门生不仅精于机械制造,而且对力本身也有着很好的感悟.阿基米德的贡献与欧几里得是不同的:欧几里得的贡献在于严谨地整理了前人的研究成果,形成了一个独立的学科体系;阿基米德利用欧几里得的方法构建了静态平衡下的力学模型,创造出了许多新的知识.

伽利略给出了重力加速度模型.更重要的是,伽利略给出了一个全新的认识世界的方法:科学研究应当更加关心的是自然现象性质的探讨和规律的描述,而不是关心人类自身的逻辑思考.正是由于伽利略的这种思维模式的改变,现代意义的科学诞生了.为此,爱因斯坦称伽利略为:近代物理学之父,事实上,也成为整个近代科学之父.

纵观五千多年的人类文明史,很少有人能够与牛顿的工作相比.牛顿用三个定律定义了力,构建了经典力学模型,并且发明了数学语言"微积分"来刻画这个模型.牛顿发明的语言、构建的模型改变了人们对世界的认识,奠定了人们科学认识世界的基础.

场的概念是法拉第最富独创性的思想,是牛顿以来最重要的发现,爱因斯坦把场的思想引入到力学,根据等效原理和马赫原理构建了引力场模型,创建了广义相对论.牛顿构建经典力学模型使用的数学语言是微积分,爱因斯坦构建引力场模型使用的语言是张量.从运动的角度考虑,牛顿力学、以及狭义相对论的核心是描述运动过程,没有涉及运动物体之间力的关系,这样的学说属于运动学;广义相对论、或者说引力场模型讨论引力作用下物体的运动,这样的学说属于动力学.从几何的角度考虑,牛顿力学、以及狭义相对论考虑问题的基础是惯性系统,得到的空间是平直的;广义相对论、或者说引力场模型考虑的是加速度系统,得到的空间是弯曲的.

原子世界不可思议,电子不老老实实在一个能量轨道上运动,而是像跳蚤那样在几个能量轨道上跳来跳去.事实上,正是由于这种跃迁才保证了原子能量的稳定性,这似乎与古代中国的太极图有些相似:在动态保持事物的稳定.

从普朗克提出量子的概念,经过爱因斯坦的光子假说、玻尔量子能级轨道跃迁说、德·布罗意实物粒子波动说,都说明经典力学、即生活世界的力学模型在原子世界是不适用的:人们通常想象的能量的连续性是不可能的.

第四讲　关于力和运动的模型

这样,人们就必须构造出来一个适合原子世界的力学模型,这就是基于量子的力学,简称量子力学.量子力学和相对论是近现代力学两大支柱,是人类智慧的结晶.

量子力学的确立是在1925年以后,以德国物理学家海森伯提出的矩阵力学和奥地利物理学家薛定谔提出的波动力学为标志,这两种方法为构建量子力学模型提供了数学表达.

如何从哲学角度解释量子力学,经典力学派与哥本哈根学派的争论延续到上个世纪五十年代.虽然直到最后这两派的观点也没有统一,但在长期的争论过程中,争论的双方逐渐理解了对方观点中的那些合理内核,争论的双方也不断地调整自己的认识,使得这场争论逐渐趋于和缓.

由于现代科学技术的发展,理论物理学家们研究兴趣的转移是爱因斯坦、玻尔那个时代的大师们所始料未及的.随着现代技术的飞速发展,特别是电子计算机越来越显示其强大的功能,使得现代科学研究越来越深入、也越来越细致,研究手法也越来越自由.现代科学家逐渐明白,即便是不同的理论,或者不同的数学模型,也可以对同一现象作出合理的解释,在哲学上称其为实证对等.

物理学家们希望得到一个统一的数学模型,使得这个模型能够整体描述宇宙的力和运动规律,包括星际世界、生活世界和原子世界这三个世界,称这个设想的数学模型为统一场.爱因斯坦为研究统一场耗尽了他的后半生,许多现代物理学家也热衷于统一场的研究,并且为此所作了杰出的贡献.现代极为热门的话题是超弦理论,这个理论预言宇宙时空是十维的.

即便我们有一千条、一万条理由相信这些理论、相信这些数学模型,但是,至今为止,人们仍然不知道应当如何通过观察或者实验来认定这些模型的正确性.虽然想象是通往真理的桥梁,但是想象毕竟还只是思维层面上的东西,这些东西的现实性必须通过现实的检验.于是,人们只能寄希望于未来、甚至是遥遥无期的未来.

动物关于力的感知大概是出于本能:蚂蚁知道自己力气的大小,会竭尽全力地搬运食物回巢;苍鹰感觉到上升的气流,会借助气流在崇山峻岭之间翱翔.由此可见,就意识与感知而言,产生力概念的背景与产生时间概念以及产生空间概念是大不相同的:关于时间和空间我们能够意识到,但感觉不到实体的存在,是不可以直接经验的;关于力,我们不仅能够意识到,并且都能够感觉到实体的存在,是可以直接经验的.或许就是因为这个原因,康德对这个差别非常重视,康德把他的著作中所论及的知性概念或者说范畴归结为四个门类,然后再依据上面所说的差异把四个门类分为两大类:①

▶ 力是可以直接经验的,但要抽象出力的概念是非常困难的.

在把纯粹知性概念应用于可能经验上时,它们的综合的运用要么是数学性的,要么是力学性的:因为这种综合部分地涉及一般现象的直观,部分地涉及一般现象的

---

① 参见中译本:康德.纯粹理性批判.邓晓芒译,杨祖陶校.北京:人民出版社,2004:75,152~153.

第四讲 关于力和运动的模型

存在.

　　康德的这段文字不好理解,但思维逻辑是清晰的.我想,为了更好地理解康德的这段文字,大概需要作三点说明.第一,文中所说的"直观"是指纯粹直观,即时间和空间,我们在前两讲中讨论过这个问题.第二,文中的前一个"部分地"是指"数学性"的那些东西,后一个"部分地"是指"力学性"的那些东西.第三,文中所说的"力学"是一种泛指,至少比我们这一讲中将要涉及的力的概念要宽泛得多.文中康德之所以用这个词很可能是受牛顿力学的影响,因为康德学术思想的科学基础很大程度依赖欧几里得几何和牛顿力学.这样,康德就以"可能经验"为基准,把纯粹知性概念分为两类:一类是数学性的;一类是力学性的.

◀ 康德认为,数学涉及一般现象的直观,力学涉及一般现象的存在.

　　我们依然不想陷入形而上学式的思考.我们分析康德的这段文字的目的只是想说明,上面所说的差别意味着,构建关于力的模型的背景与构建关于时间、空间的模型背景是大不相同的:力的模型的构建依赖于现象的存在.

　　古代中国春秋时代的墨子(约前500～约前420)以及他的门生们不仅精于机械制造,而且对力本身也有着很好的感悟.《墨经》经上21中说:"[经]力,刑之所以奋也.[说]力,重之谓.下举踵,奋也."这里的"刑"与"形"通用;"奋"是指一个物体由静到动、由慢到快[①].因此,这句

---

① 参见:雷一东.墨经校解.济南:齐鲁书社,2006:60～61.

话的意思就是:力是物体发生运动的原因①,由物体的重量可以知道力的存在,物体下落、举起、平移都发生运动.可以看到,《墨经》中虽然定义了力,但这个定义只是对现象的一种描述,并没有说明力本身到底是什么.通观《墨经》,其中定义了许多概念,使用的都是这种白描的方式,这与欧几里得定义点线面的方法如出一辙.我想,人们构建概念的最初阶段不可能脱离这个概念所涉及的物理属性,这或许是人类认识世界的共性.

> 白描是一种非常重要的抽象形式.白描的好坏依赖于观察的仔细,也依赖于把握事物本质的能力.

就一般道理而言,一切物体时时处处都处于运动的状态,绝对静止是不存在的,也就是说,一切物体时时处处都受着力的作用,不受力的物体是不存在的.在这个意义上,力的模型与运动的模型是一致的,这也就是这一讲题目的由来.但是,古代的人们不会认为物体的运动时时处处存在,因为他们不知道承载着他们的地球本身也在运动.

从上面的定义也能看到,古代人们普遍认为的运动是指物体相对位置发生了变化,比如下落、举起和平移,并且认为力仅仅存在于运动着的物体之中.虽然这种认识是不全面的,但这种认识事物的方法是非常自然的.事实上,在日常生活中这样认识问题也是非常便捷的.只有当人们开始把力的概念应用于生产实践以及自然现象时,才可能逐渐地认清力到底是什么,才可能合理地构建

> 那么,应当如何定义力呢?

---

① 须要说明的是,无论是古代中国还是古希腊,对于运动这个概念的理解都比现代更为宽泛.他们所说的运动都包括变化,因此也包括了一些化学变化的事物,相关的具体内容可以参见《墨经》和亚里士多德的《物理学》.

第四讲　关于力和运动的模型

关于力的模型,进而才能准确地描述力、描述运动的规律.

§4.1　静态平衡状态下力的模型

这一节将遵循古人的思路,认为物体的静止状态是存在的.事实上也只有作这样的假定,才可能开始关于力的研究,就像欧几里得那样,只有假定平面和平行线的存在才能开始几何学的研究.为此,我们定义:**在一段时间内,如果一些物体相对位置不变,则称这些物体处于静态平衡状态**.其中静态是指物体的相对位置不变,平衡是指各种力对物体的作用相互抵消.进一步,为了使这些物体能够处于静态平衡状态,必须对物体本身也提出要求:在力的作用下,物体不改变形状,即我们在第二辑中曾经讨论过的刚体变换.可以看到,从问题的假设开始,力的模型就自然而然地与空间模型,或者说与几何模型联系在一起了,没有数学作为工具,力的表达将寸步难行.

◀所有的研究都是从一定的假设条件下开始的,否则研究将没有起点.

杠杆模型.在古代中国,杠杆的模型可以从扁担谈起,因为挑扁担是力平衡的典范.二三百年前,大批的山东人闯关东,有许多人就是用扁担挑起了全部家当,历经千辛万苦来到东北.在上山下乡的年代,我在农村也挑过扁担,那时家家户户都要到村里的大井挑水,因此家中的每一个劳力都会挑扁担.挑扁担必须要有一个熟悉的过程,其中的关键就是要掌握力的平衡.挑扁担是中华祖先传下来的一种劳作方法,现存于中国历史博物馆的1975年安徽省寿县出土的《鄂君启节》上就出现了古"担"字,那个字是"木"字偏旁的,这大概意味着是用木制的或竹制的东西进行"担"的活动."节"是古代帝王颁发的用于水陆交通的一种凭证.《鄂君启节》是青铜铸就的,铭文记载铸造时间是楚怀王6年,即公元前323年,这就说明古代中国在很早的时候就使用扁担了.

根据李约瑟的研究,古埃及人使用扁担也相当普遍①,但是,在古代西方很可能就没有使用扁担的传统.我请有关学者查阅了古拉丁文的文献,其中没有与扁担相应的词汇②.由此可以推断,使用扁担的传统大概与农耕文明有关.

> 虽然原因不清,但这是一个非常有趣的事情.

古人不仅知道:保持力的平衡就可以使物体处于相对静止的状态;并且很清楚地知道这个命题的相反命题:如果物体处于相对静止状态,那么它们之间的力就是平衡的.依据这个原理,古代中国发明了天平、秤等确定物体重量的工具,称这样的工具为"衡",称其中的砝码和秤砣为"权".这样,在很早的时候,人们就构建了关于重量相等或者力相等的概念,而构建这种概念的思维基础就是物体保持平衡.在古代中国,至少战国时期就出现了现代意义的天平.③秦始皇26年即公元前212年,中国统一

---

① 参见:李约瑟.中国科学技术史.第四卷第一分册.物理学.陆学善,等译.北京:科学出版社,2003:24.
② 我请教的是东北师范大学历史文化学院的张强教授.
③ 参见:高至善.湖南楚墓中出土的天平和砝码.考古,1972(4):42~45.

了"权"的大小,并且设定了"权"原器,有铜质的也有铁质的.在现代汉语中,权衡一词使用广泛,这大概与西汉《淮南子》中关于权衡这个词的形象比喻有关,文中是这样述说的:

今夫权衡规矩,一定而不易.不为秦楚变节,不为胡越改容.常一而不邪,方行而不流.一日刑之,万世传之.

古代中国的人们是善于联想的,正如我们在讨论《周易》时所说的那样,往往从事物的形体联想到事物的寓意.上面这段话的联想是富有哲理的,即便是到了两千年后的今天,这段话也应当成为我们理解"权"以及"权衡"含义的基准.

◀这是在述说法的权威性和执法的严肃性.

在权的度量中最早出现的单位是铢、两、斤、钧、石,单位之间的换算是这样的:二十四铢为一两,十六两为一斤,三十斤为一钧,四钧为一石①.重量单位之间的换算为什么如此复杂呢?《淮南子》中非常人性化地解释为:"十二铢而当半两,衡有左右,因而倍之,故二十四铢为一两;天有四时,以成一岁,因而四之,四四十六,故十六两而为一斤;三月而为一时,三十日为一月,故三十斤为一钧;四时而为一岁,故四钧为一石."可以看到,古代中国总是把人世间的事情与自然界的某些变化联系起来,这便是所谓的"天人合一".这种基于时间变化的复杂进位方法几乎一直影响到近代,人们现在仍然使用的"半斤八两"、

◀这种换算,或者说进位方法实在是令人费解.

◀更确切地说,应当是人合于天,是人在感悟天的启迪.

---

① 参见:吴承洛.中国度量衡史.北京:商务印书馆,1937:107~108.

"千钧一发"等成语大概都出自于此. 但必须注意到的是, 古时"斤"的重量几乎是现在"斤"重量的一半, 在故宫博物院和历史博物馆收藏的"始皇诏铜权"的"斤"的重量都是 250 克左右, 为 1/4 公斤, 而不是现在通行的 1/2 公斤.

秤比天平要更复杂一些, 天平的支撑点到权和到重物之间的距离是相等的, 因此只需要关注权与重物之间的平衡关系. 秤的提纽到权以及重物之间的距离是不等的, 也正因为如此, 秤能用一个权度量重量不同的重物, 这在日常生活中是非常便利的. 构建秤的数学模型基础是计算秤的提纽到权以及到重物长度之间的比例关系.

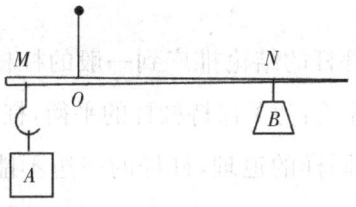

图 4.1 秤的原理与杠杆的原理

如图 4.1 所示, 在《墨经》经下 27 中, 称秤杆上提纽较短的一侧为"本"、较长的一侧为"标". 显然, "本"与"标"长度的不同就体现了秤的功能, 现在人们常说的"治标"或者"治本"这些词语的来源大概也在于此. 为了与古代西方关于力学的经典论述进行比较, 我们把《墨经》经下 27 所叙述的内容用现代语言整理如下:

第四讲　关于力和运动的模型

1. 在度量物体的重量时,秤杆要保持平衡.
2. 在秤杆的一边加上重物,这一边必然下坠.
3. 如果两边物体重量不等却能保持平衡,是因为本的一边短、标的一边长.
4. 如果两边加上同样重量的物体,标的一边必然下坠.

可以看到,上面的论述已经归纳出了用"秤"度量物体的几种情况,并且阐明了这几种情况的本质特征,可惜的是《墨经》没有在这个基础上继续推理,从而得到更加一般性的结论.事实上,更加一般的结论几乎是呼之欲出的:秤杆的一边下坠的原因是因为长或重,上扬的原因是因为短或轻. ◀ 这完全是对现象的描述,通过归纳,进而抽象出秤杆与重量之间的关系.

如果把秤杆的结论推广到一般的杠杆,则上面的一般性结论意味着:为了保持杠杆的平衡,杠杆的一边不能同时长和重,同样的道理,杠杆的一边不能同时短和轻.这是一个长和重(短和轻)二者不可得兼的问题,对于这种情况,在数学计算上一般要用除法.因此,为了保持杠杆的平衡,建立数学模型的基本思路可以建立下面的平衡关系式: ◀ 在初中阶段的数学教学中,这个数学模型是重要的.

$$\frac{长}{重}=\frac{短}{轻} \quad \text{或者等价地} \quad \frac{长}{短}=\frac{重}{轻},$$

这是一个反比例关系.至于这个关系式是否成立,还需要通过实践的验证.下面,给出上述关系的数学符号表达,我们可以在这个过程中,很好地体验构建模型的思想.

用 OM 表示"本"的长度、ON 表示"标"上提纽到重物之间的长度;用 A 表示权的重量,用 B 表示重物的重量,如果不考虑秤杆的重量,那么,根据上面的平衡关系得到数学表达式:

$$OM : ON = B : A, \qquad (4.1)$$

即 $B = A \times \dfrac{OM}{ON}$. 这样,如果长度之间 ON 是 OM 的 5 倍,那么,重量 1 斤的权 A 就对应于 5 斤的重物 B. 这就是用数学语言表达了的秤以及杠杆的模型,这是现代静力学的一个基本模型.

▶ 那么,应当如何设计实验来验证这个模型的正确性呢？

可以看到,在使用秤的情况下,并不需要统一权即不需要统一秤砣的重量,可以"因秤而异". 根据这个理由可以推断,古代中国至少在东汉就出现了秤,因为现今出土的东汉的各种权之间差异很大[①],明显不统一,并且在东汉以后,人们就很少使用天平了.

由"秤"的发明可以知道,古代中国在很早的时候就知道了由(4.1)式所表述的静力学基本原理,并且能把这个原理很恰当地应用到人们的日常生活和生产实践之中. 与前面谈到的许多情况类似,唯一的遗憾是,古代中国并没有把这些结果整理成为系统的理论,或者说,并没有从这些实际应用中归纳出模型. 就短时间的实际应用而言,形成系统理论或者构建模型是没有必要的,但是为了一个学科的长期稳定发展,不形成理论是不行的. 因为

▶ 这种研究问题的方法是值得反省的,这也引发我们思考应当如何进行数学教育.

---

① 参见:丘光明. 我国古代权衡器简论. 文物,1984(10):77~83.

第四讲　关于力和运动的模型

不形成理论的交流只能依赖模仿,不形成理论的研究也只能依赖直觉;更为严重是,如果形成不了理论、归纳不出模型,那么,每一个研究都需要从头开始,每一个研究的结果都是个案.这也就是,我们为什么要反复强调建立理论、构建模型的初衷.也正因为如此,为了培养创造性人才,我国的中小学教育乃至大学教育,都必须深刻地认识到这一点.

古希腊学者亚里士多德对运动有过许多论述,其中有些论述被后世学者反复引用成为经典,我们将在后面的讨论中逐一论及.在这里想说明的是,古代中国的学者特别是墨子以及他的门生关于自然科学的许多叙述,即便从现代科学的角度思考也是很有道理的,只是因为后世学者引用的少,就逐渐被人们淡忘了,这不能不说是一个缺憾.

关于运动,亚里士多德是这样定义的[①]:运动就是能够动作者和能够承受者作为它们自身的实现.可以看到,在古代西方的学者那里,也是把"动"与"静"分开思考的,并且,明确了其中的"动"是由"主体"和"受体"两个部分组成.

对于静态平衡下力的模型,古希腊学者阿基米德(Archimedes,前287~前212)作出过非常重要的贡献.阿基米德在我们曾经多次谈到过的亚历山大图书馆学习过,据说他是欧几里得的再传弟子.阿基米德不仅是一位数学家、物理学家,更是一位机械制造的发明家,这与古

◀亚历山大图书馆的例子告诉我们,应当赋与学者宁静的生活,为他们营造自由想象的空间.

---

① 参见:苗力田.亚里士多德全集·Ⅱ.北京:中国人民大学出版社,1991:64.

代中国的墨子非常相似.在西方,流传下来的关于阿基米德的生平资料远远多于其他的古代科学家,这主要是因为他在机械制造方面的天才想象以及科学发现方面的天才思维,给人们留下的印象是如此之深刻,于是形成了许多奇闻轶事,世代相传.阿基米德的贡献与欧几里得是不同的:欧几里得的贡献在于严谨地整理了前人的研究成果,形成了一个学科体系,阿基米德的贡献则是创造出了许多新的知识.阿基米德给出了计算球体积的公式:$V=4\pi r^3/3$,并为此感到自豪,留下遗言希望在自己的墓碑上作出相关的标志[①].

▶ 阿基米德论述的完全是关系.

阿基米德用欧几里得几何的方法研究了静态平衡下的力学,他在《论平面图形的平衡》一书里开宗明义地给出了静力学的基本假设[②]:

1. 相等距离上相等重物平衡,不相等距离上相等重物不平衡,向距离较远一方倾斜.

2. 如果相隔一定距离的两个重物平衡,在一方增加重量将打破平衡,向增加重量一方倾斜.

3. 类似地,在一方减掉重量也将打破平衡,向未减掉重量一方倾斜.

4. 如果相隔一定距离的两个重物平衡,则在两方相等距离加上同样重量的重物依然保持平衡.

---

① 参见:不列颠百科全书(国际中文版)·第15版.北京:中国大百科全书出版社,2002:437～438.
② 参见:希思.阿基米德全集.朱恩宽,李文铭,等译.西安:陕西科学技术出版社,1998:189.

第四讲 关于力和运动的模型

可以看到,阿基米德所给出的四条公设与上面墨子的论述是相似的.但是,比较墨子的论述我们应当注意到一个根本性差异,这就是阿基米德的公设已经摆脱了事物的情景.具体地说,阿基米德的公设已经摆脱了秤杆的束缚,只剩下抽象了的两个基本要素:距离和重量.模型不是针对某一个具体事物的述说,而是针对包含这个具体事物在内的尽可能大的一类事物的述说,这是对模型以及模型中所涉及概念的基本要求,而这一点的实现则需要经历一个从具体到一般的抽象过程.正因为有了这个抽象,阿基米德从这四条公设出发推演出了关于平衡的基本命题:重量不等的物体在不相等的距离上处于平衡状态,则较重者距离支点较近.并且,依据这个命题,阿基米德用演绎的方法推导出了(4.1)所示的关于杠杆的数学模型.

◀从中可以感悟,应当如何进行抽象,从而归纳出规律性的东西.

◀如果用演绎方法进行推导,那么只需要演绎前提是正确的.

更为重要的是,为了推导出数学的精确表达,阿基米德提出了"重心"的概念,这个概念非常重要,这是对物体重量的进一步抽象:为了研究物体的重量与位置之间的关系,就必须把物体的重量集中于一点,这就是重心.事实上,重心是不存在的,这只是为了用数学语言表述方便而人为创造出来的概念.下面两点说明,在一般的情况下是不可以用重心来代替物体的重量的:一是物体的重心不一定必须在物体的内部;二是计算物体的压强和摩擦力时,必须涉及物体接触面的表面积.阿基米德给出了三条关于重心的公设,与上面的四条合并共七条,这三条公设是:

◀人们可能会认为,物体的重心是一种客观存在,阿基米德发现这种存在,但事实并非如此.

5. 如果全等的平面图形重叠,它们的重心重合.

6. 大小不等但相似的图形,重心处在相似的位置;相似图形对应点的位置相似,从这些点到相等角作直线,则与对应边所成角相等.

7. 周边凹向同侧的图形,重心在图形之内.

上述第 7 个公设似乎有些费解,我想,阿基米德大概想说明的是:如果一个图形的重心在图形之内,那么,如果这个图形的对应周边向同样的方向弯曲,形成的新图形的重心仍然在图形之内. 比如,一个正方形的重心在图内,如果一对边向同一侧弯曲同样的程度,新图形的重心仍然在图内.

▶ 这种证明问题的方法是非常巧妙的,也是非常直观的.

通过这些公设,阿基米德证明了平行四边形的重心在两条对角线的交点,三角形的重心在三条中线的交点,这也顺便地证明了三角形的三条中线交于一点,这些结论依然是今天所有国家数学课的教学内容. 据说,基于对杠杆原理的了解,阿基米德曾经说过这样的话:"只要给一个支点,我就能移动地球."显然,阿基米德过分地夸大了杠杆的作用.

浮力模型. 人类大概在很早的时候就知道浮力的存在,并且能够凭借经验估算浮力的大小. 2009 年我访问埃及时,曾经到过著名的古城卢克索. 这座城市位于埃及中南部,尼罗河穿城而过,在河的东岸有著名的卢克索神庙,是古埃及第十八王朝的第十九个法老(在位前 1398～

第四讲 关于力和运动的模型

前1361)艾米诺菲斯三世为祭奉太阳神阿蒙修建的.电影《尼罗河惨案》将这个神庙展示给全世界的观众,人们无不为神庙的高大雄伟而感到震撼.在这个神庙中,还有两个被称为方尖碑的纪念碑,是用整块方形条石制成的,顶端像金字塔一样呈方尖锥状,据说这种尖锥的形状象征着太阳的光芒.其中大的一个方尖碑高32米,重达230吨.我们为这个方尖碑的高大精美感叹的同时,也为这样高大的石碑如何能竖立起来而感到疑惑.导游告诉我们,当时的人们利用的是每年一度的尼罗河泛滥,并详细地讲解了操作的过程.讲解员的讲解多少令人半信半疑,但有一点是肯定的,那就是当时的人们不仅知道浮力的存在,并且能够比较准确地估计浮力的大小.

◂ 法国巴黎的协和广场,也矗立着一座有3400多年历史的方尖碑,也是从卢克索运去的,是1831年动脉总督的礼物.

在古代中国也有利用浮力的生动故事,这就是妇孺皆知的曹冲称象的故事.《三国志·魏书》记载:"邓哀王冲字仓舒,少聪察歧嶷,生五六岁,智意所及,有若成人之智.时孙权曾致巨象,太祖(曹操)欲知其斤重,访之群下,咸莫能出其理.冲曰:'置象大船之上,而刻其水痕所置,称物以载之,则校可知矣.'太祖大悦,即施行焉."这段描述大概就是故事的依据,其中利用了"船的浮力是一个常数"这个基本原理.可是,浮力是什么呢?应当如何计算浮力的大小呢?

◂ 曹冲称象是一个很好的数学内容,但其中的数学原理是什么呢?

在《墨经》中也有关于浮力的词条,这就是经下58所说的:"[经]荆之大,其沉浅也,说在具.[说]沉,荆之具也.则沉浅非荆浅也,若易五之一."关于这个词条,学者

◂ 或许是《墨经》这部书在反复抄录过程中出现了笔误.

们有不同的解释①,我尝试解释如下.词条中的"荆"大概与"形"是相同的,"具"与"俱"是相同的,因此,[经]的大概意思是:形状很大的物体之所以下沉较浅,是受到了相等的力.[说]的大概意思是:下沉与物体等同,因此,下沉的浅并不是说物体本身浅,比如商品交易以一换五.上述最后面一句话实在是令人费解,特别是其中的"若易五之一",我想,这里说的可能是比重:因为比重不同,同样大小物体的重量也就不同.如果把上面所说的力理解为浮力,可以用现代语言把上面《墨经》中的关于浮力的论述整体表述如下:

▶ 我们是否有必要对古代先哲的一些经典进行类似地整理.

很大的物体也能够浮起,是因为浮力的作用,这个力的大小与物体的重量相当.浮力的大小与物体的比重有关,很大的物体下沉得很浅,是因为这个物体的比重小.

在这里我们再一次看到,古代中国的学者对一些事物有很好的直观,但是对事物性质以及一般规律抽象不够,甚至没有抽象出确切表达事物性质所必需的概念,这也是古代中国没有形成科学理论的很主要的原因,甚至今天的社会科学也是这样.如果上面对《墨经》的理解是正确的话,那么,《墨经》中关于浮力的论述是相等准确的,因为这个论述抓住了物体沉浮的关键,或者说,这个论述抓住了浮力的关键:物体的大小和物体的比重.但

---

① 可以参见:雷一东.墨经校解.济南:齐鲁书社,2006:302;也可以参见:戴念祖.中国物理学史大系·古代物理学史.长沙:湖南教育出版社,2002:109.

第四讲 关于力和运动的模型

是,从这些论述中可以看到,当时的人们还不知道如何判断浮力的大小,更不知道应当如何计算浮力.

关于阿基米德如何发现浮力大小的故事几乎是人人皆知,我想,这个故事可能是真的,但这个故事所述说的结论可能是不正确的.阿基米德生在并且大部分时间生活在西西里岛的叙拉古,叙拉古王海尔翁二世(HieronⅡ,前275~前215)打造了一顶纯金的王冠,但他怀疑工匠在其中参入了银,于是让阿基米德验证.为此,阿基米德苦思冥想多日,一次他在公共浴池洗澡,看到浴缸溢出的水受到启发,想出了问题的答案.据说当时的阿基米德兴奋地爬出浴缸,赤身裸体跑回家,一路大喊:"我发现了!我发现了!"这个结尾的描述可能是人们添枝加叶的渲染①.但这个故事还是富有哲理的,阿基米德可能是这样想的:如果把王冠放到盛满水的容器中,从溢出的水的多少就可以知道王冠的体积,那么,由纯金的比重或者相同体积纯金的重量,就可以知道纯金王冠的理论重量;然后再称一下打造好的王冠的实际重量,如果重量不一样则说明王冠不是纯金的.可以看到,这个判断过程根本不涉及浮力的问题,至多与"曹冲称象"如出一辙,利用的是"等量的等量相等"这个原理.因此我们可以断定,人们通常认为的这个故事的结论,即阿基米德由此得到浮力原理是不正确的.但有一点是确信无疑的,那就是阿基米德曾经对对浮力进行过深入的研究.

◀在这个故事中,如何能抽象出关于浮力的基本定律呢?

阿基米德关于浮力的研究成果大部分集中在他的

---

① 均参见:不列颠百科全书(国际中文版)·第15版.北京:中国大百科全书出版社,2002:437~438.

《论浮体》这本著作之中[①],这本著作后来成为流体静力学的经典.其中的命题2是非常重要的:处于静止状态的任何流体的表面都是其中心与地球中心相同的球体表面.这个命题不仅述说了地球是一个球体,并且述说了静态流体表面也是一个球面,这样的述说深刻地刻画了海洋表面的形状,并且,在这个命题的论证过程中阿基米德利用了球面上最短距离即大圆的概念.

人们通常所说的阿基米德原理与书中的命题6有关:如果把一个比流体轻的固体施力沉入流体中,则固体会受到一种浮力作用,这个物体受力的大小等于排开流体重量与固体本身重量的差.后来人们把这个命题简化为:物体在流体中所受的浮力,等于物体所排开流体的重量.这就是世界上所有国家的物理学教科书中,都要阐述的阿基米德原理.基于这个原理,人们在谈论一条船可能承载重量时,使用的术语就是船的排水量.现在世界上最大的航空母舰是美国海军1989年服役的林肯号,舰长332.9米,宽40.8米,吃水11.9米,满载排水量为10.2万吨,甲板面积比三个足球场还要大.而超大型油轮的满载排水量则要超过45万吨.

▶ 可以比较黄金王冠的故事,找出其中的本质差异.

力的向量表示.如果几个力同时作用于一个物体,称这个作用力为合力;如果物体受到合力保持静止状态,称这个合力是平衡的.保持力的平衡是房屋设计、道路设计、桥梁设计等建筑问题的关键.那么,应当如何表示力

▶ 从构建概念伊始,力就与几何密不可分.

---

① 参见:希思.阿基米德全集.朱恩宽,李文铭,等译.西安:陕西科学技术出版社,1998.

第四讲 关于力和运动的模型

以及表示力的平衡呢？这就涉及几何学的概念和符号.

通过对杠杆模型和浮力模型的讨论可以看到，**力在本质上涉及三个量**：一个是力的大小，一个是力的方向，一个是力的作用点. 能够同时表示这三个量的数学符号恰好是向量，用长度表示大小，用箭头表示方向，用起点表示作用点. 这个表示是如此恰当，以至于在现行中学数学教材中，引入向量概念最直观的背景就是力. 但是，在用向量表示力的时候须要注意到一个区别：在数学描述中，向量起点的位置是不重要的，因此可以假定向量的起点都在原点；在实际应用中，向量起点的具体位置却是非常重要的，因为这个点表示了力的作用点. 进一步，如果受力物体是一个刚体，则可以假设向量的起点在受力物体的重心位置. 由此也可以看到，阿基米德抽象出重心这个概念是非常重要的.

◀ 反过来，在物理教学中，不使用向量的概念也是不行的.

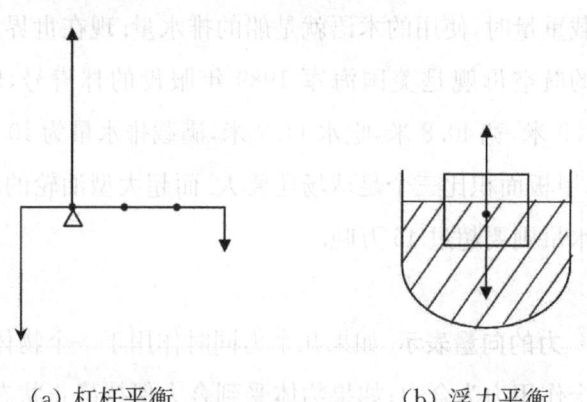

　(a) 杠杆平衡　　　　　(b) 浮力平衡
图 4.2　杠杆模型与浮力模型平衡状态的向量解释

下面，我们用向量来表示曾经讨论过的杠杆模型和浮力模型. 在杠杆模型中，如图 4.2(a)所示，两个力的方向相同,但支点两边的长度和力的大小之间成反比例关系;支点承受的是一个方向相反的力,力的大小恰为两个重力的和.在浮力模型中,如图 4.2(b)所示,可以把问题抽象为:两个力作用在一条直线上,两个力的大小相等、方向相反.由此可以看到,借助向量来表示力是简捷清晰的,但也应当知道,这种表示方法是抽象的结果,并不意味着现实就是如此.

> 由此再一次看到,数学抽象、以及数学表达的重要.

这样,就可以用向量表示力的平衡.杠杆模型和浮力模型是简单的,但也是本质的:如果有多个力作用在一个物体上,使得物体处于静止平衡状态,我们总可以把模型最终归结为杠杆模型或者浮力模型这两种形式.浮力模型正确性的判断可以依赖我们的直觉,而杠杆模型正确性的分析则需要进一步的抽象,就像图 4.3 所示的那样,把三个力的起点归于一个点.这完全是为了从数学角度分析问题的方便,我们曾经说过,对于数学描述,向量起点的位置是不重要的.这样,图 4.3 中所讨论的问题就比杠杆模型更为一般了.

> 这也是为什么数学不重视向量起点的原因.

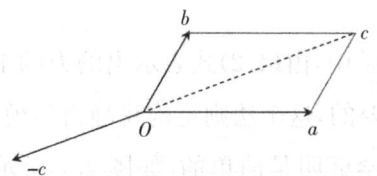

图 4.3　合力以及三个力的平衡

借助上面的图,我们可以讨论三个力的合力处于平衡状态时,三个力之间的关系,这个关系包含力的大小,

第四讲 关于力和运动的模型

也包括力的方向. 用黑体的英语字母表示力, 由力的**平行四边形法则**, 可以得到

$$a + b = c. \tag{4.2}$$

在最初的时候, 平行四边形法则可能仅仅是一种直观猜想. 这个法则意味着: 如果把两个力 a 和 b 同时施加到物体 O 上, 那么, 物体 O 得到一个大小和方向为 c 的力; 为了使得物体处于平衡状态, 那么, 必然要有第三个力: 与力 c 大小相等、方向相反, 记这个力为 $-c$. 据此可以看到, 如果物体受到三个力的作用处于平衡状态, 力 c 是不存在的, 这完全是为了解释模型的方便而虚构的.

◀ 这种虚构就是人们对自然现象中因果关系的想象.

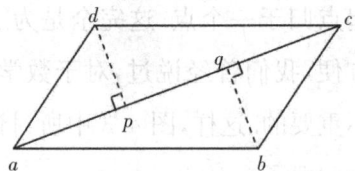

图 4.4 平行四边形法则的证明

在静力学中, 由 (4.2) 式表示出的力的平行四边形法则是非常重要的, 这个法则是构建静力学模型的基础. 这个法则的数学证明是简单的: 如图 4.4 所示, 线段 ad 在 ac 上的投影为 ap, 线段 ab 在 ac 上的投影为 aq, 由平行四边形的性质容易证明 $ap = qc$, 因此两个投影的和恰为 ac, 这就证明了力的平行四边形法则. 在这个证明过程中用到了力的投影, 我们称其为**力的投影法则**. 力的投影法

则描述的是这样的一个受力过程,如图 4.5 所示,在平面上推车,如果施加的力是向量 *a*,那么,这个车向前行走实际得到的力是向量 *b*,这两个向量之间的关系式是

$$b = a \cdot \cos \alpha. \tag{4.3}$$

可以看到,这个关系式与我们在平行四边形法则的证明过程中的表达是一致的.

> 通过数学证明所得到的结果是真理吗? 回顾空间模型小结中爱因斯坦的论述.

更为重要的是,从上面的讨论可以看到,数学证明的结果与实际验证的结果是一致的,这就促使古代的人们把数学的结果视为真理:一方面,人们在日常生活和生产实践中可以放心大胆地使用这些结果,另一方面,也更加坚定了人们用数学模型描述力、描述自然现象的信心.

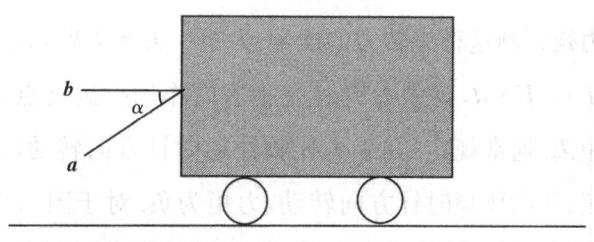

图 4.5 投影法则的直观意义

> 图形能够帮助人的思考,但最终结果的得出还需要计算.

力平衡模型. 如果用向量表示力,那么表示力的平衡是直观的,这种表示有利于人们对力以及力的平衡进行有效分析,但是这种表示不利于实际问题的计算,特别是不利于建立力平衡的条件. 因此,人们还需要对力进一步

抽象,建立起基于计算公式的力平衡模型.为了建立这个模型,需要分两种情况.

作用点集中于一个点的情况.如图4.3所示的合力模型那样,如果用F_1,F_2,F_3分别表示力$a,b,-c$的话,力的平衡条件可以写为:$F_1+F_2+F_3=0$.同样的道理,如果对一个刚体施加n个力并且作用点集中于一个点,那么,n个力的平衡条件就可以表示为

$$F_1+F_2+\cdots+F_n=0. \qquad(4.4)$$

作用点分散于多个点的情况.如图4.2(a)所示的杠杆模型那样,两个力的作用点之间有一段距离.我们考虑支点被固定但可以无阻力自由旋转的情况,这时,如果两个力之间不平衡,那么杠杆就必然会出现旋转,人们通常用**力矩**刻画这种旋转力的度量:力矩=力×力臂,表示为$M(F)=F\times d$,其中力臂d是指力的作用点到支点之间的距离.通常规定:如果力使物体逆时针方向转动,力矩为正;使物体顺时针方向转动,力矩为负.对于图4.2(a)所示的杠杆模型,如果用F_1表示图中左边的力,用F_2表示图中右边的力,为了使力达到平衡,力矩之间应当满足下面的关系

$$M(F_1)+M(F_2)=F_1-3F_2=0.$$

以此类推,如果对一个支点有m个力矩,那么,力的平衡条件可以表示为

◀这正是阿基米德认为利用杠杆可以移动地球的理由.

$$M(F_1) + M(F_2) + \cdots + M(F_m) = 0. \quad (4.5)$$

归纳上面的讨论,可以得到结论:如果对一个刚体施加若干力,这个物体保持平衡的充分必要条件是(4.4)和(4.5)这两个式子同时成立.这就是**力的静态平衡的模型**,人们利用这个模型进行房屋设计、道路设计、桥梁设计等等.除此之外,还可以用这个模型进行一系列的机械设计和工程设计,比如塔式起重机、吊桥、火箭发射架等等.

> 生产实践要求人们从感性走向理性,从个别设计走向模型设计.

可以看到,力的研究在人们的日常生活和生产实践中是如此重要,以至于出现了一门介于数学与物理学之间的名为"力学"的专门学问.力学一词出自英语mechanics,源于希腊语 $\mu\eta\chi\alpha\nu\eta$ 即机械的意思.现代力学包含许多分支,比如材料力学、流体力学、空气动力学等等,这些分支的共同基础是理论力学.理论力学大概可分为静力学、运动学、动力学三大部分:静力学研究力的静态平衡问题;运动学研究物体是如何运动的,但不研究物体运动与所受力之间的关系;动力学研究物体运动与所受力之间的关系.人们一般认为,阿基米德奠定了静力学的基础;伽利略以及后来的牛顿奠定了运动学和动力学的基础.在力学发展的过程中,法国数学家达朗贝尔(D'Alembert Jean Le Rond,1717～1783)和拉格朗日(Joseph-Louis Lagrange,1735～1813),以及瑞士数学家欧拉(Leonhard Euler,1707～1783)都作出了巨大的贡献.下

> 人们对所要研究的东西按特性分类,就形成了学科,按解决问题的方法分类,就形成了模式.

面,我们讨论物体运动时力的模型.

§4.2 关于重力和引力的模型

处于高处的物体如果失去了支撑就会下落,这是每一个人都知道的自然现象,但古代的人们不清楚这种现象也是力作用的结果.古代西方的人们普遍认为,导致物体下落的原因是因为物体的重量,而重量是物体自身固有的属性,正如亚里士多德在《物理学》中所说的那样:"一切感觉到的物体都或重或轻,并且,如果是重物体,自然就移向中心,如果是轻物体,自然就移向上面."[①]在这里,亚里士多德所说的"中心"是指"地心".后来他又说:"轻的朝上,重的朝下,但是,它们被何物所运动现在还不清楚."在这里,亚里士多德之所以不清楚,是因为在古代人们的头脑里,施加力使得物体运动必须要通过物体之间的接触:"运动的发生是通过运动者与被运动者的接触,所以,运动者同时也在承受."[②]基于这种认识,就很难想象物体下落这样的没有物体之间接触的运动也是力作用的结果.

◀产生这样的想法是非常自然的,这是基于眼见为实的理念.

可是,应当如何解释:石头被抛掷以后依然向前运动呢?是什么物体接触石头使得被抛掷的石头继续运动的呢?对此,亚里士多德解释道:"虽然抛掷者不再与之接

---

① 参见:苗力田.亚里士多德全集·Ⅱ.北京:中国人民大学出版社,1991:74,223.
② 同上,第61页.

> 在那个时代，人们思考的不是现象之间的因果关系，而是理念上的因果关系．

触了，但被抛掷物仍然被运动着，这或者是由于互换地点（正如某些人所宣称的），或者是由于已被推动起来的气在推动，它的运动比被抛掷物移入自己特有地点的移动更快．"① 可以看到，这样的解释是非常富有想象力的，以至于在后来的两千多年的时间里，西方的人们对亚里士多德的这种解释深信不疑，一直到伟大的意大利科学家伽利略（Galileo Galilei，1564～1642）的出现．

在讨论伽利略的贡献之前，我想简单地述说一下古代中国对这类问题的认识，虽然关于这方面的记载很少．在距今三千多年前的殷墟甲骨文中就有"力"的象形文字，字形是一个尖状的农具，这大概是劳动的象征，可能那时的人们认为"力"就是"体力"②．因为搬运重物需要用力，所以古代中国认为重量是一种力，正如前面引用《墨经》经上21中所说的："力，重之谓．"因此，古代中国就自然而然地把力与重量联系在一起了．

> 很难揣测《墨经》的作者在写这个注释时是如何思考的．

让人不可思议的是《墨经》经下28所说的："丝绝，引也．"这是在用"引"描述一种现象：用绳子悬挂一块石头，绳子断了石头下落．因为"引"具有"吸引"、"引导"之意，虽然我们很难判断当时的人们是否已经建立了关于引力的概念，但"引力"一词的中文表述很可能就是出自于此．现代英语和现代法语中"引力"一词均为 gravitation，这个词出现在17世纪，来源于拉丁文 gravitas，原本是"重量"的意思．这样似乎就可以认为，无论是在古代中国还是在

---

① 同上，第105页．
② 参见：戴念祖，老亮．中国物理学史大系·力学史．长沙：湖南教育出版社，2001：161～162．

第四讲 关于力和运动的模型

古代西方,人们都是通过重量来认识引力的.但是,关于如何认识"抛掷物"的运动,古代中国却要比亚里士多德深刻,比如《考工记》中谈论到射箭的问题,其中分析到"羽丰则迟",说的是箭后部的羽毛太多会阻碍箭前进的速度,这已经明确地意识到空气是前进的阻力而不是动力.《考工记》成书于春秋战国时期,是齐国的官书,西汉时被整理入《周礼》,因此又称《周礼·考工记》.

◂ 来自经验的结论有时比来自思辨的结论更真实,虽然可能不知道其中的缘由.

下面,我们讨论伽利略对科学特别是对力学的贡献.针对亚里士多德上面所说的那些论述,伽利略并没有直接提出自己的想法,因为他认为讨论这种问题本身就是没有意义的.事实上,伽利略给出了一个全新的认识世界的方法,这种认识世界的方法引导了近代物理学以至于引导了近代科学的发展.这种认识问题的方法主要表述在伽利略的《关于两门新科学的对话》这本划时代的著作之中[1].在这本书中,伽利略借萨尔维亚蒂(Salviati)之口说:[2]

看来现在不是研究自然运动加速度原因的合适时候,对这个问题不同的哲学家表达了各式各样的意见,有些人解释为向心的吸引力,另一些人解释为物体非常小的部分之间的斥力,而还有些人归诸于周围介质的某些压力,这些介质随后包围落体而驱赶它从一个位置到另

---

[1] 原著的名称是《关于力学和位置运动的两门新科学的对话》,因为教会的反对,这部书最初是在荷兰而不是在意大利出版的,参见:弗·卡约里.物理学史.戴念祖译,范岱年校.北京:中国人民大学出版社,2010:30.

[2] 参见:伽利略.关于两门新科学的对话.武际可译.北京:北京大学出版社,2006:153.

一个位置.现在,所有这些和其他的离奇的想法都应当受到考察,但是实在不值得(为这种事情)花费时间.

伽利略说得非常正确,即便是科学发展到相当程度的今天,虽然我们知道在这个宇宙中引力无处不在,虽然我们知道包括太阳系在内的所有星系运动的产生和发展都是引力作用的结果,但是我们依然很难说清楚引力到底是什么,更说不清楚为什么会有引力.这样,伽利略就从根本上改变了研究的方向:研究和证实某些加速度的性质,而不管这种加速度的原因是什么.这就是说,科学研究应当更加关心的是自然现象性质的探讨和规律的描述,而不是关心人类自身的逻辑思考.正是由于伽利略的这种思维模式的改变,现代意义的科学诞生了.关于这一点,爱因斯坦说得非常明确:①

> 纯粹的逻辑思维不能给我们任何关于经验世界的知识;一切关于实在的知识,都是从经验开始,又终结于经验.用纯粹逻辑方法得到的所有命题,对于实在来说是完全空洞的.由于伽利略看到了这一点,尤其是由于他向科学界谆谆不倦地教导这一点,他才成为近代物理学之父,事实上,也成为整个近代科学之父.

自由落体路程模型.基于基本思维模式的改变,伽利略完全改变了传统的研究模式,他开始研究自由落体下

▶ 一个简单地回答就是,引力是物质固有的一种属性,但是,这样的回答等于没有回答.

---

① 参见:爱因斯坦文集·第一卷.许良英,范岱年编译.北京:商务印书馆,1976:313.

第四讲 关于力和运动的模型

落过程中的路程模型.首先,伽利略假设了一个基本事实:物体下落的速度随下落的时间而增加,称这个速度为加速度;加速度与时间成正比例关系.这个假设是来源于直觉的,当然,正如我们下面将要讨论的那样,后来伽利略通过实验验证了这个假设,但那个实验更重要的目的是为了得到比例常数,从而得到加速度的大小.这个假设是非常重要的,这个假设是构建模型的前提.并且,在后面的一系列的讨论中我们将会进一步看到,加速度这个概念是运动学和动力学最为基础的概念,这个基础导致所有关于运动学和动力学的数学模型最终都可以写成二阶微分方程的形式.

◀ 对于建立模型,直觉是非常重要的,良好的直觉是经验的结晶.

基于这个假设,如果用字母 g 表示加速度,那么,我们似乎可以设想:物体下落的路程 s 就是加速度 g 和时间 t 的函数,这样,我们就可以把这个函数写成

$$s = f(g,t). \tag{4.6}$$

在今天看来,得到这个结论是那样的简单,是那样的合情合理.但在伽利略时代,问题却要复杂得多.这是因为,为了使得这个式子成立还需要一个前提,那就是:物体下落的速度与物体的形状以及物体的质量无关.这个前提可能成立吗?事实上,关于这个问题的答案,在物理学界曾经引起过很大的争论,这个争论一直影响到今天.争论的起因在于伽利略写在那本书里的一段话:[①]

◀ 可以看到,任何模型的构建都需要一些假设前提,只是有时候我们已经对这些假设前提熟视无睹了.

---

① 参见:伽利略.关于两门新科学的对话.武际可译.北京:北京大学出版社,2006:60.

亚里士多德宣称在同一介质中重量不同的物体以与其重量成比例的速度前进,因为迄今为止,亚里士多德所说的运动是依赖于重量的.

争论的焦点是伽利略是否误解了亚里士多德的观点,也就是说,亚里士多德的原意是不是像伽利略上面所说的那样.大部分学者认为,伽利略正确地理解了亚里士多德的观点[①].我仔细阅读了亚里士多德的原文,得到的结论是:伽利略在很大程度上误解了亚里士多德.伽利略所说的"亚里士多德宣称"的那段话出现在《物理学》第216页中.这段话很难翻译,我请东北师范大学历史文化学院的张强教授参照古希腊文、古拉丁文以及英文翻译如下:[②]

> 对于一些根本性的问题,刨根问底还是必要的.

因此,关于运动是如何受其所在介质的影响,可以得到如下结论:运动的不同取决于物体本身.我们看到,有较大动能[③]——重的向下,轻的向上——的物体(假如它们的形状相同)在相同距离内会运行得更快,而且其速度比等同于质量比.但认为穿过虚空的情况亦然,这是不可能的.那么,是什么原因导致更快的运动呢?在充满介质之中,必然是因为动能大的物体穿过介质的速度更快.其

---

① 参见:弗·卡约里.物理学史.戴念祖译.范岱年校.北京:中国人民大学出版社,2010:4~5.
② 也可以参见:苗力田.亚里士多德全集·Ⅱ.北京:中国人民大学出版社,1991:107~108.
③ 这个词的原文"rhope"较难翻译,这是一个表示推力或者压力的术语.落石在水中下沉,气泡在水中上升,对于这类现象的描述,亚里士多德常用这个术语.

第四讲 关于力和运动的模型

速度或取决于物体的形状,或取决于自然运动或者被动运动的物体所具有的动能.因此,在虚空中所有物体的速度是相同的,但这是不可能的.

所以,如果有虚空存在,那么,我们推出的结论恰好与主张有虚空存在的那些人所持的立论依据相反.……通过上面的分析可知,不存在可以分离的虚空.

通观原文的前后意思,亚里士多德在这里所要讨论问题的核心是"虚空是否存在".亚里士多德认为虚空是不存在的,即空间不可能分离出一块是虚空的,一块是有介质的.论据就是物体下落的速度不同,这个速度与物体的形状和质量有关,这就是因为介质存在的缘故.因此他得到结论:只有在虚空中物体的速度才可能相等,但这是不可能的.这样,亚里士多德就认为自己证明了"虚空不存在".由此可见,亚里士多德只是通过物体运动速度的不同来阐述虚空的不存在,而不是专门论述物体运动速度的问题.通过上面的分析可以知道,亚里士多德所说的反命题是:如果虚空存在,在虚空中物体的速度是相等的.事实上,伽利略得到的结论与亚里士多德的反命题是一致的.至于亚里士多德所说的"其速度比等同于质量比",正如伽利略用较大篇幅论证的那样:亚里士多德并没有为此做过实验.

◀为了问题的简单明了,往往需要忽略许多事情.

毫无疑问,在有介质的空间,物体下落速度必然与物体的形状以及物体的质量有关,比如,因为空气阻力的原因,人们总不会认为在现实世界中鸡毛与铅球的下落速度是一样的.因此,关于这个问题的完整思路应当是这样的:只能在理想条件下构建物体下落的模型,为此,必须假定在物体下落的过程中空气阻力可以忽略不计;如果这个条件成立,物体下落的速度与物体的形状以及与物体的质量无关,因此(4.6)式成立.

如果物体的下落速度与物体的形状以及物体的质量无关,我们称这个物体为自由落体.对于自由落体,根据我们在前面叙述过的伽利略关于正比例关系的假设,加速度 g 意味着:下落 1 秒时的速度为 g,下落 2 秒时的速度为 $2g$,……下落 t 秒时的速度为 tg.由此可以推算得到:下落 t 秒路程的平均速度为 $v=tg/2$.这样可以就可以得到(4.6)式的具体表达式,即由路程=速度×时间,可以得到自由落体路程模型为

$$s = vt = \frac{gt^2}{2}. \tag{4.7}$$

> 伽利略的这个证明是美妙的,是富有想象力的.

为了证明这个模型,伽利略利用三角形的面积来表示自由落体下落的距离,如图 4.6 所示.假设一个物体以匀加速运动从静止状态下落到某点,线段 AB 表示下落的时间 t;所有横线段均表示某一时刻的速度;线段 BC 表示时刻 B 时物体下落的速

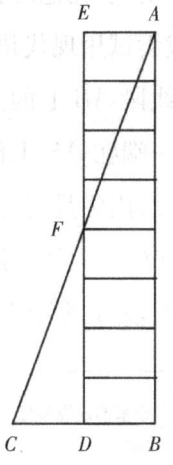

图 4.6 关于距离的解释

度;D 为 BC 的中点,DB 为物体下落的平均速度 v. 过 D 作 BC 的垂线与过 A 的线段、BC 的平行线交于点 E,DE 与 AC 交于 F.

伽利略所给出的证明过程如下：

∵ 三角形 FCD 的面积＝三角形 FEA 的面积

∴ 矩形 $ABDE$ 的面积＝三角形 ABC 的面积

∵ 三角形 ABC 的面积＝物体下落的距离

∴ 矩形 $ABDE$ 的面积＝物体下落的距离

∴ vt＝物体下落的距离

在上面的证明过程中,虽然伽利略用了很大篇幅讨论了为什么"三角形 ABC 的面积"应当等于"物体下落的距离",但总是让人感觉到他的解释有些牵强附会. 我想,这个牵强附会是可以理解的,因为在伽利略的时代微积分还没有被发明出来. 可以看到,伽利略的直观能力非常强,事实上,在他的直观解释中已经说出了积分的核心思想. 我尝试用现代语言述说伽利略的思考①：图 4.6 中的垂直线段 AB 上的点表示的是物体下落过程的时刻；每一条一端在 AB 上的横线,表示的是那个时刻物体的下落速度；因为是匀加速运动,所以线段的另一端都必然在线段 AC 上. 下面考虑下落速度为 a 时的一个非常微小的时间段 Δt,那么通过的距离应当为:$\Delta t \times a$,即是一个小

◀ 可以看到,欧几里得对后世的影响是多么深刻,因为他给出了一种"科学"论证问题的模式.

---

① 原来的述说参见:伽利略. 关于两门新科学的对话. 武际可译. 北京:北京大学出版社,2006:159~160.

> 面积是线段相加得到的,这就是微积分的直观想法,可以看到,根据这个想法可以计算得到任意曲线所围面积.

矩形的面积.我们把时间段 Δt 想象得非常小,以至于可以把三角形 ABC 的面积看成所有这样的小矩形的面积相加得到的,于是就得到结论:"三角形 ABC 的面积"等于"物体下落的距离".可以看到,这个证明思路完全是微积分的想法.由此也可见想象,从伽利略的时代开始,微积分的出现是必然的,只是时间早晚的事情.

无论如何,上面的所有述说仅仅是一些逻辑思考而已,因此,所有的结论正确与否都必须得到经验的验证,就像前面引用过的爱因斯坦所说的那样:一切关于实在的知识,都是从经验开始,又终结于经验.那么,应当如何设计实验来验证这个结果呢?许多书中都讲到伽利略利用比萨斜塔安排了他的试验,这样的述说故事性很强,但

> 有些故事细想起来是不可信的,因为不符合逻辑.

不可信,因为自由落体的速度太快,在那个没有钟表的时代(我们在第二讲中曾经谈到,钟表是在伽利略发现单摆的等时性以后才由惠更斯发明的),不可能进行精确的数据记录,进而根据数据进行验证.事实上,伽利略的试验是在斜面上进行的.

首先,伽利略在那本书的定理 3 中证明了这样的结论:同样的高度、同样的重物沿垂直和斜面下落,下落的时间之比等于垂直长度和斜面长度之比,这就说明可以利用斜面来进行自由落体的试验.然后,伽利略用一块 12 码长的木板,在中间划出 1 英寸宽的光滑的沟槽,让一个光滑的黄铜球沿着沟槽滚下.他试验了不同的斜度,又试验了不同长度的木板,先后 100 多次的试验结果均显示:黄铜球下落的距离与下落时间的平方之比近似成正比例

关系.在试验过程中,为了解决度量时间的问题,伽利略利用水通过一个管子流到杯中的流量进行时间度量.之所以可以这样度量的理由是:物体下落的时间与杯中水的重量成正比例关系.这样,伽利略自由落体实验的结论就是用"秤"称出来的①.

◀可以想到古代中国用来记载时间的漏壶,只是伽利略计算的不是容量而是重量.

在(4.7)所示的模型中,加速度 g 又被称为"重力加速度",我们将在下一个话题专门讨论这个非常重要的量.在上面的讨论中,我们无区别地使用了"重量"和"质量"这样的名称,事实上,这两个名称之间是有区别的.在下面的讨论中将会看到,有了重力加速度这个概念之后,就可以讨论这两个名词之间的区别了,这个区别就在于引力的作用.

质量与重量的模型.正如我们上面讨论过的那样,古代的人们认为重量是物体固有的一种属性,后来人们又逐渐认识到,可以把重量视为力作用的结果,称这种力为重力:力的作用点在物体的重心,力的方向向下,力的大小为物体的重量.

古代的人们认为在地球的每一个地方,同一物体的重量是应当相等的.虽然这是一种非常自然的想法,但人们后来发现,摆钟在地球的不同纬度的精确度不同,比如,在巴黎很准的摆钟在法属圭亚那就不准了②.人们又发现物体的重量表现出一种奇怪的现象:如果用天平或

◀人们是如何发现不同纬度物体重量不同呢?

---

① 参见:Crew and De Salvio, *Dialogues Concerning Two New Science*, New York, 1914:179.
② 参见:弗·卡约里.物理学史.戴念祖译.范岱年校.北京:中国人民大学出版社,2010:47.

> 为了解答为什么，人类才开始了深入地思考，因此发现问题和提出问题是深入思考的动因．

者秤来度量，一个物体在世界各地的重量都是一样的．但是，如果用弹簧秤来度量，则同一物体在不同的地方重量有所不同，越是接近赤道物体的重量越轻，越是在高处物体的重量也越轻．

牛顿在研究物体运动规律的过程中认识到，应当严格区别物体质量与物体重量这两个不同的概念：质量表述的是物体惯性的大小，可以用没有方向的标量表示；重量表述的是一种力，可以用方向向下的向量表示．因此，一个物体的质量与它所处位置无关；一个物体的重量则随地点的不同而改变．这样，牛顿就定义质量为：一种物质的量，用密度和体积的乘积量度．如果用 m 表示物体的质量，用 ρ 表示物体的密度，用 V 表示物体的体积，那么，这个物体的质量为

$$m = \rho V, \tag{4.8}$$

> 人们开始逐渐深入地探究物质最基本的性质．

其中密度 ρ 是物质的一种特性，是一个与物体体积大小无关的常量，比如，在摄氏 4 度时水的密度为 1 吨/立方米，地球的密度大约为 5.5 吨/立方米．

而重量或者重力，是因为地球吸引使物体所受到的力，这是一种与自由落体加速度 g 有关的力，因此，我们也把 g 称为重力加速度．根据牛顿第二定律，可以得到物体所受重力为

$$W = mg, \tag{4.9}$$

第四讲 关于力和运动的模型

其中 m 表示物体的质量.

通过上面的式子可以知道,一个物体在不同纬度或者不同高度,重量不同的原因是因为重力加速度的不同,重力加速度 g 随着纬度或者高度的变化而变化.按照国际计量学会的规定,把纬度 45 度海平面的重力加速度 $g=9.80665$ 米/秒^2 作为重力加速度的标准值.在一般情况下,人们通常取重力加速度为 $g=9.80$ 米/秒^2.通过计算可以得到:在赤道附近大约为 $g=9.78$ 米/秒^2;在北极地区大约为 $g=9.83$ 米/秒^2.在月球上,重力加速度大约为 $g=1.62$ 米/秒^2,仅仅是地球上重力加速度的六分之一.1969 年 7 月 21 日,美国阿波罗号载人宇宙飞船登月成功,因为在月球上引力小,因此宇航员在月球表面的行走方式与在地球上大不相同:跳跃行走,时而用单脚蹦,时而又用双脚跳.实践证明牛顿构建的关于物体质量以及关于物体重量的模型是正确的.

◀ 人们终于能够用数学的语言来刻画重量了,能够回答前面提出的问题了.

如果仅从数学角度看,无论是(4.8)式还是(4.9)式出现的都是最为简单的乘法,但是,对于这样的运算赋予了现实背景之后,运算的意义就大不相同了.这一方面说明在日常生活和生产实践中,我们不能把数学模型等同于数学表达式,而要理解其中的背景知识,特别是理解其中参数或者说系数的现实意义;另一方面也说明,人们一旦用数学的语言来阐述现实世界的故事,问题往往就会变得简单明了,有利于揭示事物的本质,这便是我们曾经反复述说过的数学模型的重要性.

◀ 数学模型的重要性不取决于数学表达是否复杂,而取决于刻画现实是否深刻.

行星运动模型. 我们在第二讲和第三讲中都谈到,古代的人们认为地球是宇宙的中心,认为天上所有的星包括太阳都围绕着地球旋转,而旋转的轴就是地球与北极星的连线,后来人们称这种学说为地心说. 可是随着人们对星空观察越来越仔细,就发现一些星是例外的,这些星在星空中留下的轨迹与其余大部分星的轨迹有所差异,于是人们称这样的星为行星,而称那些相对位置不变的星为恒星.

▶ 我们曾经说过,这种想象力也是极为丰富的.

地心说. 虽然人们发现了与众不同的行星,虽然亚里士多德知道太阳比地球大得多[①],但当时的人们仍然坚信地球是宇宙的中心,以自我为中心或许就是人的天性. 于是,人们就千方百计地设计出各种几何模型,希望用这样的模型来解释恒星特别是解释行星的运行轨迹,其中最出色的工作是古希腊的天文学家、地理学家、数学家托勒密(Ptolemy,约 90~168)给出的.

▶ 这确定是人类的天性.

托勒密曾经在我们多次说过的亚历山大图书馆工作过,他的主要成就也是在那里完成的. 托勒密继承了亚里士多德的地心说,相信天体围绕地球旋转是分层次的,依次为:月亮、水星、金星、太阳、火星、木星、土星,最后是位置相对不变的恒星天,如图 4.7 所示. 比较后面的图 4.10,不能不令人惊异的是,如果把图中地球的位置(携带着月亮)与太阳的位置互换,则托勒密行星模型的层次与现实的顺序完全一致,这充分说明当时人们的观察能力、想象能力和分析能力都是相当高的.

▶ 当时的人们是如何判断行星的远近呢?

---

① 参见:第二辑第二讲的讨论.

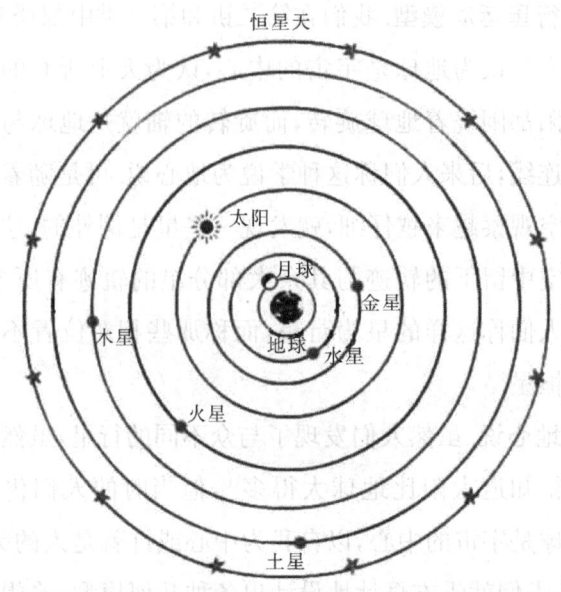

图 4.7 托勒密的行星运动模型

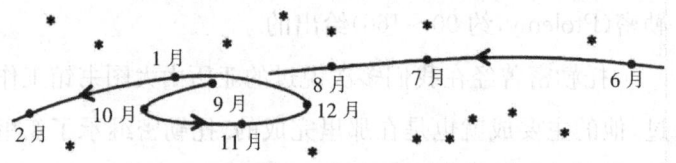

图 4.8 火星相对恒星背景的轨迹示意图

但是,人们实际观察到的行星运动轨迹,与图 4.7 中所给出的行星运行模型不完全相符合,会出现一些不规则现象.比如,相对于夜空的恒星背景,火星的运动轨迹会在 9~12 月之间出现逆转的现象,如图 4.8 所示.因此,有许多现象,用基于地心说的行星运行图解释不清.

为了解释这些不规则的现象,在上述模型的基础上,

> 判断一个模型的好坏，关键是解释自然现象的功效．

托勒密提出了关于行星运动的本轮模型．这个模型假设所有的行星大体上都是以匀速圆周运动围绕地球旋转，这个圆周与我们前面提到过的黄道是同心圆，称这样的圆周为均轮．有些行星的运动轨迹比较特殊，假想有一个点 A 按照均轮旋转，行星则围绕着点 A 作半径很小的匀速圆周运动，托勒密称这个圆周为本轮，如图 4.9 所示[①]．

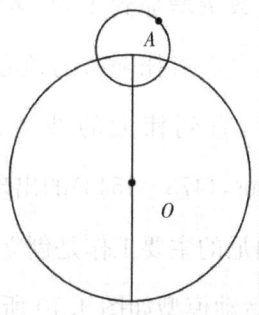

图 4.9　托勒密的均轮和本轮

但是，实际的观察结果与本轮模型还是有一些差距，于是托勒密又在本轮模型的基础上提出了偏心圆模型，即地球不在均轮的中心，而稍微有些偏离．这样，托勒密根据本轮模型与偏心圆模型，精心地计算了偏心率，计算了本轮半径与均轮半径的比，勾画了行星的运动轨迹．整个过程涉及大量的复杂计算，计算过程和结果都记录在他的 13 卷的巨著《天文学大全》之中．计算结果与当时的观测结果大致相符，是可以令人信服的．

> 在本质上，这个世界应当是简单明了的，因而繁杂的表达往往是因为没有抓住事物的本质．

---

① 参见：*Great Books of the Western World* 16 *Ptolemy Copernicus Kepler*. Chicago：Encyclop Inc，1952：101.

第四讲 关于力和运动的模型

地心说强调了地球在宇宙中的重要性,强调了上天对地球进而对人类特殊的关照,这与基督教的教义不谋而合,因此在西方,托勒密的地心说模型统治了整个中世纪.但是,随着观察精度的不断提高,人们为了合理地解释新的观察结果,就必须不断地增加本轮的数量,到了16世纪,已经把本轮数量增加到了80多个.即便已经把问题搞得如此复杂,人们对托勒密的地心说以及偏心圆模型依然深信不疑,直到伟大的波兰天文学家哥白尼(Mikolaj Copernicus,1473~1543)的出现.

日心说.哥白尼的主要工作是创立了日心说,根据日心说构建的行星运动模型如图 4.10 所示.正如我们上面讨论的那样,要创立日心说就必须对地心说进而对基督教的教义提出挑战,因此哥白尼非常小心谨慎,花费了"将近四个九年的时间"写成了一部相当成熟的著作《天体运行论》.但对于是否出版的问题他始终是犹豫不决,直到他去世前才付印出版,直到弥留之际他才看到样书.正如哥白尼所担心的那样,这本著作很快就被罗马教廷宣布为禁书,日心说的支持者也遭到了残酷迫害:日心说的忠实捍卫者、意大利思想家布鲁诺(Giordano Bruno,1548~1600)被宗教裁判活活烧死,伟大的物理学家伽利略被判终身监禁.

◀ 对现行的最根本的东西进行挑战是一件非常困难的事情,从古至今都是如此.

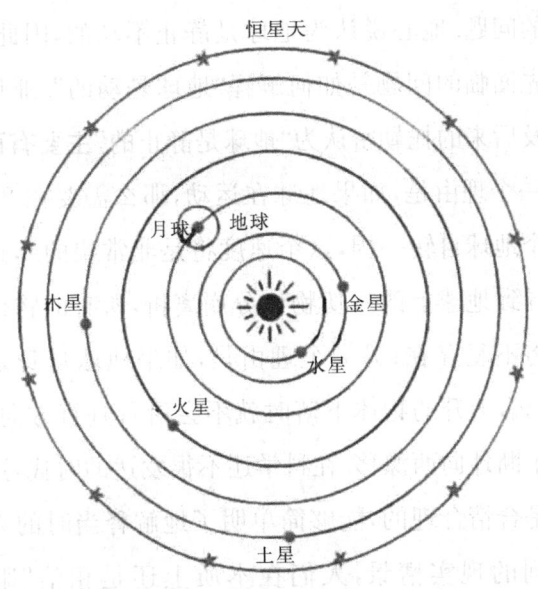

图 4.10 哥白尼的行星运动模型

> 科学是人类社会发展的基本动力,是不以人的意志为转移的.

后来,随着社会的发展以及许多科学家的卓越贡献,日心说不断得到补充和确认,特别是法国天文学家勒威耶(Le Verrier,1811~1877)依据日心说模型和牛顿的公式推算出海王星的运行轨道,并被观测结果所验证之后,人们才坚信日心说是正确的.现在日心说已经成为人们的生活常识.因此,哥白尼的日心说不仅对科学的贡献是重要的,对人类认识世界基本理念的改变也是非常重要的,正如恩格斯在《自然辩证法》中对哥白尼的评价:从此以后,自然科学基本上从宗教下面解放出来了,……科学的发展从此便大踏步地前进.[1]

下面,我们从运动的角度分析哥白尼提出日心说所

---

[1] 参见:马克思恩格斯文集·第九卷.编译局编译.北京:人民出版社,2009:406.

第四讲 关于力和运动的模型

遇到的问题.地心说认为地球是静止不动的,因此,哥白尼首先面临的问题是如何解释"地球是动的".亚里士多德以及后来的托勒密认为"**地球是静止的**"**主要有两个理由**①:一个理由是,如果地球在运动,那么需要在24小时内整个地球自转一周,这个速度将是非常快的②,这个速度将导致地球上的一切物体分崩离析,所有的物体和生物都将不复存在;另一个理由是,如果地球自身是旋转的,那么,上升的物体下落时就不会沿着垂直方向,云也应当不断地向西漂移.在科学还不很发达的时代,这两个理由是合情合理的,能够简单明了地解释当时的人们所观察到的现实情景,人们在本质上还是相信"眼见为实"的.

◀ 分析一个新的学说所遇到的问题和困难是至关重要的,只有这样,才能真正地理解新的学说.

哥白尼对上述第一个理由的反驳是强有力的:如果不是地球旋转,那必然就是天空在旋转,因为恒星距离地球非常遥远,其运动速度之快更是不可想象的,那么,"他(指托勒密)为什么不替运动比地球快得多并比地球大得多的宇宙担心呢"?因此,天穹必须静止不动,动的是地球本身.哥白尼用船的行走来比喻地球的旋转,船上的人从陆地景色的变化感悟船的运动,但可以认为船上的一切是静止不动的.哥白尼的思考是非常有道理的,用船的比喻也是恰到好处的,后来伽利略考虑惯性系时,也用船的行走作为比喻,或许是受哥白尼的启发.

◀ 多么明晰的回答.

◀ 事实上,所有的恒星都是在动的,只是因为遥远,在短时间观察不到其变化.

---

① 参见:哥白尼.天体运行论.叶式辉译.北京:北京大学出版社,2006:10~12.
② 亚里士多德以及后来的托勒密的感觉是正确的,地球赤道上的自转线速度为每秒465米,达到每小时1674公里,比我们在地球上能看到的一切运动的速度都要快.

与第一个理由的反驳相反,哥白尼对上述第二个理由的反驳是苍白无力的,因为在那个时代,人们还没有清晰地建立起引力的概念,更没有建立起引力场的概念,因此不可能在地球自转的假设条件下,把"上抛一个物体还能够落回原地"这类非常原本的问题解释清楚. 于是,哥白尼只是朦朦胧胧地说:我们只需要认为土、水、空气都是与地球连接在一起运动的. 这样,哥白尼描述了现象,而没有说出形成现象的因果关系.

> 用船的例子回答不了这个问题吗?.

哥白尼认为一切天体的运动轨迹都应当是圆周,因为从亚里士多德时代开始,人们就普遍认为只有圆周运动才是完满的,并且,只有圆周运动能使物体回到原先的位置. 在这个认识的基础上,哥白尼很清晰地解释了地球是如何自转同时围绕太阳公转的,很精确地计算了地球的自转轴线与旋转平面之间的夹角,这就是我们在第二讲中讨论过的、古代中国所说的北极出地.

行星运行的椭圆轨道. 在哥白尼之前,也有学者认为地球是围绕太阳旋转的,比如古希腊天文学家阿里斯塔克斯(Aristarchus,约前310~约前230),但在那个科学还不很发达的年代,这种学说只能是一种想象而已,这种学说很快就被亚里士多德以及托勒密的雄辩且有才华的理论掩盖了. 但是,所有的资料表明,在德国天文学家开普勒(Kepler,1571~1630)提出椭圆轨道之前,人们都认为行星的运行轨道是圆形的. 在这一点上,古希腊的学者思考得更为深刻,他们认为行星的运行速度应当是均匀的,

> 椭圆轨道是不可思议的,但事实就是如此.

即在相同的时间行走相同的距离,因此行星的运行轨迹就必须是圆形的,如托勒密所说:"匀速圆周运动与神的意志是一致的,因此,不规则是不包括在内的。"①

但是,在哥白尼提出日心说后不久,开普勒又给出了一个颠覆性的结果:行星运行速度不是均匀的,运行轨道也不是圆的. 即便是在科学技术已经相当发达的今天,这种说法似乎也是不可思议的:我们依然说不清楚为什么会这样,但事实就是如此.

开普勒的老师是丹麦天文学家、极负盛名的观测者第谷,我们曾经在第二讲提及过他的工作. 连续多年观测火星以及其他行星的运行状况,第谷记录了大量的观测数据. 第谷去世以后,开普勒利用托勒密的公式,对老师的这些观测数据进行了长达三年的反复计算,发现计算结果与实际观测数据不符:相差 8 分. 我们知道 60 分为 1 度,因此 8 分是一个相当小的误差,应当如何对待这 8 分之差呢?我们在第一辑中曾经引用过开普勒的回答,现在再次引用如下:②

◀ 科学的重大发现,来源于天马行空的想象,也来源于仔细精密的观察.

神赐给我们勤奋的观察家第谷,神对他的观测数据与我的托勒密公式的计算之间产生的 8 分之差作了公断,接受这样的公断,我们不能不感到非常幸运.…… 如果我相信这 8 分之差可以忽略的话,那么,只需要在我的假说上做一个补丁. 但是,这 8 分之差是谁也不能忽略

---

① 参见:邓可卉.希腊数理天文学溯源.济南:山东教育出版社,2009:175.
② 参见:塞根.宇宙的奥秘.史宁中,等译.长春:东北师范大学出版社,1992:75.

的,这8分之差给我们指出了一条完全改变天文学的道路.

我想,无论是伽利略的那种通过实践来验证真理、勇于坚持真理的科学精神,还是开普勒的这种相信观测结果、敢于创新思考的科学态度,都应当成为我们今天从事学习和研究的基本原则.

> 再次说明,科学的本质是一种假说.至今为止,人们也无法解那个虚的焦点.

为了解释这8分之差,开普勒最初设想火星的运动轨道可能是卵形的,但这种设想很快就被否定了,他又先后设想了19种可能轨道,但计算结果与观测数据或多或少都有些差距.最后他设想火星的运动轨道可能是一个椭圆,太阳在其中的一个焦点上,计算结果与观测数据完全吻合.开普勒的这种设想是大胆的,因为需要假设椭圆的另一个焦点是虚的,这个设想在常人看来几乎是不可思议的.但是,实践证明这个设想是正确的,后来这个设想成为开普勒三大定律中的第一定律.由此可以看到,**构建模型的核心是为了更好地刻画现实世界,而不是通过逻辑的思考来解释现实世界**.因此,构建合理的模型必须依赖想象力,但还需要通过实践来验证想象,最终通过数学语言来表达想象.

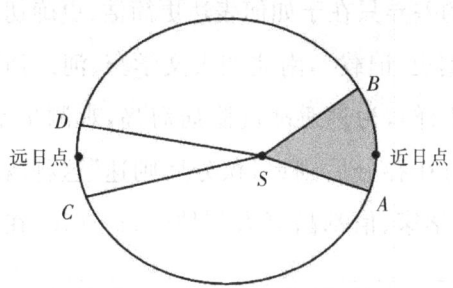

图4.11 开普勒第二定律

第四讲 关于力和运动的模型

现在,必须回答古希腊人提出的问题:如果行星的运动轨迹不是圆的,那么,行星的运动就必然不是匀速的;如果不是匀速的,那么,行星的运动速度应当遵从怎样的规律呢?经过对观测数据认真地分析,开普勒发现:火星靠近太阳的时候运动速度要快一些,远离太阳的时候运动速度要慢一些.通过基于椭圆轨道的认真计算,一个意想不到的结果出现了:如果以太阳为角的顶点,那么,火星在相同的时间扫过的面积是相等的,如图 4.11 所示的,这便是开普勒三大定律中的第二定律.

◀这个问题的答案是多么出人意料,又是多么简单明了.这个答案包括了圆周运动的情况.

行星运行速度的不均匀. 事实上,古代中国很早就发现了行星运动速度不均匀的问题,但他们发现的是地球运动速度不均匀.当时的人们认为太阳是围绕地球旋转的,因此从表面现象上看,是太阳运动速度不均匀,而不是地球运动速度不均匀.地心说与日心说似乎是两种截然不同的学说,但仅就地球与太阳之间的运动关系而言,并不存在本质差异,只不过是一个把坐标原点定义在地球上,一个把坐标原点定义在太阳上,从模型的角度考虑,问题的差异只在于如何表达更简洁、更确切.

◀如果只考虑两个物体的相对运动,那么这个问题本身是对称的.

据《隋史》记载①,南北朝天文学家、河北清河人张子信(生年不详),为逃避战乱隐居海岛,观测星空三十年,发现"日行在春分后则迟,秋分后则速"这种现象.后来,隋代天文学家、信都昌亭人刘焯(544~610)在《皇极历》

---

① 参见:隋史·卷十九.北京:中华书局,1973:529,561.

> 在古代中国，也有精细的长年累月的观察.

中写道:"春秋分定日,去冬至各八十八日有奇,去夏至各九十三日有奇.二分定日,昼夜各五十刻."意思是,把一天分为 100 刻,春分和秋分的时候昼夜各半;从冬至到春分、从秋分到冬至,太阳大约各运行 88 天,从春分到夏至、从夏至到秋分,太阳大约各运行 93 日.到了元代,郭守敬的《授时历》(参见第 2.2 节)说得就更明确了,从冬至到春分前三天,太阳运行了一周天的 1/4,即 365.25×1/4＝91.3 度,用了 88.91 天;从春分前三天到夏至,太阳也运行了一周天的 1/4,但用了 93.71 天.这样,一年大约为 88.91×2 ＋ 93.71×2＝365.24 天.郭守敬的计算是相当精准的,据说在计算的过程中,郭守敬利用了等间距的二次内插法和三次内插法,并且把这些方法统称为招差术[①].

> 要把这个道理解释清楚,确实不是一件容易的事情.

为什么会出现上述现象呢? 如图 4.11 所示,地球在以太阳为焦点的椭圆轨道进行逆时针旋转,按照开普勒第二定律,地球走过 AB 距离的时间与走过 CD 距离的时间相等,即△ABS 的面积与△CDS 的面积相等.地球近日点距太阳大约 1 亿 4710 万公里,远日点距太阳大约 1 亿 5210 万公里,这样,地球在近日点附近要运行得快一些,在远日点附近要运行得慢一些.每年近日点的日期虽然有所不同,但都是在一月初,处于冬至(12 月 22 日)和春分(3 月 21 日)之间,因此在这段时间里地球运行得要快一些;远日点是在七月初,处于夏至(6 月 22 日)和秋分(9 月 22 日)之间,因此在这段时间里地球运行得要慢一

---

① 参见:李迪.郭守敬.上海:上海人民出版社,1966:53.

第四讲 关于力和运动的模型

些.由此可知,古代中国天文学家的观测是相当精细的,观测结果也是相当准确的,并且比开普勒要早得多.但是,不能不令人遗憾的是,古代中国天文学家只完成了对现象的观测,而没有从观测结果中找出蕴含的规律.当然,要找出类似开普勒第二定律那样的规律,需要非凡的想象能力和精准的计算能力.

如果按照哥白尼的日心说和开普勒的第一定律,行星都是围绕太阳按照椭圆轨道运行,那么,各个行星的运行速度之间或者说各个行星的运行一周期之间是否存在规律呢?开普勒于1609年发表了前两个定律,9年后的1618年,开普勒发表了第三个定律,这个定律解决了上面所说的问题:运动时间的平方之比等于运动距离的立方之比.这个结论可以用数学符号表示如下,令 A 和 B 分别表示两个行星,T 表示行星运行一周所需要的时间,D 表示行星到太阳的平均距离,则关系式

$$T_A^2 : T_B^2 = D_A^3 : D_B^3$$

◀行星的运动速度与行星的轨道之间是存在规律的.

成立.这个模型也是不可思议的,行星的轨道之间怎么会有如此复杂的关系?在下一节的讨论中我们将会看到,如果从另一个角度思考,这个关系又是顺理成章的.

◀其中蕴含的竟然是万有引力法则.

现在只剩下一个最为关键的也是最难回答的问题:行星为什么能够围绕太阳旋转?自然界是不是存在着一种普遍的规律,而行星围绕太阳旋转只是这个规律的一种具体表现?显然,要回答这个问题,就必须构建一个更加抽象的模型.

§4.3 关于万有引力的模型

有了伽利略和开普勒的工作,微积分的出现是必然的.正如我们前面曾经谈到过的那样,伽利略已经用三角形的面积表示了自由落体下落的距离,再比如,开普勒第二定律中关于椭圆夹角面积的计算,已经涉及了微积分的方法;不仅在数学方面,在物理学方面也是这样,开普勒三大定律已经蕴含了引力的思想.于是在那个时代,一个总结性的理论体系的出现是可以期待的,但也必须看到,要在如此错综复杂的结果中发现统一规律,并不是一件容易的事情,这个人需要非凡的想象能力、高度的归纳能力和精准的计算能力,最终完成这个使命的人就是牛顿.

或许是一种历史的巧合,1642 年伽利略去世,同年,牛顿出生.牛顿从小就对机械发明这类事情有着浓厚的兴趣,正像我们在第四辑第一节中所说的那样,牛顿的故事再次告诉我们:鼓励孩子们从小勤于动手、勤于动脑是非常重要的,因为这样做可以培养孩子的想象力.牛顿 18 岁进入剑桥大学三一学院读书,这是一个养育天才的地方.

牛顿最初对引力的思考是非常朴素的,他曾经说过:"1666 年,我开始思考如何把重力推广到月球的轨道上去."牛顿是这样想的,既然在地球上,物体无论是处于平

> 发愤读书并不是培养孩子的唯一途径.培养孩子的关键是勤于动手、勤于动脑.

地还是处于高山,重力相差是不大的,那么,如果这个高度一直高到月球上的时候,物体的重力相差是不是也不会很大呢? 在那个时代,开普勒的第三定律还在受到质疑,但牛顿猜想[①]:如果开普勒的第三定律是正确的,那么,太阳对行星的吸引力的大小是否与距离的平方成反比呢?

与距离的平方成反比. 下面我们来分析一下,牛顿之所以猜想引力的大小与距离的平方成反比的理由. 从前面的讨论中可以看到,虽然地球的轨道是椭圆的,但远日点与近日点之间相差不大,因此根据开普勒第二定律可以近似地认为地球自转的角速度是一个常数,令这个常数 $\omega=2\pi/T$,其中 T 为运转周期. 如果令地球的质量为 m,距离太阳的平均距离为 r,那么地球受太阳引力的大小 W 为:质量×距离×角速度的平方,即为

◂ 最初的设想需要忽略许多非本质因素,因此都是近似的,都是平均的.

$$W = mr \cdot \frac{4\pi^2}{T^2}.$$

根据开普勒第三定律,距离的立方与周期的平方之比为一个常数,即可以表示为

[①] 参见:弗·卡约里. 物理学史. 戴念祖译. 范岱年校. 北京:中国人民大学出版社,2010:50. 许多书中都谈到,牛顿在苹果树下读书时,一个苹果落到了他的头上,引发他思考出万有引力定律. 关于这个轶事,许多学者认为可能是真实的,参见:I. B. Cohen, Authenticity of Scientifc Anecdotes. *Nature*,1946:196~197.

$$\frac{r^3}{T^2}=k.$$

带入上式得到

$$W=km\cdot\frac{4\pi^2}{r^2}.$$

> 与距离的平方成反比,是万有引力定律的核心.

因为作用力等于反作用力,于是太阳也应当受到相等的力,据此可以设想:地球和太阳之间的引力与太阳的质量以及地球的质量成正比,与地球和太阳之间距离的平方成反比,然后用一个与引力有关的常数进行修正,这就是万有引力定律的雏形.

牛顿并没有急于发表这个结果,相隔 20 年,在 1687 年出版的《自然哲学之数学原理》(以下简称《原理》)一书中才第一次提出万有引力定律.万有引力定律述说了这样一个事实:任何两个物体之间都存在引力,引力的大小与这两个物体的质量成正比,与这两个物体距离的平方成反比.如果用 m_1 和 m_2 分别表示两个物体的质量,r 表示两个物体的距离,那么两个物体的引力 W 可以表示为

$$W=G\cdot\frac{m_1 m_2}{r^2}, \tag{4.10}$$

> 我们反复谈到,在模型中系数和参数是重要的.

其中 G 被称为引力常数,现在认定为 6.672×10^{-11}. 最初,这个数值是英国物理学家、化学家卡文迪什(Henry

Cavendish,1731~1810)通过扭秤实验结果计算得到,当时的计算结果为 6.754×10^{-11}. 应当再提一句的是,我们在前面提到的地球的密度也是卡文迪什通过计算得到的.

◀ 安排合适的实验来测量,进行计算系数也需要非凡的想象力.

利用万有引力定律,牛顿解释了行星为什么以及是如何围绕太阳旋转的. 很显然,这个定律同样适用于行星的卫星. 牛顿对于月球情有独钟,他利用万有引力定律分析了月球受地球引力的情况,还分析了受太阳引力的情况,解释了月球运动中的一些不规则现象;进一步,牛顿通过月球的引力解释了地球上的潮汐现象. 同样的道理,利用万有引力定律还可以很好地解释彗星的运动轨道. 更有说服力的是,我们前面提到的,法国天文学家勒威耶利用万有引力推算出了海王星的存在以及运行轨道,而这颗行星是在后来才在这个轨道上被发现的. 在科学研究的过程中,如果能够依据理论预测一个结果,后来实验或观测又验证了这个结果,那么这个理论的正确性就是毋庸置疑的. 在后面的讨论中将会看到,爱因斯坦建立的引力场理论也经历了一个类似的过程.

◀ 预测比解释更有说服力,不仅是对自然科学,对社会科学中的许多问题也都是如此.

我们在第一辑讨论微积分的时候已经说过,牛顿不轻易发表自己的研究成果,对于万有引力定律也是如此. 如上所说,牛顿在 1665~1666 年就已经得到了这个结果,但在 20 年后的 1687 年才正式发表这个结果,推迟发表的原因引起了后世学者的种种议论. 但是我想,物理学特别是 16~17 世纪物理学的许多结果,不是靠数学的方法推演出来的,而是凭借直观想象出来的,因此结果的正确与否必须通过实验数据或者观测数据进行验证,并且在许多情况下验证是非常困难的,万有引力定律就是这样.因此,牛顿在对万有引力定律考虑的业已成熟并且有许多事实可以作为定律的佐证之后,才发表这个结论是非常正常的,这恰恰说明了牛顿是一位一丝不苟的科学家.

> 牛顿的这种习惯,是值得当代学者学习的,每一个学者都应当明白自己到底说了些什么.

力的定义. 万有引力定律写在《原理》的命题 76 的推论 3 和 4 中. 我们在上面讨论万有引力的思考中用到了"作用力等于反作用力"这个基本命题,这个基本命题又被称为牛顿运动第三定律,在《原理》这本书中是这样表述的:

定律 3 每一种作用都有一个相等的反作用;或者,两个物体间的相互作用总是相等的,而且作用的指向相反.

《原理》模仿了欧几里得《原本》的写法,在正式讨论之前给出了八个力学概念的定义、三个运动的公理或定律以及六个推论. 牛顿的其他两个定律通常被称为惯性定律和动量定律. 这两个定律是这样表述的:

> 在讨论问题之前,要建立讨论问题的前提,所有科学都是如此.

定律 1 每个物体都保持静止或匀速直线运动状态,除非有外力作用于它迫使它改变那个状态.

定律 2 运动变化正比于外力,变化的方向沿外力

第四讲 关于力和运动的模型

作用的直线方向.

第一定律明确了力与运动的关系. 显然,牛顿抓住了力的本质,即力等价于物体改变运动状态:物体的运动并不一定必须有力的作用,只有当物体的运动状态发生变化时,即产生加速度时,才需要力的作用. 这样就从根本上回答了亚里士多德曾经苦恼过的问题:抛出的物体为什么还能继续运动,因为这是惯性的作用.因此,牛顿第一定律有又被称为惯性定律.

◂ 问题的回答是多么简单,这就是科学的魅力.

参照图 4.12,利用第一定律即惯性定律,我们可以解释曾经长久地苦恼了古代哲人的问题:物体被抛出之后的运动. 一个物体在 O 点被抛出后,如果没有外力作用就会沿着被抛出的直线方向一直运动下去,这就是第一定律所描述的情景. 但是在现实生活中,即便不考虑空气的阻力,一个物体运动一段时间之后也必然会落地,这是受外力即重力加速度作用的结果. 如图所示,物体是以曲线的轨道逐渐下落的,人们通常称这样的曲线为抛物线.

◂ 如何建立抛物模型呢?

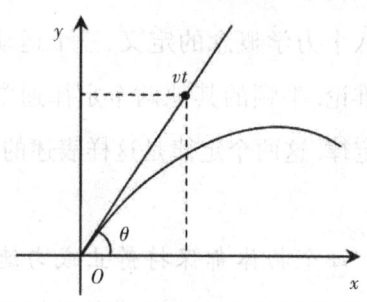

图 4.12 抛物体的运行轨迹

抛物体的轨迹模型即抛物线方程可以通过下面的方法计算得到. 假设一个物体是以速度 v、角度 θ 被抛出, 如果不考虑空气阻力, 经过时间 t 以后物体在横轴和纵轴的位置分别为

> 在解决问题之初, 我们仍然考虑理想状态, 参见图 4.5.

$$x = vt \cdot \cos\theta, y = vt \cdot \sin\theta - \frac{gt^2}{2},$$

其中 g 为重力加速度, $gt^2/2$ 表示下落的距离, 如前面所述这个距离是伽利略给出的. 在第一个方程中可以解出 $t = x/(v \cdot \cos\theta)$, 把这个值代入第二个方程得到

$$y = ax^2 + bx, \qquad (4.11)$$

其中 $a = -g/2(v \cdot \cos\theta)^2, b = \mathrm{tg}\,\theta$. 则(4.11)式就是我们通常所说的抛物线方程, 有时候还可以在方程中加上一个常数项 c, 表示物体被抛出时的高度; 因为 $a<0$, 所以这个曲线是开口向下的. 抛物体的方程也是伽利略给出的, 这个方程所刻画的曲线恰好是古希腊学者研究过的圆锥曲线的一种, 这个词的英文 parabola 源于希腊语 $\pi\alpha\rho\alpha\beta o\lambda\eta$, 原意为"并列"(参见第二辑的 8.1 节), 大概是因为伽利略的工作, 这个词后来就有了抛物线的意思.

> 这条曲线原本不叫抛物线.

通过上面的分析可以看到, 正是因为外力即重力加速度的作用, 被抛出物体的运动状态才由直线改变为曲线. 这样, 牛顿用第一定律描述了力的作用形式以后, 就

第四讲 关于力和运动的模型

给出了第二定律即动量定律.

第二定律通过加速度定义了力. 可以设想,因为力的作用物体产生了加速度,使得物体的运动状态发生了变化,那么,这个加速度就应当与力的大小成正比,与物体的质量成反比. 如果用 a 表示加速度,用 F 表示力,用 m 表示物体的质量,则第二定律可以用下面的关系式表达:

$$a=\frac{F}{m}, \text{或者 } F=ma. \tag{4.12}$$

这样,牛顿就在第二定律中用数学语言给出了力的定义:质量与加速度的乘积. 因为质量 m 的单位为克或者公斤;加速度的单位为米/秒^2,因此力的单位应当为公斤米/秒^2. 与我们曾经谈到过的许多情况一样,上述(4.12)的表达只是一个简单的乘法,这样的表述在数学上是微不足道的,但正是这样一个非常简单的表达式,理清了人们几千年来感觉到但又说不清的、最为基本的物理的概念:力. 后来人们为了纪念牛顿,就把力的单位起名为牛顿,用 N 表示. 这样,1 N 就表示 1 公斤的物体产生每秒 1 米加速度时所需要的力的大小.

◀ 这样,牛顿就给出了力的定义,理清了几千年来人们对于力的模糊认识.

我们曾经反复说过,运动是需要参照系的,牛顿在这里所说的运动针对的是绝对时间和绝对空间,即观测者和运动的物体所处的宇宙空间是统一的,并且有一个宇宙的大钟在控制着统一的时间,更详细的内容可以回顾第 2.4 节的讨论.

在以后的讨论中我们将会进一步看到,牛顿的这两个定律为爱因斯坦相对论模型的建立作出了很好的铺垫.狭义相对论在本质上讨论的是惯性参照系中物理性质的等价关系,广义相对论在本质上讨论的是加速度参照系中物理性质的等价关系.其中,等价关系可以理解为一种相对关系:为了使所有参照系中的物理性质等价,就必须使时间以及空间的度量相对化;反之,为了使时间或者空间的度量绝对化,就不能保证所有参照系中的物理性质等价.在具体讨论爱因斯坦相对论模型之前,我们还是先总结一下牛顿构建模型的基本原则.

▶ 这就需要确定讨论问题的基准,或者说讨论问题的出发点是什么.

牛顿构建模型的思维特征:现象和演绎.纵观五千多年的人类文明史,出现过许多杰出人物,正是这些杰出人物的工作,不断地推动着科学技术的发展与进步,推动着社会的发展与进步.但是,很少有人能够与牛顿的工作相比,这是因为牛顿构建了基于力学的时间模型,创造了刻画模型的数学语言,这个模型从根本上改变了人们对世界的认识,奠定了人们科学认识世界的基础.那么,牛顿构建模型的思维特征是什么呢?

▶ 这个问题是重要的,也是很难回答的.仁者见仁,智者见智.

毫无疑问,牛顿之所以能够作出如此巨大贡献的最主要原因是因为牛顿勤于思考并且善于思考.关于牛顿的轶事很多,除了前面的注释中谈到的苹果的故事之外,最多的大概就是关于牛顿如何废寝忘食地痴迷于实验和思考的故事.有人曾经问牛顿是怎样发现万有引力定律

第四讲 关于力和运动的模型

的,他回答得很简单:靠的是不停的思考(by thinking on it continually). 我小时候看过或听过不少关于牛顿的故事,其中有两个故事至今不忘:一个故事是说牛顿在煮鸡蛋时也在集中精力地思考问题,后来他揭开锅盖准备吃鸡蛋时,却发现锅里煮的是一只手表;一个故事是牛顿在接待客人的时候,突然想到一个问题,就回到实验室全神贯注地做实验,忘记了客人的来访,客人等不及了就把他的午饭吃了,实验告一段落后牛顿出来时看见午饭已经空了,他自言自语地说:"你看我的记性,我已经吃完午饭了,我还以为没有吃呢。"我不想更过地查阅资料,来确认这两个故事的出处与真伪,因为我相信牛顿能够做出这样的事情.

◁只有进入了痴迷状态,才可能有深入地思考;只有经过深入地思考,才可能抓住问题的本质.

但是,牛顿之所以能够思考得如此深入,就不仅仅是勤于思考的问题了. 除了具有深邃的洞察力和丰富的想象力以外,牛顿思考问题的思路也是非常清晰的. 牛顿把自己思考问题的思路或者说思考问题的原则写在了《原理》的最后部分,即"哲学中的推理规则"之中:①

◁学会思考是一件更为困难的事情,这需要一个合理的思想方法.

规则1 寻求自然事物的原因,不得超出真实和足以解释的现象.

规则2 对相同的自然现象,必须尽可能地寻求相同的原因.

规则3 物体的特性,如果其程度既不能增加也不能减少,并在实验所及范围为所有物体共有,则应视为一

---

① 参见:牛顿.自然哲学之数学原理.王克迪译.北京:北京大学出版社,2006:256~257.

切物体的普遍属性.

规则4 在实验哲学中,必须将由现象归纳出的命题视为完全正确的或基本正确的,而不管想象所得到的那些与之相反的假说,直到或可推翻这些命题,或可使命题变得更加精细的其他现象出现.

> 这正是伽利略思想的深化.

这就是一位科学家凭借自己的经验总结出来的思维原则.牛顿对数学的贡献是巨大的,但牛顿深入研究数学的目的是为了更好地利用数学的方法来解释现实现象,而不是单纯研究数学.几乎所有的人都承认,牛顿的演绎推理能力是极强的,但从上面的规则中可以看到,牛顿思考问题的基本原则是尊重现实现象,而不是单纯的假设;对结果的判断准则也是尊重现实现象,而不是单纯的逻辑证明.因此,虽然牛顿的著作是从定义和公理开始的,并且在第三辑中也提到了两个假说,在叙述的过程中大量使用了演绎的方法,但牛顿在本质上强调的还是现实现象.

> 在牛顿那里,数学以及演绎推理都是用来描述和辅助思维的工具.

在《原理》出第二版时,牛顿委托他的学生、剑桥大学三一学院的教授罗杰·科茨(Roger Cotes,1682~1716)编订并代写序言.科茨在这个序言中把研究自然哲学的人分为三类:第一类人醉心于对事物归结出若干形式和隐秘特质,而不探讨事物本身,比如亚里士多德;第二类人以假说为思辨的第一原则,虽然在以后的推理中极富精确性,但得到的只是一些幻想,大概指的是笛卡儿和莱

第四讲　关于力和运动的模型

布尼茨①;第三类人崇尚实验哲学,科茨认为牛顿就是第三类人:②

还有第三类人,他们崇尚实验科学。他们固然从最简单、合理的原理中寻找一切事物的原因,但他们决不把未得到现象证明的东西当做原理。他们不捏造假说,更不把它们引入哲学,除非是当做其可靠性尚有争议的问题。因此他们的研究使用两种方法,综合的和分析的。由某些遴选的现象运用分析推断出各种自然力以及这些力所遵循的较为简单的规律,由此再运用综合来揭示其他事物的结构。本书著名的作者恰恰采用了这种无与伦比的最佳方法来进行哲学推理,并认为唯此方法值得以他卓越的著作加以发扬光大,在此方面,他向我们给出了一个最光辉的范例。

◀ 牛顿是把归纳推理和演绎推理高度融合的典范。

牛顿之所以如此强调"现象"是事出有因的。牛顿秉承了伽利略的研究思路:只对现实世界进行描述而不过分地追究哲学上的或者说形而上学的原因和解释。但是,这种方法并不适宜当时的学术风气,大概是受亚里士多德和笛卡儿的影响,当时欧洲大陆的学术风气是讨论问题必然要追及终极原因,就如科茨所说的第一种人和第

---

① 那个时代对世界的认识,英国与欧洲大陆有很大区别。法国大作家伏尔泰(Voltaire,1694～1778)曾在他著名的《英格兰书简》中幽默地写道:一个法国人到了伦敦,发现哲学上的东西跟其他的事物一样变化很大;他去的时候还觉得宇宙是充实的,而现在他发现宇宙空虚了。前者指的就是以笛卡儿为代表的漩涡说,后者指的就是以牛顿为代表的经典力学。参见:[法]亚历山大·柯瓦雷。牛顿研究。张卜天译。北京:北京大学出版社,2003:63～64。
② 参见:牛顿。自然哲学之数学原理。王克迪译。北京:北京大学出版社,2006:3～4。

> 当我们要深刻地理解一个命题时,最好能回归到产生这个命题的背景,对自然科学是这样,对社会科学也是这样.

二种人那样.为此,如果牛顿要坚持伽利略所倡导的先描述后解释的思维方法,就必须为这种思维方法据理力争.事实上,正是因为牛顿坚持了这种思维方法,才使得他作出了如此巨大的贡献.当然,考虑现代科学研究的思维方法,牛顿如此强烈地反对假说就显得有些过分了:虽然假说不能与现实相提并论,但在科学研究的过程中,对一些事情提出合理的假说是有必要的.比如,我们在第四辑第5.3节中曾经谈到的英国遗传学家孟德尔(Gregor Mendel,1822~1884)对豌豆遗传的研究,整个研究的基础就是关于基因的假说:生物体内存在基因,这个基因可以世代相传.我们知道,直到许多年以后实验技术得到了长足的发展,人们才通过实验发现生物体内确实存在基因,并且到20世纪末,人们清晰地解读了人类基因的构造.

综上所述,我们可以认为牛顿构建模型的思维特征是:现象和演绎.我想,即使是在今天,这个思维特征也是构建数学模型所必须遵循的准则和路径:通过现象归纳模型,通过演绎描述模型,再通过现象验证模型.就像牛顿曾经说过的那样[①]:**特定命题是由现象推导出来的,然后才用归纳方法作出推广.**当然,在这里还应当做一个补充,就像我们上面所说的孟德尔描述遗传规律那样,在必要的时候加上一些合理的假说.在牛顿以后特别是近代科学的研究方法表明,构建合理的假说能帮助人们更好地理清自己研究的思路,能够指引人们科学地安排实验

> 构建合理的研究路线,是现代科学研究的基础性工作.

---

① 参见:牛顿.自然哲学之数学原理·总释.王克迪译.北京:北京大学出版社,2006:349.

第四讲 关于力和运动的模型

的方向.

牛顿的两句名言. 因为牛顿太伟大了,所以他说过的有些话就微言大义. 大概有两句话是众所周知的. 一句话是:如果我曾看得更远些,那是因为我站在巨人肩上的缘故. 另一句话是:第一推动. 这句话的意思是说上帝是宇宙运动的第一推动. 前一句话是牛顿曾经说过的,后一句话是人们在牛顿的一些论述中派生出来的. 我们简单地分析这两句话述说的前后背景,我想,了解这些背景这对理解牛顿以及理解牛顿的学术思想是有好处的.

◀人们常常以自己的需要来理解和使用名人的名言.

第一句话是牛顿在写给英国同时代的物理学家胡克(Robert Hooke,1635~1703)的信中述说的. 胡克因为弹性力学中的胡克定律而闻名于世,这个定律表明:弹性体的变形与外力的大小成正比. 不仅如此,胡克更重要的贡献是设计制造了显微镜,并因为与此相关的著作《显微术》而名噪一时. 胡克曾是英国皇家科学院的秘书. 1672年,牛顿刚开始他的职业生涯,却出其不意地受到了来自业已成名的胡克的攻击:胡克对牛顿光学方面的发现进行了尖锐的批评,特别是在 1675 年到 1676 年间,两个人的争论愈加激烈. 胡克评价牛顿交给皇家学会的论文为:主要结果《显微术》中都有,牛顿先生只不过在一些细节上作了拓展. 牛顿则回应说,胡克在光学测量方面是无能的,"我想他不会不同意我使用自己费尽心机得到的成果,我希望这能使我澄清胡克先生乐此不疲地对我的指控罪名". 据说,这场旷日持久的争论对牛顿的影响很大,

◀如何进行合理的学术评价,从古至今是一个大问题.

牛顿老年不肯抛头露面、不愿发表成果都可能与此有关.后来,迫于某些方面的压力,胡克主动给牛顿写了一封和解的信,牛顿在回信中写了那句著名的话:①

> 然而同时你又过奖我对此的能力了.笛卡儿所迈出的是出色的一步,然后您又在几个方向上有所推进,特别是关于薄盘颜色的工作.如果我曾看得更远些,那是因为我站在巨人肩上的缘故.

▶ 因此,牛顿说说出这句话并不是像后来人们认为的那样,是对自己一生科学成就的总结.

这里所说的巨人直接是指胡克和笛卡儿,间接地应当包括牛顿经常提到的伽利略、开普勒、哥白尼、惠更斯,甚至包括亚里士多德.虽然大多数史学家和传记作家对这段话都非常赞赏,但也有些学者不以为然,认为这只不过是牛顿的礼节性寒暄而已,因为牛顿与胡克的关系一直也没有友好过.

▶ 贝克莱把唯心主义的认识论推演到了极至.

第二句话是为了回应宗教界和学术界对《原理》的批评,特别是回应英国大主教贝克莱(Bishop Berkelay,1685~1753)和莱布尼茨的批评.因为牛顿在《原理》的第一版没有提到上帝,贝克莱认为牛顿所说的绝对空间和绝对时间排除了上帝存在的可能性;而莱布尼茨认为万有引力是一种说不清道不明的东西,连上帝也说不清.这样,牛顿无疑就成为了无神论者,在那个时代无神论者是不能被允许的.于是牛顿在第二版的最后部分加上了《总释》,以此回应各种批评.现在人们见到的是第三版,出版

---

① 参见:[法]亚历山大·柯瓦雷.牛顿研究.张卜天译.北京:北京大学出版社,2003;267~271.

第四讲 关于力和运动的模型

前牛顿又对《总释》作了一些文字上的修改.

在《总释》中,牛顿的原意是这样的,根据万有引力定律,星系在各自的轨道上运行,但是,"它们绝不可能从一开始就由这些规律中自行获得其规则的轨道位置",这句话中蕴含了"第一推动".牛顿的思考是非常有道理的:星系在走上轨道之前是什么样的?为什么这些星系会走上各自的轨道?很显然,这些问题仍然是今天的科学家们努力探索的课题.因为这个问题涉及了终极原因,牛顿回答不清楚,于是牛顿接着说:"……这个最为动人的太阳、行星和彗星体系,只能来自一个全能全智的上帝的设计和统治."在这里,牛顿并没有提到上帝的创造,只是提到上帝的设计和统治,或许牛顿从根本上就不赞同《圣经·创世纪》中所描绘的那种创世说.与此有关,老年的牛顿沉迷于神学研究,写下的手稿数十倍于自然哲学[①].

◀ 这便是后人总结的,来自上帝的第一推动.

许多学者认为牛顿是幸运的,因为他所处的时代到处都是未开发的处女地.比如,法国数学家拉普拉斯(Pierre-Simon Laplace,1749~1827)就曾经说过[②],牛顿是最幸运的人,因为只有一个宇宙,而他成功地发现了它的定律.事实上,就像我们前面的分析那样,牛顿有着对现象非凡的洞察力、良好的数学修养以及缜密而正确的思维方法,这些都是他成功的要素,但更重要的是,牛顿永远像孩子那样具有好奇心,这促使他兴致勃勃地研究问题,寻求答案.只有兴趣和好奇心才是学习和研究不竭的

◀ 深刻的思想和重大的发现,需要孩子那样的好奇心,也需要孩子那样的单纯.

---

① 参见:牛顿.自然哲学之数学原理·总释.王克迪译.北京:北京大学出版社,2006:14~15.
② 参见:M.克莱因.数学:确定性的丧失.李宏魁译.长沙:湖南科学技术出版社,1997:50.

动力,这一点在牛顿身上表现的最为明显,正如他在遗言中所说的那样:①

我不知道世上的人们怎样评价我,从我自己来说,我觉得自己就像一个在海边玩耍的孩子,常常为发现一些光滑的小石子或美丽的贝壳而感到欢乐.但在我的面前展现的那浩瀚的真理海洋仍然是一个未知世界.

§4.4 基于场论的引力模型

虽然牛顿定义了力,给出了力的数学表达,给出了万有引力定律,但关于引力是如何传递的,他始终坚持亚里士多德的观点,即认为虚无中的力是不可思议的:②

物体的重力应当是生来就有的,是物体固有的一种属性.因此,一个物体可以通过真空、不需要任何媒介超距地作用在另一个物体上,在我看来这种观点是非常荒谬的,甚至可以认为,一个在哲学上有足够思考力的人都不会同意这种观点.

牛顿所论述的这个问题确实是一个非常重要的又是

---

① 参见:塞根.宇宙的奥秘.史宁中,等译.东北师范大学出版社,1992:93.
② 参见:Proc. Of Royal Soc. Of London, 1893(54):381;也参见:弗·卡约里.物理学史.戴念祖译.范岱年校.北京:中国人民大学出版社,2010:50.

第四讲 关于力和运动的模型

非常难以回答的问题,这个问题从古至今困扰着人们:如果真的像牛顿所说的那样,引力的传递不可能凭借真空的超距作用,那么,就必然存在着一种媒介,或者说存在着一只无形的手在牵扯着太阳和地球. 可是,我们能够通过观察或者实验来验证这只无形的手的存在吗? 这只无形的手是如何在物体之间作用的呢?

◀ 人们是那么样相信"眼见为实",可是人的眼睛有多大的功效呢?

文艺复兴以后的很长一段时间,人们普遍认为宇宙中到处都存在一种被称为"以太"的媒介,这是一种不被人感知的物质,而力的传递甚至光的传播借助的就是以太. 以太这个词来自古希腊语,原来的意思为上层的空气,即天上的神呼吸的空气,笛卡儿把这个词引入科学. 笛卡儿在《哲学原理》这本书中谈到,空间不是虚无的,它被以太这种媒介物质所充满,以太虽然不能为人的感官所感觉,但却能传递力,物体之间的所有的作用力都是通过以太传递的,因此任何超距作用都是不存在的. 据此,笛卡儿还构建了太阳系模型的漩涡说,认为太阳的自转带动周围的以太形成巨大的漩涡,带动着行星不断运转. 显然,笛卡儿所说的这些完全是凭借想象.

◀ 可以看到,科学萌芽期的想象是多么幼稚,但是,科学正是从这里走向成熟.

后来,当人们普遍接受了伽利略所提出的"实验验证"这个科学研究的基本思路以后,就千方百计地希望通过实验来验证以太的存在. 但事与愿违,正如我们在第2.4节中谈到的那样,1887年著名的迈克耳逊-莫雷实验否定了以太的存在. 这样,对于引力如何传递的问题上就出现了尴尬的局面:在哲学上人们不能接受超距作用,在现实上人们不能接受以太效应. 那么,应当如何解释呢?

> 自学成才的科学家都有非凡的直觉.

法拉第场与麦克斯韦方程. 英国物理学家、化学家法拉第(Michael Faraday,1791~1867)是一位著名的自学成才的科学家,他最早提出了"场"的概念,后来这个概念被普遍采纳,已经成为今天物理学界甚至数学界的一个基本概念,成为研究力以及研究几何问题的论理基础.

法拉第提出场的概念是为了合理解释电磁感应现象.人们在很早的时候就发现了磁现象的存在,比如,古代中国发明的指南针就是这种现象的具体应用.人们发现电的现象就更早了,可以追溯到许多神话故事,古代中国甚至想象出雷公电母[1].但是,直到1831年左右,人们才真正认识电和磁的本质特征,即法拉第发现电和磁之间能够相互感应:当闭合的金属线圈经过磁铁时,线圈能够产生电流;反之,当电流通过线圈时,磁针会发生偏转,这便是电磁感应.根据电磁感应的原理,人们建立起许多水力和火力发电站,以及近代的风力和核力发电站,并且建起电网把人工制造出来的电送到千家万户,用电来带动各种各样的利用电能的设备.今天,电已经成为现代生活的力量源泉,如果突然没有了电,现今社会的一切都将处于瘫痪.

> 一个实验室里的小小发现,只要运用的合理,就可能产生巨大的效益,今天人们普遍使用的互联网,也是如此.

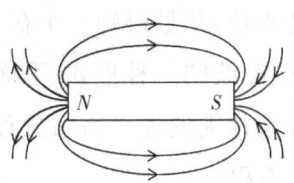

图 4.13 磁场和磁力线

---

① 古代中国认为雷属阳、电属阴,因此称雷公电母;宋代大诗人苏轼有诗云:鏖驾雷公诃电母.

第四讲 关于力和运动的模型

但是,应当如何解释这种电磁互换的现象呢?这种电磁感应的原理又是什么呢?法拉第提出了一种直观模型:在磁铁的南极和北极之间存在着磁力线,这些磁力线就组成了一个磁场,如图 4.13 所示的那样.基于这个场,当线圈切割磁力线即线圈在磁场中运动时就产生了电流;类似地,当电流通过线圈时也会形成一个电场,指南针在电场附近就会发生偏转.这样,法拉第就利用场这个模型解释了电磁感应现象.可以看到,这个基于场的解释是简洁的,也是合理的.法拉第是一位实验大师,他的直观能力是常人不可及的,但是因为数学知识不够,法拉第始终不能利用数学语言来构建构建一个合适的数学模型并且通过模型来表述他的直观.

英国物理学家麦克斯韦(James Clerk Maxwell,1831～1879)被誉为从牛顿到爱因斯坦之间最伟大的物理学家.麦克斯韦英年早逝,逝世时年仅 48 岁.麦克斯韦逝世那一年爱因斯坦诞生,我们曾经说过,一个同样的巧合发生在伽利略和牛顿之间.麦克斯韦把法拉第的思想以清晰准确的数学形式表示出来,于 1865 年发表了著名的麦克斯韦方程.这个方程预言了电磁波的存在,预言了电磁波的传播速度等于光速,并且得到一个在当时非常令人吃惊的结论:光是电磁波的一种形式.下面,我们用现代数学符号简单地描绘伟大的麦克斯韦方程.麦克斯韦方程可以缩减为四个方程[①].

◀人们在麦克斯韦方程中,真正地感悟到了数学模型的力量.

---

① M. 克莱因. 现代世界中的数学. 齐民友,等译. 上海:上海教育出版社,2007:128～155.

> 如何用数学公式表达这样的思想?

第一个方程和第二个方程是说,电力线(磁力线)是一种自然属性:既不能创造也不能消灭.把这种想法抽象成数学语言就是:在局部空间,进入的电力线(磁力线)数目等于离开的电力线(磁力线)数目.因为电力线(磁力线)数目等价于电场(磁场)强度,这样,两个方程的数学符号表达分别是

> 看到这样的数学符号,能够理解麦克斯韦的思想吗?

$$\text{div } E = 0 \text{ 和 } \text{div } H = 0,$$

其中 E 表示电场强度,H 表示磁场强度,都是随着时间地点的变化而变化的;div 是散度的记号,是一种表示变化率的数学运算[①].

第三个方程和第四个方程描绘电场与磁场之间的变化过程.如图 4.13 所示,在磁场中一个导线圈切割磁力线时,变动的磁力线就会诱导出电流.可以作这样的设想:电流驱动一个电荷围绕圆圈运动一周就会做功,称其为这个圆的净电动势;用这个净电动势除以圆的面积,得到单位面积的净电动势;当这个圆逐渐缩小即圆圈的半径趋于零时,可以得到单位面积净电动势的极限,称为旋度.这样,电场与磁场之间的变化过程就可以用旋度表示如下:

$$\text{curl } E = -\frac{\partial H}{c \partial t} \text{ 和 } \text{curl } H = \frac{\partial E}{c \partial t},$$

---

① 散度大于零表示是有散发的正源,小于零表示是有吸收的负源,为零则是无源场.

第四讲 关于力和运动的模型

其中 curl 表示旋度,是一种处理旋转问题的数学运算;两个等号右边的偏微分分别表示磁场和电场的时间变化率.可以看到,上面两个方程几乎是对称的,其中的符号的差异只是表示了场的方向.这样,上述两个方程就可以用语言表述为:变化电场产生的单位面积磁力,等于电场时间变化率乘以一个很小的常数 $1/c$.其中 c 代表电荷的静电单位与电磁单位的比值,是为了量纲的需要.因为 c 实际上就是光速,这样,麦克斯韦方程就把电磁现象与光速联系起来了.

在麦克斯韦生前,人们并没有发现电磁波,直到麦克斯韦去世 10 年以后的 1888 年,德国物理学家赫兹(Heinrich Hertz,1857~1894)才用实验验证了电磁波的存在.赫兹在给出实验结论时说:"关于光与电之间的联系,……在麦克斯韦理论中有提示、有猜想,甚至有预言,现在已经确定."

可以看到,上面所示的麦克斯韦的四个方程简洁明快、寓意深刻,表达式又两两对称,充分体现了数学的美,因此数学家以此为荣,称其为数学模型的典范.事实上,在自然界的模型中,通常会表现出这种数学的美,但是我想,这种美的本质并不是数学的功劳,而在于大自然本身的和谐.据此我们也可以推断,如果要描述自然界非常本质的问题,所构建的数学模型就应当是美的,否则,所构建的数学模型往往就不够深刻.

◀一个好的数学模型,应当是能够透过现象看到本质,看到大自然本身的和谐,和谐是最省力的.

广义相对论的基础:惯性质量等于引力质量. 正如爱因斯坦所说,场的概念是法拉第最富独创性的思想,是牛顿以来最重要的发现.进一步,爱因斯坦把场的思想引入到力学,这便是爱因斯坦所构建的引力场.但是,根据牛顿的万有引力定律,引力的作用表现于两个或者更多的物体之间的相互吸引,这就很难像图 4.13 所示那样,在引力场中想象出:磁场中从北极到南极的磁力线以及电场中从正极到负极的电力线.因此,即便可以构造引力场的模型,但引力场与电场或磁场在本质上是不同的,关于这一点爱因斯坦是这样论述的:①

> 与电场与磁场对比,引力场显出一种十分显著的性质,这种性质对于下面的论述具有很重要的意义.在一个引力场的唯一影响下运动着的物体得到了一个加速度,这个加速度与物体的材料和物理状态都毫无关系.……而且在同一个引力场强度下,加速度总是一样的.适当地选取单位,我们就可以使这个比等于 1,因而我们就得出下述定律:物体的引力质量等于其惯性质量.

这样,爱因斯坦就在设计引力场进而建立广义相对论的时候,抓住了一个与引力有关的最为基本的概念,这就是质量.我们知道,牛顿力学中涉及两个不同的质量概念:在第二定律中,力被定义为 $F=ma$,其中 a 为加速度,而 m 可以被称为惯性质量.这个定律意味着:力一定时,

▶ 合理地借鉴已有的概念,是一个学者应当具备的素质,但创造性地借鉴已有的概念,就不一定是常人所为了.

▶ 广义相对论与狭义相对论的根本区别,就在于一个是考虑引力空间,一个是考虑惯性空间.

---

① 参见:爱因斯坦.相对论.周学政,徐有智编译.北京:北京出版社,2007:54.

第四讲　关于力和运动的模型

质量越大则物体越不容易改变运动状态,这是一种惯性的表现;在万有引力定律中,质量越大物体的引力越大,因此可以称这时的质量为引力质量.那么,这两个表现形态不同的质量之间的关系是什么呢?

◀这个问题被当时的物理学家熟视无睹,而爱因斯坦的广义相对论恰恰是从这个问题开始的.

对于地球上的同一物体,用 m_F 表示这个物体的惯性质量,用 m_W 表示这个物体的引力质量.令 $g=\dfrac{GM}{r^2}$,其中 G 表示引力常数,M 表示地球质量,r 表示地球平均半径,则由牛顿第二定律和万有引力定律即(4.10)式,这个物体的惯性质量和引力质量可以分别表示为

$$m_F=\dfrac{F}{a} \text{ 和 } m_W=\dfrac{W}{g}.$$

如果爱因斯坦的假设成立,即这个物体的运动受到引力场的唯一影响,那么,这个物体所受的力是相等的,即 $W=F$.这样就得到下面的比例关系:

◀回顾爱因斯坦的论述.

$$\dfrac{m_F}{m_W}=\dfrac{g}{a}=\text{常数}.$$

这就意味着,对这个物体而言,惯性质量与引力质量成正比例关系,也如爱因斯坦上面所说的那样,如果我们选取适当的单位,就可以使这个比值为1,也就是使得

$$m_W=m_F.$$

这样,爱因斯坦所说的定律就成立了.

但是,上面的推理只是一种假设前提下的说明,能不能用实验来验证这个结论呢？匈牙利物理学家厄缶(Baron Eotvos,1848~1919)利用并改进了一种被称为扭秤(torsion balance)的测量重力的仪器,经过长时间反复测量,结果表明:惯性质量等于引力质量.这个结果的测量精度可以达到 10^{-11},即达到千亿分之一数量级.因此在这个意义上,正如爱因斯坦所说的那样,这个定律不仅仅是基于推理的,也是基于实验的.事实上,当时许多物理学家都知道这个结论,甚至认为这个结论是理所当然的,因此对这个结论熟视无睹,那么,爱因斯坦能够从这个结果推演出什么新的结论吗？

▶ 实验验证的思路是什么呢？验证也是需要想象力的.

爱因斯坦电梯. 伽利略在研究自由落体的时候,习惯用斜面来验证他的思考,而爱因斯坦在研究引力场的时候,习惯用电梯来说明他的思考,因此人们诙谐地称这个被用来思考的电梯为**爱因斯坦电梯**.爱因斯坦电梯实质是指一种爱因斯坦所构想的、相对封闭的空间.当人们进入爱因斯坦电梯后,可能出现下面两种情况：

▶ 对某一个问题的深入思考,往往需要一个现实载体.

情况一.电梯相对地球是静止的,这时电梯内一切物体都会落在电梯的地板上,电梯里的人们会知道这是地球引力作用的结果.

情况二.电梯做自由落体的运动,这时电梯内的物体将会漂浮在空中,出现这种"失重"状态的原因是因为电梯里的物体已经不受地球引力的作用了.

第二种情况与我们通过电视看到的宇宙飞船中的情景是一样的:人可以像游泳那样在宇宙飞船中漂动.这就说明:当电梯在地球引力场中做自由落体运动时,电梯里的人已经感觉不到地球引力的作用了,这时电梯里的物理规律与电梯在非引力场中的物理规律是一致的.因为在非引力场中物体的质量是惯性质量,因此通过惯性质量与引力质量相等这个定律,可以想象出上述第二种情况是可能成立的,即便没有实际的过程经历.爱因斯坦称第二种情况时的电梯为局部惯性系,这就说明:在引力场中可以构建出一个参照系(比如爱因斯坦电梯),使得在这个参照系中引力作用完全消失.这样,我们就可以在这个参照系中研究无引力情况下物体的物理性质,人们通常称这个原则为**弱等效原则**.宇宙飞船模拟仓实验已经验证了这个弱等效原则是正确的.

◀ 爱因斯坦确实是在乘电梯时,突然想到了情况二的,参见第二辑第8.2节.

◀ 再次说明,选择合适参照系的重要.

弱等效原则是引力的最重要特征,物理学中的其他力,例如宏观世界的电磁力、微观世界粒子范围的强作用力和弱作用力,都不能选择一个参照系来消除力的影响.我们将在这一讲的最后部分讨论强等效原则,这需要构建一个比引力场更为宽泛的场模型,使得等效原则不仅对引力适用,而且对其他力也都适用.为了构建这个更为宽泛的场模型,爱因斯坦耗尽了他的后半生.

根据弱等效原则,爱因斯坦构建了广义相对论,即构建了引力场理论,这个理论的基本功能是用来解释具有

> 考虑引力场中物体的运动规律,这是最为本质的,因而是最为现实的问题,因为引力无处不在.

加速度的力学现象.从运动的角度考虑,牛顿力学以及狭义相对论的核心是描述运动的过程,并没有涉及运动物体之间力的关系,因此,这样的学说属于运动学;广义相对论或者说引力场理论的核心是讨论引力作用下物体的运动,因此,这样的学说属于动力学.从几何的角度考虑,牛顿力学以及狭义相对论考虑问题的基础是惯性系统,得到的空间是平直的;广义相对论或者说引力场理论考虑的是加速度系统,得到的空间是弯曲的.

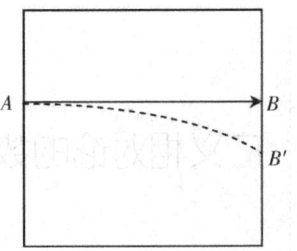

图 4.14　光线行走路线

空间弯曲的直观想象.爱因斯坦是这样通过他的电梯来表述空间弯曲的.如果在无引力场的情况下,电梯进行惯性运动即静止或者匀速直线运动.如图 4.14 所示,有一束光由 A 点水平射入,那么,这束光在电梯中行走的轨迹是一条水平直线,即得到图中的直线段 AB,这就是牛顿力学或者狭义相对论所描述的情景.

如果给这个电梯一个向上的加速度,因为光的速度是有限的,那么在光经过电梯的一段时间,电梯运动了 BB' 这样一段距离.如我们在方程式 (4.11) 中所示的那样,这时光将会到达点 B',光走过的轨迹 AB' 是一条二次曲线.根据弱等效原则,在引力场中也将发生同样的物理规律,这样,就可以认为引力场所形成的空间是弯曲的.又因为引力几乎是无处不在的,于是爱因斯坦就得到了一个令人吃惊的结论:宇宙空间在本质上是弯曲的.空间弯曲这个结论是弱等效原理的直接推论,也是爱因斯坦于1915年所形成的广义相对论的推论.那么,如何通过数学的符号和算式来构建他所想象的弯曲的几何空间,并且以此描述引力场的模型或者说广义相对论的模型呢?

◀ 这就显示了弱等效原则的效能,因为我们"看"不到引力场,只能用替代物想象引力场.

§4.5 广义相对论的数学模型

我们知道,牛顿为了清晰而准确地表达他的力学模型,掌握并且创造了包括微积分在内的一系列实用的数学工具.与此不同的是,尽管爱因斯坦是一位天才的物理学家,但他在数学方面却没有过真正的创造,甚至曾经被如何利用数学工具来表达他的力学模型而困扰.对此,爱因斯坦是这样说的:[①]

◀ 爱因斯坦说出了许多科学家的心声.

我在某种程度上忽视数学这一事实,其原因不仅在于我对自然科学的兴趣比对数学的兴趣更大,而且也由

[①] 参见:约翰·施塔赫尔.爱因斯坦奇迹年·导言.范岱年,许良英译.上海:世纪出版集团,上海科技出版社,2007:5.

于下述特殊经验.我看到数学分为许多专业,每一个专业都很容易消耗一个人短暂的一生.因此,我认为自己就处在一只比里当的驴子①的地位,不能决定吃哪一束具体的燕麦.这可能是因为我在数学领域的直觉不够强,不能把在根本上是重要的、真正处于基础性的领域同其余那些多多少少可有可无的知识区别开来.还有,我对研究自然科学的兴趣无疑更为强烈,但我作为一个青年学生不清楚要掌握物理学更基本的原理以及更深邃的知识有赖于复杂的数学方法.这些是我在几年的独立科学工作之后才渐渐明白的.

▶ 在洛伦兹变换那里已经看到,数学直觉与物理直觉是不同的.

爱因斯坦的述说对今天大学的数学教育也是富有启发的,数学已经被分割为许多相对独立的学科,而在教学过程中,每一个学科的教师都希望把学生培养成这个学科的专家,于是,每一个学科的教学都形成了相对独立而详尽的体系.一个学生的精力是有限的,面对这种情况,学生就成为了比里当的驴.因此,构建一个对于学生而言有选择性的、详略得当的教学体系是必要的,当然,构建这样的教学体系也是困难的,这样的教学体系将需要更多有能力的教师.

▶ 这是对数学教育的一种警示:并不是每一个人都想成为数学家.

正当爱因斯坦为寻找合适的数学工具而焦虑的时候,他发现自己是幸运的.1909年,爱因斯坦离开伯尔尼

---

① 法国中世纪哲学家比里当(Jean Buridan,约1300~1358)曾任巴黎大学校长,他描述过这样一个寓言,在一头饥渴的驴子的左面放一桶水,右边放上干草,这头驴子犹豫不决,因为不知是先喝水好还是先吃燕麦好,最终饥渴而死.

第四讲　关于力和运动的模型

专利局回到母校瑞士苏黎世联邦工业大学任教以后,发现数学家们已经为他的广义相对论准备好了非常合适的工具.这些工具包括我们在上一讲中讨论过的黎曼几何,以及他大学的数学老师闵可夫斯基(H. Minkowski,1864～1909)提出的四维空间的概念.所谓的闵可夫斯基空间是在通常的三维空间上再加上时间的坐标,在这个空间中两点间的间隔即"四维距离"被表示为

$$dQ^2 = c^2 dt^2 - ds^2, \tag{4.13}$$

◀多么奇特的距离定义,后面将会看到,正是这个奇特的定义打开了数学表达广义相对论的大门.

其中 dQ 表示两点间的四维距离;c 表示光速;dt 表示时间间隔;ds 表示通常欧几里得几何两点间的三维距离,即 $ds^2 = dx_1^2 + dx_2^2 + dx_3^2$,具体讨论可以参见(3.6)式.在这里,我们必须强调的一个重要事实是,由(4.13)所确定的四维距离是洛伦兹变换的不变量.

不变量.通过前两讲的讨论知道,运动状态的刻画依赖时间和空间,因此,需要构建一个时空模型来描述物体的运动,或者说,需要构建一个时空模型来承载物体的运动.

很显然,当一个时空模型确定以后,如果有一种与运动有关的物理规律,在这个时空模型的任何时间和地点都是一样的,那么,这个物理规律就必然是客观的、本质的.如果用数学语言来描述这个思想,就可以把时间和地点的不同看做一类变换在这个时空模型中所产出的结

◀如何用数学的概念来表达物理的思想,这是最好的范例.

果,其中的变换是与所构建的时空模型有关的.而所谓物理规律在任何时间和地点都一样,是指在这一类变换下不变的那些量,人们称这样的量为**几何不变量**,或者简称**为不变量**.到现在为止,我们已经讨论了两种与运动有关的时空变换,一种是伽利略变换,一种是洛伦兹变换.下面,我们分析基于这两种变换的不变量,在分析的过程中可以感悟到闵可夫斯基四维时空的重要性.

伽利略变换下的不变量. 回忆第 2.4 节的讨论,在那里,为了便于理解和描述,我们曾经把沿着一维空间(直线)运动的伽利略变换定义为 $x_A = x_B - vt, t_A = t_B = t$,参见(2.5)式.其中 A 和 B 表示两个参照系,vt 表示参照系 A 相对于参照系 B 做匀速直线运动:速度为 v,时间为 t.现在,我们依然考虑匀速直线运动,并且假设对于参照系 B,一个物体在时间段 $\mathrm{d}t_B = t_{B_1} - t_{B_2}$ 在直线上移动 $\mathrm{d}s_B = x_{B_1} - x_{B_2}$ 这样的距离,由伽利略变换可以知道,对于参照系 A

$$t_{A_1} = t_{B_1}, t_{A_2} = t_{B_2};$$
$$x_{A_1} = x_{B_1} - vt, x_{A_2} = x_{B_2} - vt.$$

这样,我们就容易得到

$$\mathrm{d}t_A = t_{A_1} - t_{A_2} = t_{B_1} - t_{B_2} = \mathrm{d}t_B,$$
$$\mathrm{d}s_A = x_{A_1} - x_{A_2} = (x_{B_1} - vt) - (x_{B_2} - vt) = \mathrm{d}s_B.$$

第四讲 关于力和运动的模型

显然,对两个参照系而言,这个物体运动的时间段相等、走过的距离相等,因此这是一个不变的物理规律;或者用数学语言叙说,对伽利略变换而言,dt 和 ds 都是不变量. 这就是牛顿所说的绝对时间和绝对空间,但是对洛伦兹变换情况将发生变化.

◀ 可以用数学的语言,如此清晰地表达绝对时间和绝对空间.

洛伦兹变换下的不变量. 仍然回忆第 2.4 节中的讨论,在(2.7)式中给出了下面的洛伦兹变换:

$$x_A = \gamma(x_B - vt_B), t_A = \gamma\left(t_B - \frac{x_B v}{c^2}\right),$$

其中 $\gamma = \left(1 - \frac{v^2}{c^2}\right)^{-\frac{1}{2}}$ 被称为洛伦兹因子. 很显然, $dt_A \neq dt_B$,并且 $ds_A \neq ds_B$,因此对于洛伦兹变换而言,时间间隔和距离间隔就不是不变量了,这就是爱因斯坦所说的相对时间和相对空间.

◀ 这样,就否定了绝对时间和绝对空间的可能性.

下面考虑闵可夫斯基空间所给出的四维距离,容易得到下面的关系式:

$$ds_A = \gamma(ds_B - vdt_B), dt_A = \gamma\left(dt_B - \frac{ds_B v}{c^2}\right),$$

这样,通过计算就可以得到

$$dQ_A^2 = c^2 dt_A^2 - ds_A^2 = c^2 dt_B^2 - ds_B^2 = dQ_B^2.$$

这就意味着,对于洛伦兹变换而言,闵可夫斯基空间所给出的四维距离 dQ^2 是一种不变量.

不变量表达了时间与空间的关系.反过来,从物理学的角度考虑,如果在一个时空模型中存在一类变换,使得闵可夫斯基四维距离保持不变,则可以认为这个时空模型是均匀的.特别是当(4.13)式中的间隔 $dQ=0$ 时,则光速 $c=ds/dt$,这意味着光速是个常量,人们通常又把这个式子看做光速不变原理的具体表达式,尽管这个表达式是通过光速不变这个假设得到的.

> 反过来,又可以用数学的结论来解释物理规律,这就是数学模型所特有的功能.

有了闵可夫斯基的四维空间和四维空间上的距离,爱因斯坦的数学思考就有了根基.但是,要真正地用数学语言表达爱因斯坦关于引力的思考,还必须经过一个非常抽象、非常智慧的过程.

爱因斯坦方程.爱因斯坦还遇到了一件非常幸运的事情,就是他 1909 年回到母校瑞士苏黎世联邦工业大学工作后,遇到了他的同学、数学家格罗斯曼(Marcel Grossman,1878~1936).格罗斯曼对爱因斯坦思考的问题非常感兴趣,与弯曲空间的描述方法有关,他向爱因斯坦介绍了黎曼几何以及基于黎曼几何的张量运算.1913 年两人合作完成了《广义相对论和引力理论纲要》,其中物理学部分由爱因斯坦执笔,数学部分由格罗斯曼执

> 一个重大理论的创建,往往包含一些机缘.事实上,这些机缘是必然的表现.

第四讲 关于力和运动的模型

笔[①]. 1915 年爱因斯坦完成了广义相对论的创建,于 1916 年初在《物理年鉴》上发表了长达 50 页的总结性论文《广义相对论基础》,标志着广义相对论的建立. 这篇总结性论文明确了:加速度系统的时空与惯性系统的时空是不同的. 其基本思想是:基于引力的运动可以用闵可夫斯基四维时空进行描述,这个四维时空的几何结构是与其中的物质分布以及物质运动联系在一起的,这种联系可以用引力场方程描述.

◀力就是这样与几何空间有机地联系在一起来了,进而与数学模型有机地联系在一起了.

我们在第二辑中曾经谈到,后来,爱因斯坦使用张量分析就像牛顿使用微积分那样熟练. 所谓的张量是一种数学运算工具,在高斯和黎曼的工作中都涉及了张量,后来意大利数学家、理论物理学家里奇(Gregorio Ricci,1853～1925)和他的学生列维-奇维塔(Levi-Civita,1873～1941)对张量分析进行了系统的研究. 下面,我们借助闵可夫斯基空间和黎曼空间的概念,对张量进行直观描述,从中体会爱因斯坦是如何利用数学的工具来表示引力场模型的.

令 $\boldsymbol{a}=(a_0,a_1,a_2,a_3)$ 是一个 4 维向量. 因为在三维欧几里得空间中 $ds^2 = dx_1^2 + dx_2^2 + dx_3^2$,我们只须要作适当的变量替换,闵可夫斯基空间中的四维距离即 (4.13)式就可以表示为

◀一个式子可以有各种表达,是为了运算的方便,或者为了解释现象的方便.

[①] 老年的爱因斯坦非常怀念格罗斯曼,在逝世前一个月(1955 年 3 月),爱因斯坦为纪念母校苏黎世工业大学建校 100 周年而写的回忆录中,提到了这次合作:我需要在自己在世的时候,至少再有一次机会来表达我对格罗斯曼的感激之情,这种必要性给了我写出这篇杂乱无章的自述的勇气. 参见:狭义与广义相对论浅说・自述片段. 杨润殷译. 胡刚复校. 北京:北京大学出版社,2006:168.

$$\begin{aligned} dQ^2 &= a_0 dx_0{}^2 + a_1 dx_1{}^2 + a_2 dx_2{}^2 + a_3 dx_3{}^2 \\ &= \sum a_u dx_u{}^2 \\ &= \boldsymbol{a} \diamondsuit \boldsymbol{x} \\ &= a_u dx_u{}^2, \end{aligned} \tag{4.14}$$

上面式子中的符号的意义为:$a_0 = c^2$, $a_1 = a_2 = a_3 = -1$, $dx_0{}^2 = dt^2$, 这是为了对应于闵可夫斯基四维距离; $\sum$ 是一个求和的符号, 表示对所有下标 u 求和; $\boldsymbol{a} = (a_0, a_1, a_2, a_3)$, $\boldsymbol{x} = (dx_0{}^2, dx_1{}^2, dx_2{}^2, dx_3{}^2)$ 都是 4 维向量, 可以看做一般的符号表达; $\diamondsuit$ 表示两个向量的对应元素相乘然后相加[①]; 最后的表示方法是爱因斯坦惯用的, 省略了第二个式子中的求和符号. 在这种情况下, 人们称 $\boldsymbol{a}$ 或者 a_u 为 1 阶张量. 事实上, 这时的 1 阶张量就是一个 4 维向量.

▶ 为了清晰地用矩阵运算来表示张量, 我特别创造了这个符号和数学表达式.

回忆第 3.3 节关于黎曼空间的讨论, 其中的核心是建立曲线坐标以及在很小的局部用直线距离来代替曲线距离. 因为直线距离是用勾股定理得到的, 参见(3.6)式, 这样我们就可以注意到黎曼曲面空间两个形式上的特征: 一个是在距离的表示中必然会出现平方项; 另一个是在很小的局部必然要用微分来刻画. 归纳这两条, 在黎曼曲面空间, 距离的表达将对应于一个系数为导函数的齐次二项式. 下面, 我们仍然借助闵可夫斯基空间和黎曼空

[①] 这个符号是我创造的, 可以类比到高维张量运算. 这种运算利用了矩阵阿达玛乘积(参见第三辑第 1.3 节)的形式: 两个相同大小的矩阵对应元素相乘得到新的矩阵, 然后再把新矩阵的所有元素相加. 在下面的讨论中将会看到, 利用这个符号表示张量是非常方便的.

间的概念进行直观表述.

令黎曼空间的曲线坐标为 y_0, y_1, y_2, y_3, 如第 3.3 节所述, 每一个坐标都是 x_0, x_1, x_2, x_3 的函数. 假定这个函数的可以求二次导数的反函数存在, 把函数表示为

◀这个假设事实上要求曲面是光滑的, 即不出现山尖那样的特殊情况.

$$x_u = f_u(y_0, y_1, y_2, y_3), u=0,1,2,3.$$

通过微分计算可以得到

$$dx_0 = \frac{\partial f_0}{\partial y_0}dy_0 + \frac{\partial f_0}{\partial y_1}dy_1 + \frac{\partial f_0}{\partial y_2}dy_2 + \frac{\partial f_0}{\partial y_3}dy_3,$$

$$dx_1 = \frac{\partial f_1}{\partial y_0}dy_0 + \frac{\partial f_1}{\partial y_1}dy_1 + \frac{\partial f_1}{\partial y_2}dy_2 + \frac{\partial f_1}{\partial y_3}dy_3,$$

$$dx_2 = \frac{\partial f_2}{\partial y_0}dy_0 + \frac{\partial f_2}{\partial y_1}dy_1 + \frac{\partial f_2}{\partial y_2}dy_2 + \frac{\partial f_2}{\partial y_3}dy_3,$$

$$dx_3 = \frac{\partial f_3}{\partial y_0}dy_0 + \frac{\partial f_3}{\partial y_1}dy_1 + \frac{\partial f_3}{\partial y_2}dy_2 + \frac{\partial f_3}{\partial y_3}dy_3,$$

其中 df_u/dy_v 表示函数 $f_u(y_0, y_1, y_2, y_3)$ 对 y_v 的偏导函数. 令 $g_{uv} = a_u(df_u/dy_v), u,v = 0,1,2,3$, 则闵可夫斯基空间中的四维距离即(4.14)式又可以转换为

$$\begin{aligned} dQ^2 &= \sum\sum g_{uv} dy_u dy_v \\ &= G \diamond Y \\ &= g_{uv} dy_u dy_v, \end{aligned} \quad (4.15)$$

其中，双重求和符号 $\Sigma\Sigma$ 一个是对所有下标 u 求和、一个是对所有下标 v 求和，G 和 Y 都是 4 行 4 列的矩阵，G 中的元素为 g_{uv}，Y 中元素为 $dy_u dy_v$，$u,v=0,1,2,3$；这时的 $\Diamond$ 表示两个矩阵的对应元素相乘然后相加；最后的表示方法仍然是爱因斯坦惯用的，省略了第一式中的求和符号.

在上述情况下，人们称 G 或者 g_{uv} 为 2 阶张量. 可以看到，这时的 2 阶张量就是一个 4×4 的矩阵，因为 $4\times4=16$，因此这时的 2 阶张量中有 16 个元素；再注意到微分形式 $dy_u dy_v = dy_v dy_u$，因此矩阵中的元素满足 $g_{uv} = g_{vu}$，这样，这时的 2 阶张量就是一个 4×4 的对称矩阵，其中有 10 个可以自由变化的量，这便是我们在第 3.3 节曾经谈到的**度规张量**. 可以看到，利用度规张量就可以严格地刻画一个曲面空间的弯曲程度，因而可以决定宇宙模型的时空结构. 也如第 3.4 节所讨论的那样，正是由于度规张量中有且仅有 10 个自由变化的量，于是引发一些现代理论物理学家倡导"十维空间"的宇宙模型，我们在后面还会进一步讨论这个问题.

▶ 对称是微分形式的自然属性.

显然，我们很容易用类比的方法得到 3 阶张量，甚至得到更加一般的 n 阶张量. 在闵可夫斯基四维空间中，一个 3 阶张量是一个长、宽、高都是 4 个元素构成的立方体矩阵，这个矩阵共有 $4\times4\times4=64$ 个元素. 如果用 H 表示这个 3 阶张量，用 Z 表示元素由微分构成的对应的立方体矩阵，那么，我们可以类比(4.15)式来定义 3 阶张量的运算为

第四讲 关于力和运动的模型

$$\sum\sum\sum h_{uvw}\,\mathrm{d}z_u\,\mathrm{d}z_v\,\mathrm{d}z_w = \boldsymbol{H}\diamondsuit\boldsymbol{Z}=h_{uvw}\,\mathrm{d}z_u\,\mathrm{d}z_v\,\mathrm{d}z_w,$$

其中 $u,v,w=0,1,2,3$,符号 $\diamondsuit$ 表示两个立方体矩阵的对应元素相乘然后相加.事实上,爱因斯坦在推导引力场模型的过程中利用了 3 阶张量的运算.

◀ 这样,就可以用矩阵来表示张量和基于张量的运算了.

虽然用张量以及张量的运算可以刻画时空模型的弯曲程度,但是我们必须清楚:时空模型不是由数学运算所决定的,而是由宇宙中物理现象决定的.为此,在弱等效原理的基础上,爱因斯坦又给出了一个更为基本的假设:物质的分布及其运动决定时空结构.爱因斯坦称这个假设为**马赫原理**,关于这个原理爱因斯坦是这样解释的:①

◀ 数学的表达是理想的,我们最终还必须回到物理世界.

在经典力学和狭义相对论中,找不到什么实在的东西能够用来说明为什么相对于 K 和 K' 来考虑物体会有不同的表现.牛顿看到了这个缺陷,并试图消除它,但没有成功.只有马赫对它看得最清楚,由于这个缺陷他宣称必须把力学放在一个新的基础上.只有借助于与广义相对性原理一致的物理学才能消除这个缺陷,因为这样的理论的方程,对于一切参照物,不论其运动状态如何,都是成立的.

◀ 这就是物理学的最终原则,否则这个世界就是混乱的,完全无科学而言.

在这个原理之下,张量不仅仅是刻画曲面弯曲程度的数学表达,还能用来刻画物体的能量和动量等非常基础的、因而也是重要的物理量.爱因斯坦给出的引力场方

---

① 参见:爱因斯坦.相对论.周学政,徐有智编译.北京:北京出版社,2007:67.

程为

$$G_{uv} = \rho T_{uv},$$

> 最初的发想必然是非常简单的,这是因为原则是简单的.

其中 G_{uv} 表示的是时空结构,被称为爱因斯坦张量;ρ 为比例常数;T_{uv} 是一个表示能量-动量的张量.显然,这个基本方程很好地体现了马赫原理①,因为这个方程描述的关系是:时空结构张量与能量-动量张量成正比.通过计算,爱因斯坦得到 $G_{uv}=R_{uv}-g_{uv}R/2$,其中 R_{uv} 是里奇曲率张量②;g_{uv} 是(4.15)式中的度规张量;R 为曲率标量.因为爱因斯坦张量 G_{uv} 的散度恒等于零,所以又被称为守恒张量.这样,就可以把爱因斯坦引力场方程写成

$$R_{uv} - \frac{g_{uv}R}{2} = -\kappa T_{uv}, \tag{4.16}$$

> 这个模型的构建是自然而然的.

其中 κ 是一个常数.这是一个非线性的偏微分方程,很难求出具有显示表达式的解.

1916 年,广义相对论发表不久,德国天文学家施瓦兹席尔德(Karl Schwarzschild,1873~1916)得到了上述方程的一个解,这个解是在假设物质处于球对称均匀分布

---

① 爱因斯坦在《关于广义相对论的原理》一文中谈到,根据马赫原理,时空状态(G 场)完全取决于物体的质量,根据狭义相对论,质量和能量是同一种东西,又因为能量在形式上可以由对称能量张量描述,所以 G 场由物质的能量张量所决定.参见:爱因斯坦全集·第七卷.邹振隆主译.长沙:湖南科学技术出版社,2009:34.
② 里奇张量是一种对"体积扭曲"程度的量度,也就是说,对于一个给定的由黎曼度规所决定的几何,里奇张量刻画了 n 维流形中给定区域的体积与欧几里得与其相当区域的体积之间的差异程度.

引力场的情况下得到的,人们称这个解为**施瓦西解**. 求解过程假设了度规张量坐标与时间无关,并且有 $g_{01}=g_{02}=g_{03}=0$,通常称这种假设情况的(4.16)式为静止情况下的引力方程. 在这个假设前提下,令球面坐标的三个变量分别为 r,θ,φ,则空间位置坐标的球面变换为

$$y_1 = r\sin\theta\cos\varphi,$$
$$y_2 = r\sin\theta\sin\varphi,$$
$$y_3 = r\cos\theta.$$

参照这个变换,就可以通过爱因斯坦方程以及(4.15)式,解出时间坐标与空间坐标的关系,从而得到四维距离的表达为[①]

$$dQ^2 = -\left(1-\frac{2m}{r}\right)(cdt)^2 + \frac{dr^2}{1-\frac{2m}{r}} + r^2(d\theta^2 + \sin^2\theta d\varphi^2), \quad (4.17)$$

◀ 退而求其次,得到特殊解也是很有意义的,只有通过解才能看到方程的功效.

其中 m 表示是一个积分常数. 如果把 m 与牛顿万有引力联系起来,可以近似得到 $2m = 2GM/c^2$,其中 G 为引力常数,M 为物体的中心质量,c 为光速. 人们通常称 $2m$ 为引力半径或者施瓦西半径. 进一步,参照牛顿引力理论可以近似地得到(4.16)式中的比例常数 $\kappa = 8\pi G/c^4$,把这个结果代入(4.16)式,爱因斯坦方程就可以写为

[①] 详细推导可以参见:福克. 空间、时间和引力的理论. 周培源、朱家珍、蔡树棠、等译. 北京:科学出版社,1965;第5章. 也可以参见:赵展岳. 相对论导引. 北京:清华大学出版社,2002;第6章.

$$R_{uv} - \frac{g_{uv}R}{2} = -\frac{8\pi G}{c^4} T_{uv}. \qquad (4.18)$$

上式是一个非常明确的表达式,因此,在一些书中把爱因斯坦方程直接写成(4.18)的形式.

爱因斯坦根据等效原理和马赫原理构建了一个引力场模型,这个引力场模型向世人描述了一个弯曲的时空.爱因斯坦通过他所想象的爱因斯坦电梯解释了这个模型,并且借助黎曼几何特别是张量分析,用数学的语言刻画了这个模型.现在,只剩下最后一个也是最关键的一个环节,就是对这个模型的实践验证.为了验证这个模型,无论是现象的观测还是实验的检测,都需要非常高的精度,这是因为在绝大多数情况下,爱因斯坦模型与牛顿模型得到的结果相差无几.比如,对于(4.17)所表示的施瓦西解,对于平直的欧几里得空间得到的结果是

> 这样一个数学模型就能够刻画广阔无限、变化万千的宇宙规律吗?

$$dQ^2 = -(cdt)^2 + dr^2 + r^2(d\theta^2 + \sin^2\theta d\varphi^2). \qquad (4.19)$$

比较两个式子可以看到,差别只在于系数 $2m/r$. 我们说过,$2m$ 是引力半径,是一个非常小的值[①],比如地球的引力半径为 0.89 厘米,太阳的引力半径也只有 2.96 公里,因此(4.17)式与(4.19)式的差别不是很大,这就提

---

① 在牛顿万有引力定律中,引力大小与物体质量成正比,法国数学家拉普拉斯(Laplace,1749~1827)通过计算得出,当物体被极度压缩时质量将会变得很大,引力也将会变得极大,这就是人们所说的"黑洞".比如,地球的半径约为 6370 公里,如果压缩到 1 厘米,引力将是原来的 4×10 的 11 次方,引力半径与这个压缩有关.

高了对观测精度的要求.

至今为止,人们认为有三个典型现象验证了爱因斯坦引力场模型的正确性,这就是引力场的光线偏折、水星近日点的进动和引力红移现象.下面,我们简捷地讨论前两种情况.

◀ 本质上,考虑的还是两点间的距离.

引力场中的光线偏折.地球处于太阳系之中,而太阳拥有整个太阳系质量的 99.87%,这就构成了一个强大的引力场.因此,验证爱因斯坦引力场理论最为便捷的方法,就是观察远处恒星发出的光经过太阳时是否会发生弯曲.

事实上,光线发生弯曲并不是广义相对论所独有的预言,早在 1704 年牛顿就从光粒子说的角度提出过这个预言,提出预言的依据就是万有引力定律:牛顿认为光是一种粒子,因此,当光经过大质量物体的边缘时必然受到引力的作用. 一百年后的 1804 年,德国慕尼黑天文台的索德纳(Johann von Soldner,1766~1833)根据牛顿力学给出了光经过太阳边缘时的偏折角

◀ 牛顿的思考是自然的,是静态时的引力作用,因此,光线发生弯曲并不是爱因斯坦的独创.

$$\theta = \frac{2GM}{c^2 R} = 0.875 \text{ 秒}, \qquad (4.20)$$

其中,G 为万有引力常数,等于 6.67×10^{-8} 厘米/克秒;M 为太阳质量,等于 1.98×10^{33} 克;R 为太阳半径,等于 6.95×10^{10} 厘米.

上面的结论是通过经典力学得到的.如果用爱因斯

> 可以看到，这个差异是多么小！因此对于我们生活的地球，甚至太阳系，有了牛顿力学就足够.

坦的引力场来解释光经过太阳出现弯曲的现象(如图 4.14 所示的爱因斯坦电梯)，那么，通过计算可以得到这个偏折角应当为

$$\theta = \frac{4GM}{c^2 R} = 1.75 \text{ 秒}, \tag{4.21}$$

正好是(4.20)式的二倍. 因此爱因斯坦后来说:[①]

当然要检验的不仅是光线有没有弯曲的问题，更重要的是光线弯曲的量到底是多大，并以此来判断哪种理论与观测数据符合得更好. 这里非常关键的一个因素就是观测精度. 即使观测结果否定了牛顿理论的预言，也不等于就支持了广义相对论的预言. 只有观测值在容许的误差范围内与广义相对论预言符合，才能说观测结果支持广义相对论.

> 只有通过对数学模型的计算，才能作出如此精准的预测，才体现了科学的威严.

1919 年，恰巧有日全食在英国天文学家爱丁顿 (Eddington, 1882~1944) 的领导下，英国组织两个考察分队分赴两地观察日全食. 经过认真观测分析，证实光在太阳附近确实出现了 1.7 秒左右的偏折，英国皇家学会宣布了这个观察报告并且确认了爱因斯坦广义相对论的正确性. 1974~1975 年间，科学家用精密光学仪器、利用甚长基线干涉技术(very long baseline interferometry; VLBI)

---

① 参见:爱因斯坦. 相对论. 周学政，徐有智编译. 北京:北京出版社，2007;126~127.

再次进行测量,测得偏差为 1.761±0.016 秒,以万分之一的精度证实了广义相对论对光线弯曲的预言.

水星近日点的进动. 水星是太阳系中距离太阳最近的一颗行星,距太阳的距离是距地球的 1/3,古希腊人称这颗星为阿波罗. 按照开普勒第一定律和牛顿的万有引力理论,在太阳引力的作用下,水星的运动轨迹应当是一个椭圆,比较火星和地球的椭圆轨迹,水星的椭圆轨迹要更扁一些:近日点 4600 万公里,远日点 7000 万公里.

到了 19 世纪,天文学家发现,水星的轨道并不是严格的椭圆,每转一周在近日点处长轴就会略有转动,人们称其为进动. 引起进动的原因很多,人们考虑了各种原因,然后用牛顿力学的原理进行计算,计算结果表明,水星近日点的进动是每 100 年 5557.62 秒,但实际观测值为每 100 年为 5600.73 秒,其中有 43.11 秒的差在牛顿力学中得不到解释. 但是,根据广义相对论,行星公转一周后近日点的进动公式为

◀人们总是想解释各种自然现象.

$$\Delta\omega = \frac{24\pi^3 a^2}{c^2 T^2 (1-e^2)},$$

其中 T, a, e 分别为轨道周期、半长轴、偏心率. 人们利用这个公式对水星的情况进行计算,得到的结果比用牛顿力学的原理计算结果多 43.03,这就与实际观测结果相差无几了,进而,证明了广义相对论的计算更符合实际.

根据上面的结果似乎还可以解释这样的现象:为什

> 这是一个非常本质的问题，是用牛顿力学无法解释的问题.

么我们没有感觉到太阳的引力？太阳的质量远远大于地球的质量，因此，即便在地球表面上太阳的引力也要大于地球的引力，但我们并没有感觉到太阳的引力，这是为什么呢？

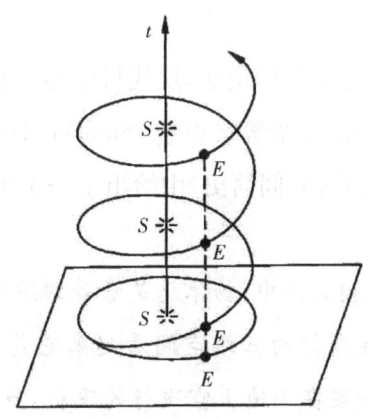

图 4.15　四维时空中的最短路径

> 爱因斯坦的广义相对论，为我们提供了丰富的想象空间，运动中的规律比静态中的规律更生动，也更现实.

可以作这样的设想，我们乘坐着爱因斯坦电梯，这个电梯正在太阳引力场中做自由落体运动，生活在地球上的人们就是这个电梯中的乘客，因此根据弱等效原理所描绘的情景，乘坐在电梯中的人们感觉不到太阳的引力. 甚至还可以进一步地设想，这个自由落体运动的路径就形成了地球围绕太阳旋转的椭圆轨迹. 在前面的讨论中我们知道，在三维球体的二维球面上，两点间最短路径是过这两点大圆的劣弧，据此可以认为：加了时间坐标的太阳引力场构成了闵可夫斯基四维时空，地球以及其他行星围绕太阳运动所形成的椭圆轨迹，包括行星近日点的进动都很可能是"四维时空球体"的三维曲面上的最短路径,就像如图 4.15 所示的那样①.这样,最短路径的说法也就解释了这样的现象:为什么近日点的进动只在水星轨道上被观测到,而在其他行星的轨道几乎观测不到.这是因为水星比其他行星距离太阳更近一些,受太阳的引力更大一些.

关于最短路径的说法,现代科学界享有特别声誉的、英国传奇理论物理学家霍金(Stephen Hawking,1942~)在他的著作《时间简史》中给出了一个生动的解释:②

在广义相对论中,物体总是沿着四维时空的直线走.尽管如此,在我们的三维空间看起来它是沿着弯曲的途径,这正如一架在山地上空飞行的飞机,虽然是沿着三维空间的直线飞行,但在二维地面上的影子却是沿着一条弯曲的路径.

人类无法经验四维以及四维以上空间的事情,因此,人类将永远无法直接验证我们生活的宇宙空间的维数.因此,人们构建四维以及四维以上空间的模型,只是为了更好地解释自然界中的一些现象,如果这个模型能够很好地解释人们在自然界中所发现的现象,我们就姑且认为这个模型即真理,比如爱因斯坦所构建的四维时空.正因为这样的模型是无法直接经验的,因此这样的模型的

◀间接经验则依赖于我们的想象力和逻辑推理能力,依赖于构建模型的能力.

---

① 参见:赵展岳.相对论导引.北京:清华大学出版社,2002:189~190.
② 参见:史提芬·霍金.时间简史.许明贤,吴忠超译.长沙:湖南科学技术出版社,1994:39.

构建绝对不是发现的结果,也就是说,爱因斯坦的四维时空以及爱因斯坦方程不可能从一些实际观察结果(比如,上面所说的光线偏折和水星进动这两个实际观察结果)中归纳出来.那么,构建这样的模型所依赖的思维特征应当是什么呢?

爱因斯坦构建模型的思维特征:简约和想象. 我们曾经说过,牛顿构建模型的思维特征是现象和演绎;那么,我们似乎可以认为,爱因斯坦构建模型的思维特征就是简约和想象.为了更好地说明这一点,我们从思维的角度来分析一下爱因斯坦研究方法与牛顿研究方法的不同.

如果说牛顿所得到的结果以及他的思维过程还是在人们的"意料之中"的话,那么,爱因斯坦所得到的结果以及他的思维过程就是让人们"恍然大悟"了.所谓"恍然大悟"意味着:最初接触时超乎意料,仔细思考后又在情理之中.可以看到,"恍然大悟"是对"想当然"的一种否定.▶ 或者说,是一种升华. 在今天,在人们对自然界的认识已经积累了大量的知识,因此,无论是认识事物本身还是认识事物的规律,新的创造往往都是以这种"恍然大悟"的形式出现,而能够得到这种形式的思维前提就是:简约现象的背景,思考现象的本质.现在,简单分析一下爱因斯坦的思考过程.

生活的经验告诉我们:越是本质的东西往往越是朴素的,越是牵强的东西往往越是华丽的.爱因斯坦的天才就表现在思维的朴素,正如英国科学家布罗诺夫斯基(Jacob Bronowski,1908~1974)在他的著作《人的进化》中 ◀ 中国古代的先哲告诉我们,大朴归真就是这个道理.

第四讲 关于力和运动的模型

写道的那样：①

像牛顿和爱因斯坦这类人的天才在于，他们问出一些显而易见又很天真的问题，而这些问题最终会使科学产生巨大的变革。爱因斯坦是一个能问极其简单问题的人。

爱因斯坦在少年时代发现，如果站在地上看火车行走，会感觉到火车飞驰而过的运动；如果坐一辆汽车与火车并驾齐驱，能从火车的车窗中看到火车里面发生的事情，会感觉到火车似乎是静止的。事实上，许多人都有过类似的经验或者想象。但是，少年时代的爱因斯坦从火车的速度想到了光的速度：如果一个人能够与光速同行，那么，他将看到什么呢？是不是连光都停滞不前了呢？如果是这样的话，是不是整个世界都静止了呢？这个问题实在是太朴素了，朴素到近乎是孩子的异想天开，但就是这样的一个朴素问题促使爱因斯坦用后来 50 年的生命历程进行探索。这个探索使爱因斯坦达到了现代科学的顶峰。老年时的爱因斯坦回忆：②

▶ 孩提时代的单纯是幼稚，老年时代的单纯就是深刻，保持思想的单纯绝非是一件容易的事情。

经过 10 年的思考，我从一个错误的假想中引出了这

---

① 参见：Jacob Bronowski, The Ascent of Man. Boston: Brown Little, 1974:247. 也参见中译本：[美]加来道雄. 超越时空. 刘玉玺，曹志良译. 上海：上海科技教育出版社，2009:92；下一个注脚也参照这个中译本.
② 参见：Abraham Pais. Subtle Is the Lord: The Science and Life of Albert Einstein. Oxford: Oxford University Press, 1982:131.

个原理.这个错误的假想是我在 16 岁时无意中想到的:如果我以光速 c 追逐一束光,那么我观察到的这一束光应当是一个停滞不前的在空间中振荡的波.然而,无论是基于经验还是根据麦克斯韦方程,都不支持这种现象的存在.

爱因斯坦没有停止在假想的阶段,他要寻求其中的缘由.后来他知道了法拉第电磁场,知道了法拉第电磁场中事物的变化规律可以用麦克斯韦方程解释.爱因斯坦证明了他少年时代的假想是不对的,或者说,他假想的那种情况是不会出现的,因为无论我们如何追赶光,光总在我们的前面以同样的速度前进.这样,爱因斯坦就得到了狭义相对论的基本原理:光速是绝对的,光速在所有做匀速运动的参照系中相同.那么,为什么我们永远追赶不上光呢?爱因斯坦通过计算结果解释:在我们的运动系统中,时间历程变慢了,空间尺度缩小了.

▶ 一个有意义的假想,即使被证明错了,也可以会得到有意义的结果.

可以看到,爱因斯坦在少年时代想象"追逐光速"的思维模式是一种类比的方法,类比属于归纳推理的范畴,就像我们在第四辑中讨论过的那样.虽然通过归纳推理得到的结论不一定是正确的,但我们也可以看到,通过类比可以得到预测结果,这样的预测结果就可以明确研究方向,而在具体研究以及验证结果的过程中往往就能够得到新的知识,这便是知识的创新过程.

显然,要在人们习以为常的认识中得到"恍然大悟"的结果,需要非凡的想象力,这种非凡的想象力在爱因斯坦那里表现得最为明显.如果说爱因斯坦孩提时代关于"追逐光速"的想象还是随意的幻想,那么,爱因斯坦关于"引力电梯"的想象就是基于逻辑的思维实验了.我们多次谈到,爱因斯坦曾经创造了一个词:思维实验,这是为了区别伽利略所倡导的科学实验.传统的科学研究,可以从已经得到的观察结果或者实验结果中归纳出结论;现代的科学研究,往往需要先建立假说,想象出结论,然后再有目的地设计观察或者实验来验证这些结论,从而验证假说是否正确.可以看到,在本质上,所谓思维实验就是建立假说的物理背景,虽然在研究的起步阶段,这样的物理背景还是虚构的,但是,只有基于这样的虚构的物理背景,关于假说的思考才可能有根基,才可能富有逻辑,并且,只有基于这样的虚构的物理背景,才可能分析清楚假说的现实实质.我们几次谈到过的,孟德尔关于基因的假说以及他所安排的豌豆实验就是最好的例证.因此,在这个意义上,爱因斯坦所说的思维实验,不仅仅是想象力的集中体现,也是现代科学中构建模型的物理现实,这样的方法已经成为现代科学中构建模型必不可少的过程.

◀ 这是认识的一种升华,也是认识论的一种升华.

◀ 有两种研究问题的出发点,一种是基于现象的,一种是基于假说的.

§4.6 原子世界的力学模型:量子力学

如果把宇宙世界看做一个包罗万象的整体,那么,大概可以把宇宙世界再粗略地划分为三个世界:一是与人们日常生活关系密切的、太阳系以内的世界,我们可以称

◀ 这三个世界差异之大是不可想象的.

其为**生活世界**；二是太阳系以外的、浩瀚无垠的星空世界，我们可以称其为**星际世界**；三是人的肉眼无法观测的微观世界，我们可以称其为**原子世界**．物体的存在与运动是这三个世界的共性，而人类受求知欲望和好奇心的驱动，希望知道并且希望用抽象的语言和符号来表述物体的存在形式，来描述物体的运动规律．正如我们已经用大量的篇幅讨论过的那样，一个成功的物理学理论的建立更重要的在于物理解释，而在近现代物理学中，绝大多数物理解释借助的就是数学模型的现实表征．

我们已经知道，牛顿力学模型可以用来解释生活世界中物体的运动规律，爱因斯坦力学模型可以用来解释星际世界中物体的运动规律，并且，牛顿力学模型还可以看做爱因斯坦力学模型的特例．那么，原子世界中的力学模型是怎样的呢？是不是也可以看做爱因斯坦力学模型的特例呢？或者，是不是存在一个更为一般的力学模型，来统一解释这三个世界中物体的存在形式和运动规律呢？这便是 20 世纪以来，物理学家、数学家思考的最为本质的问题．至今为止的事实表明，要得到这些问题的答案，人类大概还需要经过相当艰苦的努力．

▶ 人们会自然而然地认为，宇宙中必然存在一个统一的规律，可以用这个规律解释三个世界的事情．

原子世界．在远古时代，有一部分先哲相信：世界万物是由基本元素组成的，也就是说，物体不是连续可分的．大约在公元前 450 年，古希腊哲学家德谟克利特（Demokritos，约前 460～前 370）创造了原子这个词，表达了物体"不可切割"的意思．大约在相同的年代，古代中国

第四讲 关于力和运动的模型

哲学家墨子在《墨经》中也提出了物质有限可分的概念,并且用"端"来表示最小单位.当然,古代先哲们的这些说法还只是停留在哲学层面上,我们也只能按照哲学的意义来理解他们提出的这些概念.我想,他们所说的不可切割的最小单位一定是一个实体,就像是铁砂粒那样的东西,而不是像我们今天所知道的那样.

1803年,英国化学家道尔顿(John Dalton,1766~1844)在皇家学会作了关于原子论的演讲,第一次从物体结构的角度提出了原子的模型.其中提到:原子是物质的一个基本单位,这种基本单位在一切化学变化中不可再分.也就是说,原子是物体参加化学变化的最小单位,在化学反应中,原子只能被重新排列,而不会被分割、创造或者毁灭[①].近代化学是从原子论开始的,因此,道尔顿被誉为"近代化学之父".后来,人们测量出原子的大小:直径的数量级大约为 10^{-10} 米.但是,最小单位并不意味着最小物体,也就是说,在原子的内部依然存在着物体,只是这些物体在一切化学变化中不改变存在的形式和运动的规律.这样,原子中的物体就构成了一个相对封闭的世界.至少到现在为止的研究结果表明,在原子世界中,物体的存在形式和运动规律都是飘忽不定的,或者更确切地说,都是非确定性的.这是一个神奇的世界,这个世界的存在不仅对经典物理学(包括牛顿力学和爱因斯坦相对论)的结论、甚至对哲学的许多说法都提出了根本性的

◀什么是原子.

◀原子世界是一个相对封闭的,相当奇妙的世界.

---

① 因此,原子是化学元素的最小单位.现今已知有116种元素,即116种不同的原子,其中88种是地球上自然存在的,其余28种是人们在实验室中制造出来的.

质疑.

有核原子模型. 1911年,出生于新西兰的英国物理学家卢瑟福(Ernest Rutherford,1871~1937)提出有核原子模型:原子就像一个太阳系,带正电的原子核像太阳,带负电的电子像行星那样围绕太阳旋转;就像太阳系的绝大多数质量集中于太阳那样,原子的质量绝大部分集中在很小的原子核上;唯一不同的是,支配电子与原子核之间的力不是引力而是电磁力①. 当然,卢瑟福提出这个模型绝对不是凭借单纯的类比,依赖的是精确的实验数据和富有想象力的思考. 现在,我们回顾一下卢瑟福提出有核原子模型的思维过程. 我想,仔细分析这个过程,对于感悟如何通过实验结果推断结果的生成原因,进而构建解释实验结果的数学模型是有益处的.

> 从万有引力公式知道,引力在原子世界的作用是微乎其微的.

卢瑟福指导学生做了这样的实验,把放射性元素放在一个只留一个小孔的铅制容器里,因为放射线不能穿透铅,所以只有一小部分射线从小孔中射出. 在小孔附近放一块磁力很强的磁铁,观察磁铁对射线运动的影响. 结果发现有三种射线:第一种射线不受磁铁的影响,保持直线行进,这就是通常所说的γ射线;第二种射线受磁铁的影响,发生偏转但偏转的不多,这就是卢瑟福发现的α射线;第三种射线偏转的很多,被称为β射线.

> 通过观察现象,得到假说的想象.

---

① 参见上一节关于电磁场的讨论. 电磁力又被称为电磁相互作用力,是自然界中四种基本力之一,其余三种基本力分别为引力、强力(强核力)和弱力(弱核力). 其中强核力是指引发原子弹和氢弹爆炸的那种能量,这种力为所有的恒星燃烧提供了能量;弱核力是指放射性物质衰变时产生的能量,这些能量使得地球内部岩石融化,偶尔出现火山爆发.

第四讲　关于力和运动的模型

1909 年,在曼彻斯特大学工作的卢瑟福决定研究偏转性质偏中的 α 射线.这时,来自德国的学生盖革(Hans Geiger,1882~1945)发明了一种测量带电粒子数量的精密仪器,这种仪器对卢瑟福的实验至关重要,后来人们称这个仪器为"盖革计数管".实验是这样设计的:用 α 粒子去轰击金箔,记录穿过金箔的粒子数.实验结果出乎意料,观察到了被金箔反射回来的 α 粒子:大约有 1/8000 的 α 粒子偏转角大于 90°,有的粒子的偏转角甚至接近 150°.

◀ 现代科学研究,已经走向国际化,科学是无国界的.

这种现象用已有的原子模型是无法解释的.当时人们普遍认可的原子模型是卢瑟福的老师、英国物理学家汤姆逊[①](Joseph Thomson,1856~1940)提出的被称为实心带电球的原子模型,即葡萄干布丁模型.这种模型假设:正电荷均匀分布在原子中,电子在原子中以某种规律排列.显然,正电荷的均匀分布的假设决定了辐射的 α 粒子只能出现小角度散射,因而无法解释实验中出现的大角度散射现象.经过仔细的计算和比较,经过长达两年的思考,卢瑟福提出一个新的假设:原子中的正电荷集中在一个很小的"核"内.基于这种假设,卢瑟福对实验现象的解释是:绝大多数粒子穿过原子时离核较远,受力很小,运动方向几乎没有改变,这就是小角度散射;只有极少数

◀ 需要仔细分析实验结果与原有模型相悖之处.

◀ 这个新模型的提出是为了解释实验现象.

---

① 约瑟夫·约翰·汤姆逊曾任剑桥大学卡文迪什研究所所长,获 1906 年度诺贝尔物理学奖.卡文迪什研究所是剑桥大学校长卡文迪什(William Cavendish)捐款兴建的,创建于 1871 年,建成于 1874 年,相当于剑桥大学物理系.卡文迪什研究所由麦克斯韦负责兴建并且担任第一任所长,提倡物理学教学过程中学生动手实验.卡文迪什研究所学风严谨,建所 100 多年以来培养了 28 位诺贝尔奖获得者.著名的物理学家瑞利、汤姆逊、卢瑟福分别担任第二、三、四任所长.

粒子离核较近,受力较大,因此发生了大角度的偏转.因为用这种模型解释实验结果非常合理,卢瑟福据此提出了有核原子模型.

> 这就是基于现象进行科学研究的流程.

在上述过程中可以看到,在现代科学研究中,观察和实验是研究的基础,而在这个过程中不仅仅要注意共象,即注意那些与已有理论相吻合的现象,但更重要的是要发现异象,即发现那些与已有理论不吻合的现象;并且在发现异象的基础上,通过合理的想象,提出合理的假设来解释异象出现的原因.我想,这或许就是理论创新的必由途径.

基于有核原子模型,所得到的一系列推论都被实验结果验证是正确的,这样,原子模型的基本框架就建立起来了.虽然后来的物理学家又提出了各种新的原子模型,但卢瑟福提出的有核原子模型的基本框架没有变化.后来,人们通过计算得知:原子核直径上限数量级为 10^{-14} 米.令人惊叹的是:原子质量的 99.9% 都集中在原子核,这与太阳系是何其相似(参见第 3.1 节关于太阳系的讨论).

> 那么,原子世界是一个小太阳系吗?

卢瑟福于 1908 年获得诺贝尔化学奖,他对自己获得的不是物理学奖而感到意外,于是他开玩笑地说,自己一夜之间变成了化学家.值得称道的是,在卢瑟福的助手和学生中,至少有 9 人先后获得诺贝尔奖,真可谓桃李满天下.因为卢瑟福对科学的杰出贡献,死后与牛顿、法拉第并排安葬在一起.

> 这是一种对科学伟人的尊重方式.

人们往往会认为生活世界的运动规律在微观世界也

第四讲 关于力和运动的模型

成立:既然原子世界类似太阳系,于是可以把牛顿力学模型应用于原子世界.但很快就发现这是不可以的,因为在原子世界中,要保持电子不断地在轨道上运动,就需要有加速度即角速度;但另一方面,电子要不断地放射电磁波而丧失能量,这样,电子就必然要坠入原子核,这与事实不符.由此可见,电磁力与引力是不同的,人们必须构建与牛顿力学不同的新的力学模型来描述原子世界中的力学现象,这个新的力学模型就是量子力学.

◀ 事实上,人们对太阳系中行星具有加速度的原因也没有解释清楚,因此归于第一推动.

量子力学是在旧量子理论的基础上发展起来的一门学科.**量子是指一种不可分割的物理量**,这个词来自拉丁语 quantus,原来的意思为"多少".上面谈到,原子是参加化学变化的最小单位,是不可分割的;可是,物理量是一个量,也可能存在不可分割的最小单位吗? 我们似乎很容易就举出反例:如果一个物理量的最小单位为 E,那么,这个最小单位的一半 $E/2$ 就比 E 小.但是,下面的事实告诉我们,在原子世界的许多问题中,这样的更小的量不能作为度量单位存在.

◀ 这个结论实在是出乎意料的,并且是不可思议的.

黑体辐射问题.量子理论是从黑体辐射问题中提出的.经验告诉我们,太阳距离地球非常遥远,但人们可以感觉到太阳的热量;冬天里取暖,虽然并不接触火炉,但人们能够感觉到火炉的热量.显然,这是一种热量的传导方式,人们称这种非接触式输送热量的方式为**辐射**.后来,人们发现辐射的载体是电磁波,于是又称这种热传导方式为电磁辐射.可是,直到 19 世纪末,人们依然无法合理地解释热辐射:观察到的物体比热总是低于经典物理学中应用"能量均分定理"的计算结果,以至于人们称这个问题为[①]:经典物理学蓝天上悬浮着的乌云.

> 这个差异是非常小的,但严肃的物理学家们不会放过任何微小的差异.

为了更好地研究热辐射,物理学家定义了一种理想物体,称其为**黑体**:入射的电磁波全部被吸收,既没有反射,也没有透射. 1900 年,德国物理学家普朗克(Max Planck,1858~1947)为了构建黑体辐射模型,给出了一个大胆的假设:对于频率为 v 的电磁辐射,物体只能以 $E=hv$ 为单位吸收或者发射,其中 $h=6.6256\times10^{-34}$ 是一个常量. 后来,人们称这个常量为**普朗克常数**. 可以看到,普朗克常数实在是一个非常小的量,但这个量决定了量子,也就是说,电磁辐射的能量只可能以 E 的整数倍吸收或者发射,$E/2$ 这样的辐射单位是不存在的. 这样,E 就作为辐射的最小单位量子出现在物理学的舞台. 在量子的假设下,普朗克推导出黑体辐射公式[②],这个公式的计算结果与观察结果吻合得非常好.

> 这个假设实在是大胆.

> 又是在解释实验现象.

无论是从思维上还是从形式上,普朗克构建的电磁辐射模型都是崭新的. 但是在最初阶段,这个模型并没有引起人们的广泛注意,其根本原因在于:吸收或者发射能量不连续的概念,用经典力学的理论是无法解释的,这个

---

① 参见讲演录:William Thomson(Load Kelvin),19th Century Clouds over the Dynamical Theory of Heat and Light,Philosophical Magazine,1901(2):1.也参见:薛定谔讲演录.范岱年,胡新和译.北京大学出版社,2007:112.其中引用了上述开尔文(Kelvin)的讲演,这个讲演提到 19 世纪末物理学的晴空中漂浮着两朵乌云,除却黑体辐射之外,另一朵乌云就是我们反复谈过的以太.

② 具体的推导过程可以参见:王竹溪.统计物理学导论.北京:高等教育出版社,1956:267~269;书中讨论了这个公式与能量均分定理之间的差异.

概念也有悖于人们的思维常理.正如我们前面所说的,一个成功的物理学理论的建立更重要的在于物理解释,因此,为了得到人们的普遍认可,就必须对模型中的普朗克常数给出一个合理的物理解释.后来,普朗克回忆说:①

◀再次说明了,数学模型的关键在于现实的解释.

这个很特别的常数 h 的物理意义的阐明,是极困难的理论问题,它的引入导致经典物理理论失效,这比我最初的认识要基本得多.

这样,从基本概念"量子"开始,量子力学就向经典力学提出了挑战.我们说过,爱因斯坦思考问题是简约的,也是富有想象力的.爱因斯坦不仅接受了量子的思想,并于1905年把这种思想应用于光电效应的研究,引进了光量子的概念,提出了光量子假说.光量子假说合理解释了光电效应,并使人们认清了普朗克常数的物理意义.特别是,1916年美国物理学家密立根(Robert Millikan, 1868~1953)通过光电效应的实验,验证了爱因斯坦光量子假说的正确性,人们才真正重视普朗克的理论.为此,爱因斯坦获得1921年度的诺贝尔物理学奖.统观爱因斯坦对物理学的贡献,他获得诺贝尔奖是必然的,但因为当时人们的理解力有限,因此狭义相对论以及广义相对论方面的成就并没有为爱因斯坦赢得诺贝尔物理学奖.

◀又是伟大的爱因斯坦.

◀让人们理解一个新的事物是需要实践的,也是需要时间的.

光电效应. 光电效应是一种神奇的现象:在光的照射

---

① 参见:曾谨言.量子力学·卷I.北京:科学出版社,2007;8.

下大量电子会从金属表面逸出.这种现象是赫兹于1887年发现的.在今天,光电效应已经有着广泛的应用,比如人们在日常生活中离不开的复印机.1982年我到日本九州大学留学的时候,看到了一本好书,于是我就动手抄录,日本同学看到后非常吃惊,就向我介绍了复印机,那是我第一次见到复印机,这个过程给我留下了很深的印象.再比如,光伏太阳能电池以及在物质结构分析中使用的X-射线光电子能谱等等,都是光电效应的应用.但更为重要的是,光电效应的理论解释极大地促进了近代物理学的发展.

> 经常怀旧,或许就是年龄的象征.

对于上述现象,人们会自然而然地认为:光的强度越大则金属表面逸出的电子越多.但实验结果表明,这个结论的成立是有条件的:每一种金属都存在一个极限频率v_0,当照射光的频率v低于极限频率v_0时,无论多强的光都无法使电子逸出;反之,如果照射光频率v大于极限频率v_0,无论多弱的光都能使电子瞬时(10^{-9}秒)逸出,这种现象用经典的电磁理论是无法解释的.

基于普朗克的量子假设,爱因斯坦提出光量子的概念,认为辐射场是由光量子组成的,一个光量子的能量与辐射场频率的关系为

$$E = hv. \qquad (4.22)$$

有了光量子的概念,实验现象的解释就轻而易举了:只有当照射光的频率足够大时,每一个光量子的能量才

能足够大,金属表面的电子才能获取足够的能量而逸出,逸出电子最大动能为

$$E_{\max}=h v-A.$$

上述方程被称为爱因斯坦光电方程,其中 $A=h v_0$,h 为普朗克常数,v_0 是实验表明的极限频率.这样,A 就是一个基本量,当照射光频率小于极限频率时,电子的最大动能小于基本量 A,上式为负,这就导致金属表面的电子不能逸出.可以看到,爱因斯坦光电方程,或者说爱因斯坦光电模型合理地解释了光电效应的实验现象.

光的波粒二象性.光量子的概念引发了一个根本性的问题:光到底是什么?

光与人们的生活息息相关,但人们很难说清楚光到底是什么.到了 19 世纪末,人们认可的主要有两种学说,一种是牛顿在 17 世纪提出的粒子说,认为光是由发光体发出的微粒,因此,被照物体接受的是一束由发光体射向被照物的高速微粒.利用这种学说可以非常直观地解释光的直线传播以及光的反射现象,在相当长的一段时间内人们普遍接受这种学说.另一种是牛顿同时代的物理学家惠更斯提出的波动说,认为光是由发光体引起的波动,和声一样依靠某种媒质来传播.因为其中所说的媒介涉及以太等令人费解的东西,所以波动说一直受到人们的非议.1815 年,法国物理学家菲涅耳(Augustin Fresnel,

◀生活经验告诉我们,光是存在的,可是,光是如何存在的呢?

1788~1827)发表了研究光衍射现象的论文以及他于1818年所提交的法国科学院的悬赏论文,圆满地解释了光的反射、折射、干涉、衍射等现象,特别是,麦克斯韦曾经预言光是一种电磁波,并且于1888年由赫兹的实验得到验证.因此,19世纪中期以后,人们开始逐渐相信波动说是正确的.但是,光的波动说不能解释光电效应,因为光的波动说无法解释光与金属表面电子之间的能量转换.下面,我们分析爱因斯坦光量子假说带来的认识论上的变化.

> 通过模型解释现象.

从(4.22)式可以知道光量子能量与辐射场频率之间的关系,事实上,我们也容易推导出光量子动能与波长的关系.这样,基于光量子,从粒子说的角度就能够很好地解释光的能量和动量.很显然,这时的粒子说是基于电磁波、基于电磁波频率和波长的,已经远远不是牛顿意义上的粒子说了.1923年,美国物理学家康普顿(Arthur Compton,1892~1962)利用实验和理论推导,成功地用光量子概念解释了X射线强度与散射角之间的关系,人们称其为康普顿效应,为此,康普顿获得1927年度诺贝尔物理学奖.从此以后,光量子概念被广泛接受和应用,并称光量子为光子.现在,人们普遍认可的解释是:光是由光子为基本粒子组成的,即光子是传递电磁相互作用的媒介粒子.光子特征是:静止质量为零,不带电荷,能量为普朗克常量和电磁辐射频率的乘积,在真空中的速度为光速 c .这样,光就具有粒子性和波动性,即波粒二象性.

> 人们认识真理,是一个不断接近的过程,因为真理不是一个实体,因此不可能一蹴而就.

第四讲 关于力和运动的模型

正如爱因斯坦在 1909 年预言的那样:①

> 在理论物理发展的下一阶段,将为我们送来一个光学理论,它可以被看做光的波动说和发射说的一种融合.

这样,从普朗克开始,经过爱因斯坦、康普顿等物理学家的思考推理和实验验证,量子这个概念逐渐被人们接受了.但也应当看到,上述这些学者的工作还仅仅是描述性的,他们的工作只是说明了量子的现象存在的可能性.更为本质的问题是:这些现象背后的规律是什么呢?或者说,原子世界中存在某种特殊的运动法则吗?丹麦物理学家玻尔(Niels Bohr,1885~1962)回答了这个问题.玻尔是卢瑟福的学生,获得了 1922 年诺贝尔物理学奖,并且参加过第一颗原子弹的研制.

玻尔氢原子模型.虽然卢瑟福提出了有核原子模型,构想了电子在一定的轨道上围绕原子核旋转的情景,但并没有回答最本质的问题:电子在旋转过程中伴随着电磁波的释放,必然要消耗能量,为什么电子最终没有坠入原子核? 玻尔研究了最简单的氢原子:原子中只有一个电子,原子核中只有一个质子.受普朗克和爱因斯坦关于量子研究的启发,玻尔认识到:原子世界的力学解释必然要背离经典力学,而量子是解决问题的关键.基于对大量实验结果的归纳总结,玻尔发挥了无与伦比的想象力,提

◀人们往往都是从最简单的情况开始研究,而许多问题,简单与复杂的本质是相同的.

---

① 参见:约翰·施塔赫尔.爱因斯坦奇迹年.范岱年,许良英译.上海:上海科技教育出版社,2007:142.

出了下面两个令人们吃惊的假设：

1. **稳定轨道条件**. 在原子中存在若干个稳定的、离散的能量状态，电子在一个稳定状态上运动时不发射或者吸收电磁波，角动量为 $h/2\pi$ 的整数倍.

2. **频率跃迁条件**. 电子从一个稳定状态跃迁到另一个稳定状态时发射或者吸收电磁波. 发射或者吸收的频率是唯一确定的，如果变化前后的能量状态分别为 E_n 和 E_m，则频率为

$$v=\frac{E_n-E_m}{h},$$

其中 h 是普朗克常数. 当 $E_n-E_m>0$ 时发射电磁波，当 $E_n-E_m<0$ 时吸收电磁波.

► 轨道跃迁与能量转换同时发生，这是多少富有创造力的想象.

这样，玻尔用稳定态细化、进而强化了原子能量不连续的概念，并且认定电子是在稳定状态之间跃迁的过程中释放或者接受能量. 利用两个假设条件，玻尔定量地得到了氢原子的能级公式，清晰地分析了氢原子光谱，这些结论很快就被实验证明是正确的. 特别是 1914 年，德国物理学家弗兰克（James Franck，1882～1964）和赫兹[①]（Gustav Hertz，1887～1975）进行了电子碰撞原子的实验，结果证明玻尔的设想是正确的，原子的能量确实存在

---

① 是电磁波发现者 H. 赫兹的侄子，关于 H. 赫兹的工作参见这一讲第 4 节.

第四讲 关于力和运动的模型

完全确定的、互相分立的状态.这个实验结果是玻尔量子化能级假设成立的第一个决定性的证据,为此,弗兰克和赫兹获得1924年度诺贝尔物理学奖.

原子世界真是不可思议,电子不老老实实在一个能量轨道上运动,而是像跳蚤那样在几个能量轨道上跳来跳去,等跳到最外面的能量轨道上时就逃逸了.但是,正是由于这种跃迁才保证了原子能量的稳定性,这似乎与我们在第一讲中曾经讨论过的古代中国的太极图有些相似:在动态中也只有在动态中才能保持事物的稳定.玻尔的跃迁理论与爱因斯坦光量子假说是相容的,并且能够更合理地解释电磁辐射即光子与金属表面电子的能量交换过程.

◀稳定表现于动态之中,古人已经悟出了这个道理,但没有事实作依据,这个理仅仅是一个说法而已.

物质波假说.现在,还有一个问题是值得考虑的,这就是**物质的波粒二象性**.既然认为光子在静止时的质量为零,这就说明光子至多是一种虚拟的物质.那么,对于真实的物质,是否也会有波粒二象性存在呢?更具体地说,电子是粒子毋庸置疑,可是,电子可能以波的形式运动吗?法国物理学家德·布罗意(Louis de Broglie,1892~1987)思考了这个问题.几乎没有任何实验结果作为基础,类比爱因斯坦的光子假说,德·布罗意提出了更为大胆的、更为一般的假设:实物粒子也具有波动性.所谓实物粒子指针对光子而言的:静止质量不为零的那些粒子.后

◀这就是基于假说的研究.

来，德·布罗意是这样述说他的思维过程的:[①]

在 1923 年，下列想法突然浮现在我心头，波与粒子共存绝不应仅仅局限于爱因斯坦研究过的情况，应当推广到所有粒子. 将这种思想应用于电子，就必须解释玻尔关于原子稳定态理论中提到的电子在原子中运动的离奇性质.

所说的"离奇性质"是指玻尔所描述的、电子在不同能量稳定态之间的跃迁. 德·布罗意的想法是不拘一格的，但也是符合情理的，科学中的重大创新往往都具有这样的特征. 如果实物粒子比如电子的能量为 E，动量为 p，物质波的频率为 v，波长为 λ，德·布罗意提出下面的关系:

▶ 由此可以看到，普朗克常数是多么重要，在数学中也有一些常数是不可思议的，但非常重要，比如圆周率，比如自然对数的底数.

$$v=\frac{E}{h} \text{ 和 } \lambda=\frac{h}{p}, \qquad (4.23)$$

其中 h 为普朗克常数. 这样，德·布罗意关系式能够帮助人们更加直观地理解玻尔的量子理论，即能量不连续理论. 人们称圆形能量轨道上的波为德·布罗意驻波或者驻波，如图 4.16 所示.

[①] 参见:曾谨言. 量子力学·卷I. 北京:科学出版社,2007:16.

第四讲　关于力和运动的模型

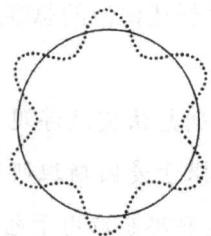

图 4.16　圆形轨道上的驻波

在图中可以看到,为了保证圆形轨道上的驻波首尾重合,圆的周长必须是波长的整数倍,也就是说,如果圆的半径为 r 的话,则必然存在一个 n,使得 $2\pi r = n\lambda$. 由此可以得到:角动量为

$$J = rp = \frac{rnh}{2\pi r} = \frac{nh}{2\pi}.$$

正是因为这个原因,人们在研究波动方程时,经常把普朗克常数写成 $h/2\pi$.

德·布罗意物质波假说的提出,几乎让所有物理学家包括他的导师法国物理学家郎之万(Paul Lanngevin, 1872~1946)感到震惊. 如果说爱因斯坦提出光子假说,是为了更好地解释光电效应,是为了实际的需要,那么,德·布罗意提出物质波假说,既没有实验基础,也没有实际需要,因为至少在那个时代,把电子看做粒子并没有在理论上带来任何困难.

◀事实上,德布罗意不是一个循规蹈矩的学生.

要验证物质波假说,就要涉及英国物理学家托马斯·杨(Thomas Young, 1773~1829)所发明的双缝实验.

> 我们反复说过,安排合适的实验也需要丰富的想象力.

1801年,托马斯·杨设计了这样的实验:让光通过挡板上两个靠近的缝隙投射到后面的屏幕上,如图4.17所示[①].通过实验,托马斯·杨发现了光的干涉与衍射.如我们前面说过的那样,正是因为在这个实验中出现的光波叠加的现象,人们才认可了光的波动说.现在需要通过类似的实验来验证电子波的存在.

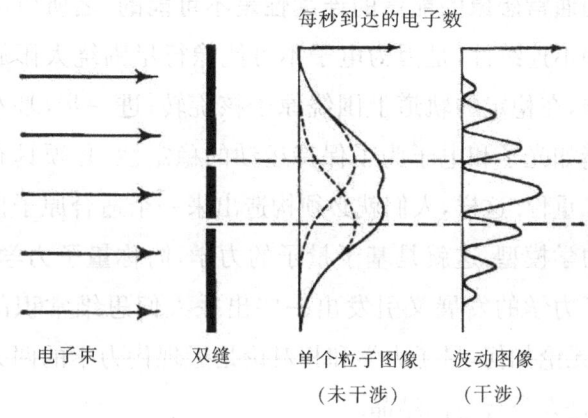

图4.17 光干涉与衍射示意图

显然,对电子做类似的实验将会困难得多,因为在实验的过程中必须很好地控制电子的发射.直到1927年,才由美国实验物理学家戴维孙(Clinton Davisson,1881~1958)和革末(Lester Germer,1896~1971)完成了实验,实验结果验证了实物粒子的波动性.同年,英国物理学家汤姆孙(George Thomson,1892~1975)的独立实验也得到同样的结果.物质波假说的提出太具戏剧性,物质波假说

> 对于一些问题,设计实验验证结果与提出理论得到结果同样重要.

---

① 参见:[英]里德雷.时间、空间和万物.李泳译.长沙:湖南科学技术出版社,2002:23.

的验证又太重要. 为此,德·布罗意获得了 1929 年度诺贝尔物理学奖;戴维孙、革末、汤姆孙三人同时获得了 1937 年度诺贝尔物理学奖金.

可以看到,从普朗克提出量子的概念、用量子的理论解释黑体辐射以后,经过爱因斯坦的光子假说、玻尔量子能级轨道跃迁说、德·布罗意实物粒子波动说,都说明经典力学即生活世界的力学模型在原子世界是不适用的:**人们通常想象的能量的连续性是不可能的**. 之所以出现这种不连续性,是因为电子不可能像行星围绕太阳旋转那样,在稳定的轨道上围绕原子核旋转;进一步,基本粒子诸如光子和电子为了保持运动的稳定性,必须具有波粒二重性. 这样,人们就必须构造出来一个适合原子世界的力学模型,这就是基于量子的力学,简称**量子力学**. 而量子力学的发展又引发出一些出乎人们思维常识的东西. 无论如何,量子力学和相对论是近现代力学的两大支柱,是人类智慧的结晶.

人们通常认为,量子力学的形成是在 1925 年以后,以德国物理学家海森伯(Werner Heisenberg,1907～1976)提出的矩阵力学以及奥地利物理学家薛定谔(Erwin Schrodinger,1887～1961)提出的波动力学为标志,因为这两种方法为构建量子力学模型提供了数学表达. 为此,海森伯获得了 1932 年度诺贝尔物理学奖,薛定谔获得了 1933 年度诺贝尔物理学奖.

◀ 由此可见,构建数学模型的重要性. 事实上,大多数诺贝尔经济学奖的获得者,也都构建了数学模型来解释经济现象.

矩阵力学与测不准原理. 我们说过,哥廷根大学是一所数学传统极为深刻的大学,伟大的数学家高斯、克莱因①、希尔伯特、闵可夫斯基、黎曼先后在那里学习或者工作过.海森伯也在哥廷根大学工作过,他的主要工作也是在那里完成的.海森伯曾经是德国物理学家玻恩(Max Born,1882~1970)的助手,而玻恩曾经是希尔伯特的学生.由此也可以看到,哥廷根大学的数学传统对现代物理学的影响是非常深刻的,因为我们在上一节曾经提到,爱因斯坦曾经受到闵可夫斯基很大的影响.因此,现代物理学的两大支柱都受到过哥廷根大学数学的熏陶.

▶ 一所大学的品质就在于她的学术传统.

为了描述现实世界中的物理现象,距离、时间、速度(或者加速度、动量)、能量等都是非常重要的基本概念.我们曾经反复说过,为了清晰地表达这些概念之间的关系,坐标以及坐标之间的变换是非常重要的,比如,笛卡儿坐标、黎曼曲线坐标;比如伽利略变换、洛伦兹变换、张量分析等等.海森伯曾经访问哥本哈根与玻尔学习氢原子模型,回到哥廷根大学后,海森伯开始思考用数学的方法表述玻尔所提出的量子能级轨道跃迁,他尝试用数学公式定义坐标 q 和动量 p 的量子与跃迁振幅之间的关系:$pq-qp=ah$,其中 $a=1/2\pi i$ 为包含虚数 i 的复常数②,h 为普朗克常数.但是,在这个定义中出现了不可交换的乘法③:$pq \neq qp$.当海森伯把论文提交给玻恩时,精通数

---

① 我们在第二辑介绍过克莱因(Felix Klein, 1849~1925)的工作.
② 用傅里叶级数,即用三角函数(正弦函数与余弦函数)组成的级数,表示周期函数是方便的;而欧拉公式又把正弦函数和余弦函数与超越数 e 的复数次幂的形式联系起来了,因此,用复数形式表示具有周期性的波函数是方便的.
③ 在量子物理学中,称关于矩阵乘法为不可对易的代数.

第四讲 关于力和运动的模型

学的玻恩马上意识到这个不可交换的乘法就是矩阵运算.如果在空间中考虑问题,这些物理量可以用矩阵表示,比如,用大写字母 Q 和 P 分别表示位置坐标和位置动量,则海森伯关系式就可以表示为

$$PQ - QP = ahI, \qquad (4.24)$$

其中 ah 是一个标量,$a = 1/2\pi i$,h 为普朗克常数;I 是单位矩阵.这样,在玻恩与海森伯以及玻恩的另一位助手约尔丹(Pascual Jordan,1902~1980)三人的共同努力下,以矩阵运算为基础的代数运算就成为研究原子世界力学的一个有力的工具,人们称其为**矩阵力学**.矩阵力学的形成为量子论的数学模型的建立奠定了基础,开辟了量子力学的研究之路.

但是,对于原子世界来说,构建数学模型遇到了一个根本性的障碍,这就是连续性的问题.因为对于数学计算而言,计算结果的精度可以无限制地精细下去;但对于实际测量而言,得到这样的测量结果是不可能的,因为能量存在着一个最小的单位,即普朗克常数 h,而普朗克常数又是量子论的根本.为此,在 1927 年,海森伯提出了著名的原子世界中的**测不准原理**,这个原理至少涉及两种物理量之间的关系,表明一些关系是二者不可得兼的[①].

一种是**能量与时间的关系**.由玻尔氢原子模型和量子能级轨道跃迁知道,在某一时刻,电子可能在这个能量

◀ 涉及到了一种新的乘法运算.

◀ 对于通常的乘法,这个差应当为零.

◀ 由此可见,创造一种数学表达的语言是何等重要.

◀ 连续性,是数学家在理想状态下构造出来的.

---

① 参见:[美]阿伯拉罕·派斯.基本粒子物理学史.关洪,等译.武汉:武汉出版社,2002:327~328.

> 能量与时间的精确度是有下限的.

轨道运行也可能在那个能量轨道运行,这不仅说明不可能进行准确测量,也说明测量结果是不可重复的,也就是说,即便实验条件完全一样,在不同时刻测量的结果也会不同. 如果用 ΔE 表示能量的不准确度,用 ΔT 表示时间的不准确度,那么在原子世界中: $\Delta E \times \Delta T \geqslant h/2\pi$.

一种是**动量与空间的关系**. 更确切地说,是速度与位置之间的关系,或者说,是动量与距离的关系,也可以说是动量矩与方位角之间的关系. 正如海森伯所说的那样①,不可能同时精确地测得电子的运动速度与所在位置:如果速度精确则位置必然不精确,如果位置精确则速度必然不精确. 如果用 ΔV 表示速度的不准确度,用 ΔX 表示位置的不准确度,那么在原子世界中: $\Delta V \times \Delta X \geqslant h/2\pi$.

> 动量与空间的精确度也是有下限的.

测不准原理告诉我们,能量的精度是以付出时间精度为代价的,动量的精度是以付出空间精度为代价的. 在前面两讲,我们曾经用大量篇幅讨论了时间和空间这两个概念对于认识世界的重要性,讨论了在星际世界,时间和空间不是绝对的而是相对的. 现在在原子世界,时间和空间的度量本身又遇到了障碍:**在原子世界,时间和空间的度量精度是有限的.** 这个命题似乎是匪夷所思的,特别是在哲学上是让人无法理解的,可是在原子世界事实就是如此②.

不仅如此,在原子世界,一种特殊的随机性出现了:

---

① 参见:[美]卡西第.海森伯传.戈革译.北京:商务印书馆,2002:295.
② 更详细的讨论参见:第四辑的 5.5 节.

第四讲　关于力和运动的模型

在某一时刻,电子可能以这个概率出现在这个能量轨道上,也可能以另一个概率出现在另一个能量轨道上;也就是说,在观测之前人们无法确切判断电子会出现在哪一个能量轨道上.如我们在第四辑中讨论过的那样,虽然概率是随机事件的属性,但在现实世界中这个概率是一个未知量,只是数学表达上的一个参数,这个未知量或者参数,只能通过随机事件发生的频率进行估计.这样,在原子世界中,人们无法事先知道某个电子出现在某个能量轨道上的概率,只能通过实验数据来估计概率,这就是统计的方法.

◀ 统计学竟然会出现在这里!由此可见,随机现象是这个世界最本质的现象.

基于上述原因,玻恩研究了量子力学中的统计分析方法,取得了一系列重要的成果.但是,至少从形式上看,玻恩的研究否定了物体运动规律的确定性.关于这一点,玻恩是这样说的:

我认为,诸如绝对的必然性、绝对的严格性和最终的真理等等这些概念,都是想象中虚构的东西,它们在任何一个科学领域中都是不能接受的.……因此,只相信单一的真理和相信自己是真理的占有者,那是世界上一切坏事的根源.

◀ 这就对传统的哲学提出了挑战.

显然,玻恩的研究思路与方法大大地超出了人们传统的思维模式,也大大地超出了经典物理学所能容许的范围,因此,玻恩的研究很长时间得不到支持,甚至得不到他的学生以及好友的支持.他一生的挚友爱因斯坦曾

> 就是这样,上个世纪初的顶级科学家就从科学走向了哲学.

说出了"上帝不掷骰子"这句闻名于世的话语,就是在与玻恩论争的过程中说出的. 爱因斯坦下面这段话可以明确地表达两个研究者学术观点之间的差异:[1]

在我们的科学期望中,我们已成为对立的两极. 你信仰掷骰子的上帝,我却信仰客观存在的世界中的完备定律和秩序,而我正试图用放荡不羁的思辨方式去把握这个世界. 我坚定地**相信**,但是我希望:有人会发现一种比我的命运所能找到的更加合乎实在论的办法,或者说得妥当点,会发现一种更加明确的基础. 甚至量子理论开头所取得的伟大成就也不能是我相信那种基本的骰子游戏,尽管我充分意识到我们年轻的同事们会把我这种看法解释为衰老的一种后果. 毫无疑问,有朝一日我们总会看到谁的本能的态度是正确的.

爱因斯坦的这段话是深刻的,也是语重心长的,从中可以看到他与玻恩的个人感情之深[2]. 但是,在基本的学术观点上是不可退让的,这便是学者之间的友谊. 文中"我坚定地相信,但是我希望"这种表述是不通顺的,玻恩在整理他与爱因斯坦的书信往来准备出版时,写信问爱因斯坦这句话的意思,爱因斯坦是这样回答的:"我承认这句话是稀奇的,但是'相信'两字被你加了重号. 我打算把它删掉,代之以'我希望'."事实上,后来的科学发展证

---

[1] 参见:许良英,等编译. 爱因斯坦文集·第一卷. 北京:商务印书馆,2009:565~566.
[2] 爱因斯坦喜欢拉小提琴,而玻恩钢琴弹得很好,因此两人经常在一起合奏.

明,玻恩的研究思路和方法是非常有意义的,也如我们在第四辑中所谈到的那样,世界上许多事情的发生,我们不可能事先就精确地预测事情发生的状态,这不仅表现在社会科学也表现在自然科学上.我们宁可作这样的判断,世界上的事情都是以随机规律发生的,只是有些事情的结果更加必然一些,有些事情的结果更加或然一些.

◀这就不是像哲学上所说的"必然通过偶然表现"那样简单了,因为事件的本质是以概率发生.

就是因为这种学术观念的差异,使得玻恩直到他退休以后的 1954 年才获得诺贝尔物理学奖,这也是诺贝尔物理学奖中值得提及的故事.

波函数与薛定谔方程.德·布罗意提出物质波以后,在戴维孙、革末和汤姆孙通过电子衍射实验验证这个结论之前,薛定谔就研究了电子的波动性质,于 1926 年的上半年连续发表了四篇文章,题目都是"作为本征值问题的量子化",系统地阐明了波动力学理论,并且在同一年他证明了波动力学与矩阵力学是等价的,进一步确立了量子力学的理论基础.其中薛定谔用波动方程构建了微观粒子运动状态的模型,后来人们称其为**薛定谔方程**.薛定谔方程奠定了波动力学的基础,相当于牛顿方程在经典力学中的作用.这样一类基础性的方程都有一个共同点,就是这类方程的正确性不是借助假设来证明,而是通过实践来验证.由此可以进一步看到,通过数学的语言和方法构建模型的必要性:如果没有数学语言和方法的符号表述,自然科学将无法与大自然对话.

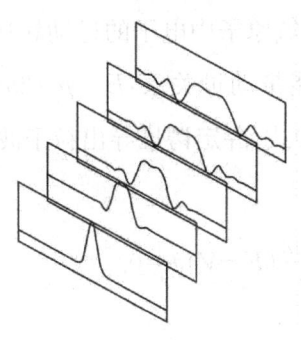

图 4.18 波函数是一个概率分布

如图 4.18 所示,波函数 $\psi(x,t)$ 是一种特殊的概率分布,图中波峰高意味着在时刻 t 粒子出现在那个地方的概率比较大.因为波函数通常为一个复函数,于是薛定谔用这个函数模量的平方表示概率:在时刻 t 粒子出现在位置 x 附近一个邻域 dx 的概率为 $\|\psi\|^2 dx$.因此,在任何时刻波函数模量平方在全空间的积分都等于 1,即

$$\int |\psi(t,x)|^2 dx = 1.$$

这样,波函数表示的并不是实在的波,而是一种概率波.波函数的方法与经典力学是大相径庭的,经典力学,无论是牛顿力学还是爱因斯坦的相对论,得到的结论都是确定性的,而波函数表述的是一种可能性.关于这个差异,薛定谔是这样解释的[①]:经典力学只是一种近似,它对于非常微小的系统不再适用.薛定谔给出的数学表达是

---

① 参见:薛定谔讲演录.范岱年,胡新和译.北京:北京大学出版社,2007:7.

第四讲 关于力和运动的模型

让人信服的,从氢原子中电子的运动轨迹出发,根据经典力学中的粒子能量动量关系:$E=p^2/2m+V$和德·布罗意关系(4.23)式,薛定谔推导出粒子波函数方程为

$$\frac{\partial^2}{\partial x^2}\psi+\frac{8\pi^2 m}{h^2}(E-V)\psi=0.$$

◀ 这句话述说了问题的根本,在大范围内,可以忽略随机因素的干扰,但在小范围内就不可以了.

这是一个二阶偏微分方程,其中第一个式子表示的是二阶偏微,E 表示粒子能量①,V 表示粒子所处势场②,m 为粒子的质量.这便是有名的薛定谔方程.

薛定谔的猫.薛定谔方程描述了原子世界中基本粒子的运动规律.薛定谔建立波函数方程的本意,是希望摆脱基本粒子的波粒二象性这种在经典力学中不可思议的解释,甚至希望重新给出时空连续的合理解释.关于这个话题,我们在下一个议题中再详细讨论.薛定谔的想法是充满矛盾的:在原子世界中,用概率描述运动规律是可以的;在现实世界中,对运动规律的描述必须是确定性的,否则,这个世界上将会有许多事情是无法解释的.回忆我们在第四辑第5.4节曾经引用过的爱因斯坦的一段话:③

◀ 事实上,运动规律的描述也应当有随机扰动,只是这些随机扰动的均值为零.

相信世界在本质上是有秩序的和可认识的这一信

---

① 参见(4.22)式和(4.23)式.
② 薛定谔认为:关于 V,我们只需要假定它仅仅依赖于电子坐标与原子核坐标之间的距离;参见:薛定谔讲演录.范岱年,胡新和译.北京:北京大学出版社,2007;25.
③ 参见:爱因斯坦文集·第一卷.许良英,范岱年译.北京:商务印书馆,1976;284.

念,是一切科学工作的基础.这种信念是建筑在宗教感情上的.

    基于同样的宗教感情,薛定谔在1935年发表了一篇题为"量子力学的现状"的论文[①],其中提到了后来被称为薛定谔的猫的悖论:假设把一只猫放在一间装有放射性元素和毒气的密封罐的房间里,假设放射性元素发生衰变则密封罐破裂,毒气溢出,猫死亡.现在的问题是,放射性元素是以概率发生衰变的,也就是说,放射性元素处于衰变和不衰变的叠加状态,因此,猫就将处于死猫和活猫的叠加状态,这是不可能的.这样,薛定谔就通过一个思维的实验把原子世界的物理规律与现实世界的物理常识联系起来,得到一个悖论,因为在现实世界中,一只猫要么是活的,要么是死的.因此,薛定谔推断:不能用量子力学的理论来描述现实世界,或者说,量子力学是不完备的.

> 这个问题能成为悖论吗?

    "薛定谔的猫"这个悖论对如何解释量子力学,甚至对基于量子力学构建的物理模型本身提出了质疑.可以看到,薛定谔的想法与爱因斯坦是一致的,因为我们前面引用的爱因斯坦关于"上帝不抛掷骰子"那封信的标题就是[②]:客观世界的完备定律及其他.为此,我们必须认真分析量子力学对物理学,进而对构建自然界模型所带来的理念上的变化.

> 客观世界的规律是否存在?人们应当如何认识客观世界?

----

① 原载德国《自然科学》(Naturwissenschaften),第23卷.
② 参见:爱因斯坦文集·第一卷(增补本).许良英,等编译.北京:商务印书馆,2009:563.

第四讲 关于力和运动的模型

量子力学与经典力学. 在经典力学中,一个系统的模型描述是通过某一时刻的位置坐标和运动速度实现的.在这个系统中,运动方程可以根据初始条件完全确定这一时刻以后的行为,比如对彗星回归的预测、对水星近日点的预测、对日食月食的预测等等.但通过上面的讨论可以看到,这样的原则在原子世界以及描述原子世界的量子力学模型中是不可能的.这样,从哲学角度思考,量子力学与经典力学至少在三个本质问题上是相悖的:

◀ 这对传统物理学,甚至对传统哲学提出了挑战.

第一,经典力学的时间和空间是连续的,是可以描述的,描述时间和空间的精确度是可以无限接近的;量子力学的时间和空间是间断的,其精确度不仅与物质的能量、动量有关,并且与量子的基本单位普朗克常数 h 有关.

第二,经典力学(包括狭义相对论和广义相对论)遵循严格的因果关系,人们可以通过运动方程作出必然性的预言;量子力学的波函数是基于概率的,其中的概率又是通过统计方法诠释的,因此人们只能给出或然性的预言[①].

第三,经典物理认为客观存在的事物应当具有确定的形式和性质;量子力学认为原子世界的基本粒子具有波粒二象性,既可以是粒子.也可以是波动.

正是因为这些差异,量子力学从其萌芽状态即量子

---

① 今天,由于半个多世纪科学技术的发展,已经有可能对单个量子客体(例如,一个原子,一个光子,一个电磁振子)作重复测量.测量结果都服从 1925~1926 年期间所提出的概率量子定律,因此,这些结果已经成为现代量子信息科学的学科基础.参见:玻恩—爱因斯坦书信集·新版序言.范岱年译.上海:上海科技教育出版社,2010:32.

> 自亚里斯多德以来,物理学从来没有与哲学有过如此紧密的联系.

论开始就不断地受到质疑,引发那个时代的物理学家们广泛而深入的争论,这场争论至少延续到 20 世纪 50 年代.因此,20 世纪初的理论物理学家大多数都是哲学家,他们关于物质存在、物质运动、时间空间、因果关系等哲学范畴的论述是极为深刻的,当然,要真正理解他们的论述也是非常困难的.他们主要分为两派,一个被称为经典力学派,一个被称为哥本哈根学派.

经典力学派. 主要代表人物包括爱因斯坦、劳厄[①]、德·布罗意、薛定谔等著名的物理学家.他们之所以被称为经典力学派,是因为这些学者坚持经典力学的基本原理,他们认可量子力学的存在,认可通过量子力学得到的一些计算结果,但是,他们始终认为量子力学只是一个过程性的描述,不能成为最终的物理模型.他们坚信:真正的物理模型必须能够给出必然性的预言.关于这一点,正如爱因斯坦 1926 年在一封信中所写的那样:[②]

> 量子力学固然是令人赞叹的.可是有一个内在的声音告诉我,它还不是那真实的东西.这个理论说了很多,但一点也没有真正使我更加接近上帝的秘密.无论如何,我都深信上帝不是在掷骰子.

---

① 冯·劳厄(Max Von Laue 1879~1960)是德国物理学家,因发现 X 射线在晶体中的衍射获得 1914 年诺贝尔物理学奖.
② 参见:玻恩—爱因斯坦书信集.范岱年译.上海:上海科技教育出版社,2010:105.

第四讲 关于力和运动的模型

可以看到,这一派的学者坚持的正是柏拉图所说的理念.柏拉图认为:经验是重要的,但经验也是不可靠的,只有理念才是真正的存在(关于柏拉图理念的详细讨论,可以参见第二辑最后一讲).老年时的爱因斯坦把经典力学派的观点述说得更为确切:①

◀ 这也如康德所说的那样:普遍真理具有内在的必然特性,不应该依赖经验,有其自身的明晰性和确定性.

我从引力论中还学到了另外一些东西:经验事实不论收集得多么丰富,仍然不能引导到提出如此复杂的方程.一个理论可以用经验来检验,但是并没有从经验建立理论的道路.像引力场方程这样复杂的方程,只有通过发现逻辑上简单的数学条件才能找到,这种数学条件完全或者几乎完全决定这些方程.

◀ 爱因斯坦说出了现代研究的特征.

从物理学或者自然科学的角度思考,经典力学派的学术观点集中体现在 EPR 悖论之中.爱因斯坦与同事波多尔斯基(Boris Podolski,1896～1966)和罗森(Nathan Rosen)于 1935 年在美国《物理评论》第 47 期发表了题为"物理实在的量子力学描述能否认为是完备的"的论文,在文章中他们提出了一个论证量子力学的不完备性悖论.后来人们称这个悖论为 EPR 悖论,其中 EPR 是这三位物理学家姓的头一个字母.这个悖论的基础是完备性条件和实在性判断:②

---

① 参见:狭义与广义相对论浅说・附录Ⅱ.杨润殷译.胡刚复校.北京:北京大学出版社,2006:160.
② 参见:爱因斯坦文集・第一卷.许良英,范岱年译.北京:商务印书馆,1976:328～335.

完备性条件：物理实在的每一个元素都应当在理论中有它的对应.

实在性判断：要是对于一个体系没有任何干扰,并且,如果能够确定地预测(即概率等于1)一个物理量的值,那么对应于这一个物理量,必定存在着一个物理实在的元素.

可以看到,上述两个命题是建立在绝对理想状态上的,我们来分析这个问题.首先分析完备性条件,在任何一个描述自然现象的理论体系之中,物理实在元素都将是不胜枚举,因此,要建立一个物理模型就必须化简现实背景,只能选择那些最重要的物理实在元素(爱因斯坦就是这么做的).比如引力,即便有万有引力这个基本原则,我们也不可能把所有物体的引力都考虑到一个引力模型之中,否则这个模型将会过分庞杂,而庞杂的系统模型将会导致这个系统模型没有任何预测功能,甚至出现所谓的"蝴蝶效应".其次分析实在性判断,经验告诉我们,即便是通过模型预测到了一个物理量,也很难断定这个物理量是否恰好对应于一个物理实在元素,而不是对应于一些物理实在元素的交互作用.比如关于天气预报的模型,就很难分辨清楚某个状态的出现是哪一个物理实在元素作用的结果,因为在大多数情况下,对天气的影响是一些物理实在元素交互作用的结果.事实上,EPR 三人也意识到实在性判断是难以实现的,因此他们说这只是充分条件而不是必要条件.

▶ 人们在作任何一件事情时,都不可能考虑到所有因素,这是生活经验所告诉我们的.

▶ 比如中药,就非常重视君臣佐使.

第四讲 关于力和运动的模型

即便如此,EPR 三人还是在上述两个命题的基础上,通过思维实验构想出下面的悖论:根据海森伯测不准原理:$\Delta V \times \Delta X \geqslant h/2\pi$,当一个物理量已知时,另一个物理量就不具有物理实在性. 更一般的,考虑海森伯关系式,参见(4.21)式,其中两个物理量是不可对易的:$PQ \neq QP$,这样,得到其中一个物理量的准确知识,就会排除另一个物理量的准确知识. 因此,只能得到下面的结论:

要么(1)由波动函数提供的关于实在的量子力学的描述是不完备的,要么(2)当两个物理量的精度不能同时达到或者算符不可对易时,这两个物理量就不能同时是实在的.

可以看到,从出发点开始,EPR 悖论无论是问题的阐述过程还是最终得到的结论都是令人费解的. 但是,他们想述说的事情本身还是清楚的:在一个理论体系中,实在物理量与其性质是并存的,如果只知道实在物理量而无法确切知道这个物理量的性质,那么,这个理论体系就是不完备的. 因此,从上面的悖论知道:量子力学是不完备的.

◀首先应当提出的问题是,这个完备性本身是不是有意义的,是不是可行的.

事实上,正如第二辑第七讲所描述的那样,德裔美国数学家哥德尔(Kurt Godel,1906~1978)证明了:一个数学公理体系是相容的就不可能是完备的. 毋庸置疑,人们首先追求的是理论体系的相容性,然后才是完备性,对于数学公理体系是这样,对于物理学的理论体系也应当是这样. 这或许就是一切封闭体系的局限性,我们应当清楚:要判断一个理论体系本身的性质,不能不借助体系外的某些东西作为参照物.在这个意义上,"薛定谔的猫"这个悖论则能够更好地表达爱因斯坦的思想,因此,爱因斯坦在1939年和1950年写给薛定谔的两封信中,都写道①:揭示了量子力学描述物理实在不完备性的最巧妙方法;并且提出,应当进一步发展完备的描述.

哥本哈根学派.这一派的学者包括玻尔、海森伯、玻恩、泡利②以及我们下一节还要讨论到的狄拉克等著名物理学家.他们之所以被称为哥本哈根学派,除却这个学派的领袖玻尔是丹麦哥本哈根大学理论物理研究所③的所长之外,还因为这个学派主要人物的经历都与这个研究所有关.哥本哈根学派认为应当尊重观测到的事实,物理定律的主要任务是描述现实世界,因此他们认为④:所发生的事情依赖于我们观测的方法,依赖于我们观测的事实;原子事件的时空描述是对决定论描述的补充.

▶ 这是伽力略所提倡的物理学的主要任务.

1927年海森伯提出测不准原理之后,玻尔又于1928年提出了互补原理,进一步对量子力学的哲学原理或者说逻辑思路进行阐述.互补原理的基本思想是:任何事物都有不同的侧面,因此,在有些情况下,对一个事物进行

---

① 参见:薛定谔讲演录.范岱年,胡新和译.北京:北京大学出版社,2007:160~161.
② 泡利(Wolfgang Pauli,1900~1958)是美籍奥地利物理学家,1922年在哥本哈根理论物理研究所工作.
③ 研究所建立于1921年,是玻尔建议建立的,被称为量子力学的诞生地.有过在哥本哈根理论物理研究所经历的学者中获诺贝尔物理学奖的超过10人.1965年,为了纪念玻尔诞辰80周年,这个研究所改名为玻尔研究所.
④ 参见海森伯.物理学和哲学:现代科学中的革命.New Youk:Harper,1958:第三章;也参见:薛定谔讲演录.范岱年,胡新和译.北京:北京大学出版社,2007:6.

第四讲 关于力和运动的模型

研究时,承认了事物的一些侧面就不得不放弃另外的一些侧面,在某种意义上这些侧面之间是"互斥"的;另一方面,所放弃的另外那些侧面不是不重要的,为了了解事物的全貌,在适当的条件下,还必须了解那些侧面的性质,在这个意义上那些侧面又是"互补"的.这种事物不同侧面之间的"对立统一"就构成了互补原理.比如,对于波粒二象性的理解[①]:一方面粒子和波动是两个理念层面的经典概念,在逻辑上是不能同时并存的,因此是"互斥"的;另一方面,每一个经典概念,无论是粒子还是波动,都不足以全面表述原子世界中的量子现象,只有二者合并使用才能实现完备描述,因此二者又是"互补"的.同样的道理,位置与动能、时间与能量也是如此;甚至更为一般的,原本可以同时并存的经典概念在量子力学中也成为互补概念,比如,时空的描述、因果的描述、观察测量与状态确定等等就是如此.在爱因斯坦等三人提出 EPR 悖论之后,玻尔紧接着在杂志的下一期即 1935 年《物理评论》的第 48 期,发表了同样题目"物理实在的量子力学描述能否认为是完备的"的论文,其中再次强调了互补原理.玻尔是这样说的:[②]

◀ 在有些情况下,认识一个事物的全貌是困难的,往往需要通过局部观察,然后综合.

◀ 这是一种全新的认识世界的方法.

> 事实上,只有允许一些互补物理量的无歧义定义的任何两种实验程序的互斥性,才给新的物理规律留下了余地,而那些新规律的并存,初看起来似乎与科学的基本

[①] 参见:薛定谔讲演录.范岱年,胡新和译.北京:北京大学出版社,2007:158.
[②] 参见:卡耳卡尔.尼耳斯·玻尔集:第七卷(1933~1958).戈革译.北京:科学出版社,1998:242.

原理不可调和,但互补性这个观念所要表征的,正是这种描述物理现象的全新的观念.

这样,哥本哈根学派就以玻尔的互补原理、海森伯的测不准原理和玻恩的概率波原理为核心,形成了一个崭新的对物理世界的认识论,这种认识论对量子力学的发展起到了积极的推动和指导作用.一个不争的事实是,如果没有哥本哈根学派这种尊重事实、积极进取、勇于创新的科学精神,就不可能有量子力学今天的发展.

> 无论如何,在尊重事实的基础上进行科学研究是必要的,也是可行的.

经典力学派与哥本哈根学派的争论延续到20世纪50年代,虽然直到最后这两派的观点也没有统一,但在长期的争论过程中,争论的双方逐渐理解了对方观点中的那些合理内核,争论的双方也不断地调整自己的认识,使得这场争论逐渐趋于和缓.特别是当玻恩1954年获得诺贝尔物理学奖之后,爱因斯坦去信祝贺,爱因斯坦是这样说的:[1]

我很高兴地听到你因为对量子论的基本贡献而荣获诺贝尔奖,虽然这晚的出奇.当然,特别是,你随后作出的对量子描述的统计诠释决定性地澄清了我们的思想.在我看来,对这一点已根本没有怀疑,尽管我们对这个课题有过没有明确结果的通信.

---

[1] 参见:玻恩—爱因斯坦书信集.范岱年译.上海:上海科技教育出版社,2010:224.

第四讲　关于力和运动的模型

对于爱因斯坦的这封信,玻恩是这样解释的:

> 1932 年我没有同海森伯一起获得诺贝尔奖,当时这带给我很大的伤痛,……所以获奖给我带来的惊喜更为巨大,……但这一承认毕竟延误了 28 年.这事并不奇怪,因为量子论初创时期的大人物全都反对统计诠释:普朗克、德·布罗意、薛定谔,尤其是爱因斯坦.要瑞典科学院对他们那么有分量的声音作出反对是很不容易的,因此我不得不等待,直到我的想法已成了所有物理学家的共同财富之后.这有不小的部分要归功于尼尔斯·玻尔和他的哥本哈根学派的合作,今天,几乎所有地方都把我开创的思路归于这个学派的名下.

◀ 由此可见,对学术成就的评价是困难的,特别是对一个全新的理论,或者一个全新的方法.

显然,后世的学者很难也没有那个能力更多地评价那场争论,甚至很难理解那个时代的大师们为什么会有如此纯真的激情去坚守自己的信仰,正如美国物理学家戴森(Freeman Dyson,1924～　)自嘲的那样:"在 20 世纪 40 年代到 50 年代初,革命派是老头儿,保守派是年轻人.老的革命派每一个人都有一个疯狂的理论,并且都认为他的理论是理解一切事物的关键.……而像我们这样的年轻人却认为,所有这些著名的老人都是在愚弄他们自

◀ 失去了纯真的激情,就很难有深刻的思想.

己,所以我们成了保守派."①

现代科学技术的发展以及理论物理学家们研究兴趣的转移是爱因斯坦、玻尔那个时代的大师们所始料未及的.随着现代技术的飞速发展,特别是电子计算机越来越走向显示其强大的功能,使得现代科学研究越来越深入也越来越细致,进而,研究手法也越来越自由.现代科学家逐渐明白,即便是不同的理论或者不同的数学模型,也可以对同一现象作出合理的解释,在哲学上称其为**实证对**等.比如,量子力学中的海森堡模型与薛定谔模型就是一种实证对等.因此,对于这场争论所表现出来的、认识世界的基本哲学原理,现代学者认为是无足轻重的,正如量子电动力学的创始人、1965 年诺贝尔物理学奖的获得者、美国物理学家费曼(Richard Feynman,1918~1988)所说的那样:②

> ▶ 这种现象最初出现在社会科学,后来又影响到了自然科学.

在我看来,我看不出有什么真正的问题.我无法界定真正的问题是什么,所以我怀疑真正的问题并不存在,可是我并不确定真正的问题不存在.

……

大自然只用最长的线来编织它的图案,所以每一小片布块都可以展露出整幅织锦的组构方式.

---

① 参见:玻恩—爱因斯坦书信集.范岱年译.上海:上海科技教育出版社,2010:35.戴森是量子电动力学的创始人之一.1965 年诺贝尔物理学奖决定奖励创建量子电动力学的功臣,但因为至多只能奖励三人,于是奖励给了费曼、施温格(Julian Schwinger,1918~1994)和朝永振一郎(Tomonaga Shinichiro,1906~1979),原因是戴森的贡献主要是在数学方面.参见:[美]格雷克.费曼传.黄小玲译.北京:高等教育出版社,2004:419~420.
② 参见:[美]格雷克.费曼传.黄小玲译.北京:高等教育出版社,2004:13.

第四讲　关于力和运动的模型

我想,在爱因斯坦、玻尔那个时代的大师们看来,后世学者的这些看问题的方法很可能是玩世不恭的,至少是不求上进的.可是,我们也应当看到,随着现代科学技术的发展,人们的期望值也越来越高了,甚至高到难以承受的地步.我们举一个简单的例子,比如彗星回归的问题:在牛顿时代,如果能够预测到哪一天、在地球上的哪个地方能够看到,就已经是奇迹了,这样的故事人们至今仍然传颂;在爱因斯坦时代,或许可以精确到哪一天的几点钟,而人们对此已经是熟视无睹了;而在今天,人们则会要求精确到哪一秒钟出现在哪一点上.很显然,为了达到越来越精细的要求,所构建的数学模型就必然越来越复杂.历代大师们都在述说,一个好的表达规律的数学模型应当是简单优美的,可是在今天,随着人们对问题认识的深入和细致,近代学者们不能不提出这样的问题:一个简单优美的、能够精细而又全面地描述自然现象的数学模型存在吗？这样的模型是唯一的吗？

◀反过来,现实世界又对数学模型本身提出了挑战.

§4.7　关于力和运动模型的小结

关于力和运动,我们已经讨论得太多了.事实上,还有许多问题是值得讨论的,但也应当看到,讨论的问题过多过细反而会冲淡这本书的主题.基于这个原则,虽然下面的构建模型的工作几乎都是划时代的,我们也就一笔带过了.

1933年与薛定谔一起获得诺贝尔物理学奖的英国物理学家狄拉克(Paul Dirac,1902～1984)建立了量子场论模型,这个模型把量子论引入了电磁场,开辟了用场论研究量子的途径.狄拉克把相对论、量子和自旋这些似乎无关的概念和谐地结合起来,建立了相对论形式的薛定谔方程,也就是著名的狄拉克方程.根据他所构造的数学模型,狄拉克于1930年预言:带正电的电子(即正电子)存在;于1931年预言:电子与正电子成对产生和湮没;于1933年预言:反粒子即反物质存在.可以想象,在那个时代,这些预言都是骇人听闻的,但时隔不久这些预言都相继得到了证实.1932年,美国物理学家安德森(Carl Anderson,1905～1991)在宇宙射线(一种来自宇宙的具有相当大能量的带电粒子流)中发现了正电子;同年,英国物理学家布莱克特(Patrick Blackett,1897～1974)在用云室观察宇宙射线时发现了电子—正电子成对产生和湮没的现象,与此有关,布莱克特获得1948年度诺贝尔物理学奖;20世纪50年代,美国科学家利用高能粒子碰撞相继发现了反质子和反中子.不难想象,狄拉克的这些预言,不仅开创了现代物理学研究的新纪元,同时在哲学上深刻地改变了人们对于世界的认识.以至于有些现代物理学家认为,为了宇宙中能量的和谐,引力场应当具有负能量,这个负的能量正好抵消了物质所代表的正能量,因此宇宙的总能量为零[①].

> 从数学模型中可以推演出许多令人振撼的结论,但这些结论的正确与否必须依赖于实际观察.

[①] 参见:史提芬·霍金.时间简史.许明贤,吴忠超译.长沙:湖南科学技术出版社,1994:120.

第四讲 关于力和运动的模型

另一方面,物理学家们希望得到一个统一的数学模型,使得这个模型能够整体描述宇宙的力和运动规律,包括星际世界、生活世界和原子世界这三个世界.至少到现今为止,人们认为"场"这个概念是用来描述力和运动规律最合适的载体,于是称这个设想的数学模型为统一场.爱因斯坦为研究统一场耗尽了他的后半生.不难想象,这个理论的实质就是:把经典力学(包括相对论)的数学模型与量子力学的数学模型有机结合,因为这样的结合就使得新模型能够统一解释四种力(包括引力、电磁力、强核力、弱核力)的存在形式和运动规律.为了构建研究统一场的基础,与弱等效原则相对应,爱因斯坦进一步提出了强等效原则,即构建一个类似"爱因斯坦电梯"那样的东西,使得等效原则不仅适用于星际世界和生活世界,同时适用于原子世界.我们前面谈到,基于弱等效原则的"爱因斯坦电梯"适用于星际世界和生活世界.

◀引力是一种非常特殊的力,这种力看不见摸不到,却日日处处能够被感觉到.

许多现代物理学家热衷于统一场的理论研究,为此作出了杰出的贡献.这些工作包括 1957 年诺贝尔物理学奖的获得者[①]、美籍华人杨振宁(1922~)与同事米尔斯

[①] 同年获得诺贝尔物理学奖的还有美籍华人李政道(1926~).这两位学者研究的是宇称守恒问题.在原子世界,基本粒子有一种被称为自旋的性质,这是一种类似轴对称的几何性质;一个点的自旋是 0,因为从任何方向看都是一样的;一个箭头的自旋是 1,因为必须旋转一圈,即 360 度才是一样的;一个双头的箭头的自旋是 2,因为只需要旋转半圈,即 180 度就是一样的;类似,更高旋粒子所需要旋转的角度越小;但有些粒子需要旋转两圈,这时的自旋是 1/2.宇称守恒是指粒子镜像定律不变,所谓镜像是指:右手方向自旋的粒子的镜像为左手方向自旋粒子,类似数学中所说的镜像变换.1956 年,这两位学者证明,对于弱力宇称守恒不成立,他们的同事美籍华人学者吴健雄通过实验验证了他们的结论.参见:史提芬·霍金.时间简史.许明贤,吴忠超译.长沙:湖南科学技术出版社,1994:79.

> 这些模型的提出是发人深省的,也是令人怀疑的.

> 即使如此,个案也不能作为一般规律.

> 事实上,我们还没有充分的理由来说明四维空间的合理性.

(Robert Mills,1924~1999)所构建的杨-米尔斯规范场①,以及现代理论物理学界极为热门的话题:超弦理论,这个理论甚至预言宇宙时空的维数是十维的②.

毋庸置疑,这些理论的提出或者说这些数学模型的提出,都能够很好地解释一些用已有的经典模型很难解释的自然现象.比如,在经典力学模型中,引力规律和光的规律是完全不一样的,遵循着不同的物理假设和数学方程,但如果在相对论原有的四维时空中再加上一维即加上第五维,那么就可以把光解释为:一种在第五维空间的振动,这就使得引力规律与光的规律能够在五维空间中统一起来,使得问题的描述更加清晰简洁③.

即便我们有一千条、一万条理由相信这些理论,相信这些数学模型,但是,至今为止,正如我们前面所谈到的那样,人们仍然想不出用什么样的方法来直接验证这些模型,想不出如何通过观察或者实验来认定这些模型的正确性.虽然想象是通往真理的桥梁,但是想象毕竟还只

---

① 1953年秋季,杨振宁到位于纽约长岛的布鲁克黑文国家实验室(Brookhaven National Laboratory,简称BNL)访问一年,与即将获得哥伦比亚大学博士学位的研究生米尔斯共用一个办公室.当时杨振宁正在思考如何将电磁相互作用中的规范变换导致电荷守恒的结果推广到同位旋守恒,米尔斯对这个想法也非常感兴趣,于是开始了两个人的共同研究,研究成果发表于1954年,即杨-米尔斯规范场.米尔斯后来回忆说:一些关键性的思想都是属于杨振宁的.这些资料是东北师范大学物理学院薛康教授提供的.

② 这个理论这样述说宇宙时空的维数:在大爆炸之前,我们的宇宙实际上是一个完美的十维宇宙,一个可能实现维际旅行的世界.然而,这十维世界是不稳定的,最终一裂为二,产生了两个分开的宇宙:一个是四维宇宙,另一个是六维宇宙.我们居住的宇宙就是在那个宇宙剧变时刻诞生的.四维宇宙像爆炸般膨胀,而它的孪生六维宇宙却在剧烈地收缩,直至收缩到无穷小的地步.参见:[美]加来道雄.超越时空:通过平行宇宙、时间卷起和第十维度的科学之旅.刘玉玺,曹志良译.上海:上海科技教育出版社,2009:31.

③ 参见:[美]加来道雄.超越时空:通过平行宇宙、时间卷起和第十维度的科学之旅.刘玉玺,曹志良译.上海:上海科技教育出版社,2009:8.

第四讲 关于力和运动的模型

是思维层面上的东西,这些东西的现实性必须通过现实的检验,于是,人们只能寄希望于未来,甚至是遥遥无期的未来.

从表面上看,所有的麻烦都是由量子、由普朗克常数引起的,因为在原子世界中,量子拒绝了能量传递和接受的连续性,进而拒绝了运动过程的连续性,拒绝了运动规律的确定性.这些给哲学带来的直接麻烦是:**拒绝了时空度量的精确性**.如果单纯地思考时间和空间,正如我们在第二讲和第三讲中所谈到的那样,可以任意精度地度量时间和空间,比如:基于锶的原子钟的精度可以达到7000万年差1秒;米的长度为光在真空中1/299792458秒所经过的距离.但是在原子世界,如果把时间和空间与物体的运动过程统筹考虑,薛定谔测不准原理决定了:无法任意精度地度量时间和空间.可问题的重要性恰恰在于,离开了物体的运动,单纯思考时间和空间还有什么意义吗?

自然界不是按人类认为合理的法则设计的,许多看起来似乎不可思议的现象,但在现实中却是意义非凡的,比如,原子世界中能量的不连续性.事实上,能量传递和接受的不连续性是保证我们这个世界存在的先决条件:[①]

◀许多最初看来不可思议的事情,当认识成熟以后,又令人认为是天经地义的.

虽然普朗克常数 h 的数值很小,但它保证了宇宙的存在.如果 h 严格等于零,那么,宇宙间的一切物质能量都将会在很短的时间内全部辐射.这是因为,当 h 为零意味着辐射将会连续发出,这将导致原子收缩,比如,氢原

◀普朗克常数竟然会有如此大的功效,是宇宙的守护神.

---

① 参见:[美]弗·卡约里.物理学史.戴念祖译.北京:中国人民大学出版社,2010:223.

子将以每秒 1 米的速率收缩,在 10^{-10} 秒后原子核和电子将碰撞在一起,原子或许就会在辐射的闪光中消失. 因此,量子论禁止了任何小于 $h\nu$ 的辐射发射,这就禁止了大多数原子的辐射发射,除非那些具有可供大量发射的原子.

比量子理论更让人惊奇的是宇宙爆炸模型:我们生活的宇宙起源于某一时刻的大爆炸. 这种学说给传统哲学带来的后果几乎是灾难性的,因为这个学说必然会导致这样的结论:时间和空间是在某个时刻突然产生的,那么,人们自然而然会提出这样的问题,在这个大爆炸之前,时间和空间不存在吗?

> 最使人尴尬的事情,就是在基本概念那里出了问题.

我们曾经反复述说,时间和空间是描述自然最为基本的概念,是描述物质的存在和运动规律的最为基本概念,人们通常会认为这样的基本概念的存在是"不言而喻"的,甚至会认为这些基本概念的存在可以是先验的,比如,康德就认为这样的基本概念是一种"纯粹直观". 但是,如果我们遵循下面的思路来思考问题,会发现问题并不那么简单.

牛顿的万有引力定律告诉我们,我们生活的宇宙中引力无处不在. 如果我们认定这个定律是宇宙的基本法则,并且,如果我们认定时间已经经历了无穷的过程的话,那么在这个引力的作用下,宇宙应当早已经收缩成为一个点. 但事实并非如此,这浩瀚的宇宙安然无恙,这是为什么呢? 就人类现今的知识范畴和思维深度而言,只

第四讲　关于力和运动的模型

可能想象出下面两种宇宙模型对这个问题进行解释.

第一种模型认为宇宙处于静止状态. 如果我们假设, 宇宙空间的所有位置都是等价的, 也就是说, 在宇宙空间的任何一个位置观察宇宙, 所看到的宇宙大尺度的特征都是一样的. 这样, 宇宙空间就是无限大的, 物质分布是均匀的, 即各个方向是同性的. 在这个假设下, 可以认为宇宙中任何一个位置所受的引力是平衡的, 就像我们在第一节所描绘的静力学中的平衡.

◀ 这就是传统的看法, 事实上, 就人类生存的时间和活动的空间而言, 可以认为时间是永恒的, 空间是无限的.

第二种模型认为宇宙处于膨胀状态. 如果我们假设, 宇宙空间是不断膨胀的, 并且这个膨胀的力大于引力, 那么, 宇宙就不可能收缩为一个点. 这就是宇宙膨胀模型的初衷, 这个初衷最终归结为宇宙大爆炸.

可以看到, 第一种宇宙模型是极不稳定的, 因为无穷多个力之间的平衡是不可思议的, 因为一个偶然的小小的误差就可能会打破这种平衡. 但几千年来, 人们对第一种宇宙模型深信不疑. 正是基于这种静态的宇宙模型, 伽利略、牛顿等伟大的科学家才认为时间和空间是绝对的; 虽然爱因斯坦否认了时间和空间的绝对性, 但这种静态的宇宙模型也深刻地影响了睿智的爱因斯坦. 事实上, 静态的宇宙模型与爱因斯坦引力方程, 即(4.16)式是不符的, 但为了使引力方程能够适用于这种静态的宇宙模型, 在发表广义相对论后的第二年即 1917 年, 爱因斯坦发表了题为"根据广义相对论对宇宙学所作的考查"的文章. 在这篇文章中, 爱因斯坦已经发现了问题所在: "如果我们真的认为宇宙在空间上是无限扩延的, 就必须给微分

◀ 有时候, 人们会对自己得到的结论表示怀疑, 如果这个结论不符合自己已有的观念, 伟大的爱因斯坦也是这样.

方程在空间无限远处加上边界条件. 我们是否可以规定这样的边界条件,这绝不是先验明白的."[1]为此,爱因斯坦对(4.16)式作了修改:[2]

$$R_{uv} - \frac{g_{uv}R}{2} = -\kappa T_{uv} - \lambda g_{uv},$$

上面最后一项是爱因斯后加上去的补充项,并且称其中的 λ 为宇宙常数. 对于这个后加上去的补充项,爱因斯坦是这样解释的:

  应当着重指出,即使不引进那个补充项,由于空间有物质存在,也可以得到正的空间曲率;我们所以需要这个补充项,只是为了使物质的准静态分布成为可能,而这种物质分布是与宇宙中星的运行速度很小这一事实相符合的.

  今天来看,这个补充项的添加实在是画蛇添足. 因为这个补充项,爱因斯坦没有提出宇宙膨胀模型,为此,霍金认为是"理论物理学所错过的重大机会之一". 后来爱因斯坦也放弃了这个补充项,并认为这个补充项是他一生中最大的失误[3]. 但是我们也应当看到,正是爱因斯坦

---

[1] 参见:爱因斯坦文集·第二卷.许良英,范岱年译.北京:商务印书馆,1977:351~363.
[2] 参见:福克.空间、时间和引力的理论.周培源,朱家珍,蔡树棠,等译.北京:科学出版社,1965:243.
[3] 参见:彼得·柯文尼,罗杰·海菲尔德.第一次推动丛书·时间之箭.江涛,向守平译.长沙:湖南科学技术出版社,1995:87.

第四讲 关于力和运动的模型

的这篇文章开启了近代宇宙学的研究,特别是,爱因斯坦在这篇文章中提出了宇宙是"无边"但"有限"的概念.在下面我们将会看到,这些概念为宇宙膨胀模型的解释提供了形象而生动的背景.

◀伟大的科学家往往能洞察出问题的本质.

1922年,苏联数学家弗里德曼(Alexander Friedmann, 1888~1925)通过对爱因斯坦引力方程的研究,从数学的角度论证了宇宙随时间不断膨胀的可能性,提出了宇宙膨胀模型.

河外天文学的奠基人、美国天文学家哈勃(Edwin Hubble,1889~1953)发现宇宙中普遍存在一种红移现象,这个发现为第二种宇宙模型即宇宙膨胀模型提供了强有力的证据.所谓红移现象是一种表现在星际运动中的多普勒效应,是奥地利天文学家多普勒(Christian Doppler,1803~1853)于1842年在《论双星的色光》这篇文章中提出的.多普勒效应论述的问题是:当波源与接收器之间有相对运动时,运动速度与波长之间的关系.人们都有这样的经验:当火车从远处开来,速度越快则笛声越刺耳,当火车远离而去,速度越快则笛声越柔弱.多普勒注意到了这种人们司空见惯了的现象,追究产生这种现象的原因,发现这种现象不仅仅发生于声波,而是具有一般性的:在运动的波源前面,波长变短,频率变高,会出现蓝移;在运动的波源后面,波长变长,频率变低,会出现红移;这种现象的强度与运动速度成正比.多普勒用下面的模型表达了这种关系:

◀日常生活中的许多现象,都有着深刻的物理学背景.

◀多么简单的表达式,但能解释许多非常复杂现象,这就是数学模型的魅力所在.

$$\frac{\lambda - \lambda_0}{\lambda_0} = \frac{v}{c},$$

其中 λ 为实际测得的波长，λ_0 为物体静止时的波长，v 为相对速度，c 为光速。这个模型也告诉我们光速是绝对的，因为，如果物体运动的速度大过光速，那么将会出现：迎面而来则频率变低，背离而去则频率变高，这与现实不符。多普勒效应在现实中应用广泛，比如，现代交通管理中使用的多普勒测速仪就是根据这个原理制作的，附加内容是：如果汽车超速了则即时拍照。在现代医疗诊断中，越来越广泛使用的彩超也是根据这个原理制作的。

20 世纪初，人们发现遥远星系也有红移现象。哈勃进行了大量的测量工作，发现远方星系的谱线均有红移，而且距离越远的星系，红移越大，于是得出重要的结论：星系都在远离我们而去，距离越远则速度越快。1929 年哈勃通过对已测得距离的 20 多个星系的统计分析，进一步发现星系退行的速率与星系距离的比例关系：

> 从现象到结论 ▶ 似乎只有一步之遥，但这一步的迈出却需要天才而大胆地想象。

$$Z = \frac{Hd}{c},$$

其中 Z 为红移量，c 为光速，H 被称为哈勃常数，d 是观察者与光源之间的距离。这个表达式意味着，红移量与距离之间是一种线性关系，这个表达式后被称为哈勃定律。

必须加以说明的是，去年即 2011 年的诺贝尔物理学奖分别授予了：美国天体物理学家、53 岁的波尔马特

第四讲 关于力和运动的模型

(Saul Perlmutter)、美国-澳大利亚物理学家、45 岁的布施密特(Brian Schmidt)以及美国天体物理学家、43 岁的里斯(Adam Riess). 这三位科学家都是通过对超新星的观测,发现宇宙不仅是膨胀的,而且膨胀速度不断加快,并且发现整个宇宙在不断地变冷. 在这之前,虽然人们认可了宇宙膨胀说,但普遍认为膨胀的速度应当是逐渐变慢的. 但他们发现,超新星发出的光比预期的要暗,根据多普勒效应,这就说明宇宙的膨胀速度在不断加快,因为如果宇宙膨胀速度越来越慢的话,超新星应该显得更亮.

◀ 聚合变热,膨胀变冷,这也是从生活经验中得到的结论.

现在的问题是,宇宙中的这种克服了引力的膨胀动力是从哪里来的呢? 似乎只能解释为宇宙大爆炸:这个动力是由于宇宙形成时的大爆炸所产生的. 依据这个思路追本溯源,只能认为我们生活的宇宙最初只是一个点,由于一次大爆炸形成了这个不断扩张的宇宙,时间与空间也随之产生. 如果是这样的话,那么,我们的宇宙只可能有两种结局,一种可能是大爆炸的初动力是无限的,这将导致宇宙无限制的膨胀,伴随着的是无限制的变冷,最终这个宇宙处于凝固状态;一种可能是大爆炸的初动力是有限的,这将导致宇宙的膨胀速度达到极限后开始变慢,当引力战胜初动力后,宇宙开始收缩,最终会再度凝聚为一个点. 不管怎么说,对于人类而言,这都是无限遥远以后的事情.

◀ 人类的好奇心促使人们无限地暇想.

现在有一个问题需要合理的解释:宇宙膨胀意味着宇宙中的每两个点之间的距离都在加大,这是可能的吗? 这似乎是一件不可思议的事情,但依据爱因斯坦模型,宇

> 真是一件不可想象的情景，有时数学模型会把人们引入奇思妙想。

宙是"无边"但"有限"的模型，这样，就可以解释这个问题了。我们可以想象一个气球，气球的表面是无限的，但整个气球所占的空间是有限的，在气球表面上任意点上一些点，如果吹气球让气球膨胀的话，球面上任意两个点之间的距离都在加大。这样，利用爱因斯坦已经为我们构建的四维时空模型，并且设想四维球体的球面是三维的，按照爱因斯坦的说法，我们就生活在这个三维球面上。我们不能不再次对爱因斯坦的想象力和直观表达能力表示震惊，虽然前面已经说过，我们无法直接经验四维以上空间的情况，但我们可以通过各种现象感觉到这种模型的合理性，至少到现在为止，还没有一种现象与这个模型相悖。

这样，人们就把时间和空间与物质的存在形式和运动规律有机地结合在一起了。从古至今，人们不断地创造各种数学模型来描述现实世界，不断用在现实世界中发现的新的现象来修正数学模型，使得这些数学模型能够很好地解释现实世界，特别是解释时间和空间、物质的存在形式和运动规律之间的关系。显然，这些关系是自然界最为基本的，因而也是最为本质的关系。通过这本书的讨论可以看到，人们对世界的认识将会是无止境的，因此，构建数学模型的过程也将会是无止境的。

附 录

试论周公确定"地中"的道理
—— 兼论对中华传统文化的影响

中国这个称谓的由来,大概与"地中"这个词有关.地中是一个表述地理方位的概念,是指天下的中心.那么,一个国家的称谓为什么会与地理方位联系在一起呢?这样的联系会给在这方土地上形成的文化与文明带来怎样的影响呢?

从传说的三皇五帝开始,历经夏、商、周,前后至少三千多年,在黄河流域和长江流域这片广袤的土地上,经历了部族纷争、部族联盟、建立国家的演变过程.可以想象,强势部族希望成为天下四方各部族的首领,就要建都立国;为了便于统治管理,都城就不能建立在偏远的地方.于是,正如《吕氏春秋·慎势》所说:"古之王者,择天下之中而立国,择国之中而立宫,择宫之中而立庙."这里所说的"天下之中"便是"地中"的意思.可是,在那个地理知识相当贫乏的年代,应当如何定义地中,又应当如何寻找地中呢?下面一段文字给出了问题的答案,也是本文分析的重点.史料记载,周公建都选址采用的就是文中所说的方法,因此有本文的题目.这段话出自《周礼·地官·大司徒》：

以土圭之法测土深，正日景，以求地中．日南则景短多暑，日北则景长多寒，日东则景夕多风，日西则景朝多阴．日至之景尺有五寸，谓之地中：天地之所合也，四时之所交也，风雨之所会也，阴阳之所和也．然则百物阜安，乃建王国焉，制其畿方千里耳封树之． (1)

在注释中，郑玄引用郑众的话说："土圭之长尺有五寸，以夏至之日立八尺之表，其景适与土圭等，谓之地中．今颍川阳城地为然."[①]其中所说的颍川阳城是指现在的河南省登封县告成镇，那里存有"周公观景台"等遗迹．据说登封告成的历史可以追溯到夏，对于"夏"字，《说文》的解释是："夏，中国之人也."由此可以想象，后来人们广泛使用的"中国"、"中原"、"中华"等称谓大概都与这个"地中"有关．但是，为什么用文中所说的土圭之法就可以确定地中呢？进一步，这样确定地中的道理是什么呢？

一、土圭之法

土圭是一种长度量器，土圭之法就是在太阳下立杆，通过杆子的日影长度来判断方位．虽然文(1)中叙述的是用土圭之法确定地中，但土圭之法的主要功能是确定四季，如《周礼·春官·典瑞》中所说，"土圭以致四时日月"，也如《尚书·尧典》中所说："期三百有六旬有六日，以闰月定四时，成岁."[②]根据《尚书·尧典》中记载，测定四季是尧指派羲和从事的在那个时代极为重要的工作，并且对羲和的成就给出了很高的评价．虽然是传说时

---

① 参见：[汉]郑玄注．十三经注疏·周礼注疏．[清]贾公彦疏．北京：北京大学出版社，2000：295～300．
② 在古汉语中"岁"与"年"的含义不同．岁是指某一气节，比如春分，到第二年这个气节这段时间，因此是指阳历的一年；年是正月初一到下一个正月初一这段时间，因此是指阴历的一年．参见：王力主编．古代汉语·第三册(第三版)．北京：中华书局，1999．

代的事情,但在殷商甲骨文中明确记载了土圭之法[①],可见历史之悠久.可以想象,在那个时代,准确测定四季对指导农业生产是非常重要的;并且据此可以推测,在那个时代中国已经步入农耕社会.

至少到了周,国家就已经有了专门掌管土圭的官员,被称为土方氏,如《周礼·夏官司马》中说:"土方氏掌土圭之法,以致日景."土圭之法的基本流程大概是这样的:在平台中央竖立一根杆子,测量这根杆子的日影长度.因为一天中正午时杆子的影子最短,就把这个长度定义为这一天的日影.远古时代的人们就发现,夏至时日影最短,冬至时日影最长.如果把夏至这一天的日影长度记下,那么,下一次同样的日影长度出现时,间隔的天数就是阳历一年的周期;当然,同样的方法也适用于冬至.进一步,取夏至和冬至日影长度的平均,用这个平均长度来确定春分和秋分的日影长度,这样就通过日影长度决定一年中最重要的四个节气.

古代中国在很早的时候就通过土圭之法测定一年是三百六十五天又 1/4 天,在《尚书·尧典》的注释中,孔安国用很大篇幅论证了这个事实[②].《后汉书·律历》中则说得更加明确:"日发其端,周而为岁,然其景不复,四周千四百六十一日,而景复初,是则日行之终.以周除日,得三百六十五度四分度之一,为岁之日数."这段话是说,观察夏至的日影长度,一岁过去后,日影长度不能重合,四岁即 1461 日过去之后日影长度才重合,所以一年的周期就必须用 4 除 1461,即得到一年为 365 日又 1/4 日.这样就可以确定,从远古时代开始,中国的农历即夏历就是阴阳合历,其中用阴历来记录日月的流逝,用阳历来确定节气的变化.因此,古代中国是用阳历来指导农

---

① 参见:肖良琼.科技史文集·10 辑.上海:上海科学技术出版社,1983:"卜辞中的立中与商代的圭表测景".

② 参见:[唐]孔颖达疏.十三经注疏·尚书正义.[汉]孔安国注.北京:北京大学出版社,2000:35. 至少到了殷商,就明确以 365.25 日为"岁实",参见:董作宾先生全集·乙编·第二册·第六章殷历沿革.台北:台湾艺文印书馆,1977:69.

业生产的.

下面,我们分析文中所说的土圭之法.文(1)中用来确定地中的土圭的长度为一尺五寸,具体方法是:夏至正午,立八尺长的杆子,称其为表,如果表的影长恰好与土圭吻合,那么这个地方就为地中.登封告成就是用这种方法被认定为地中的.可惜的是,与古代中国的大多数记载一样,文中只是记叙了过程和结果,而没有述说理由,如东汉蔡邕所说:"以八尺之仪,度知天地之象,古有其器,而无其书."[1]现在,我们不能不回答这样的问题:为什么通过这种方法测定出来的地方就是地中呢?

尝试性地分析先哲的思路.文(1)中所说的关键是:杆高8尺,影长1.5尺.实际上,这里诉说了一个直角三角形中两条直角边长度间的比例关系.在直角三角形中,直角以外的其余两个角都是锐角;对于大小不同的两个直角三角形,只要有一个锐角相等,那么,这两个直角三角形的直角边长度之比就必然相等.也就是说:知道锐角的大小就知道直角边长度之比;反之,知道直角边长度之比,就知道锐角的大小.这就是三角函数的基本原理,这个函数关系被称为正切.古人知道这个基本原理大概要早于知道勾股定理,因为勾股定理涉及的是直角三角形三个边长之间的关系,比两个边长之间的关系更为复杂.据此推断,古代中国应当在很早的时候就知道了这个基本原理.至少在四千年前,两河流域就知道了这个基本原理,因为在公元前1600年前的古巴比伦人就做出了三角函数的正切表[2].因此可以认为,古代中国广泛使用土圭之法的核心是考虑直角三角形中直角边长度之比,进而可以用这个比值来决定角的大小.为了以后讨论问题的方便,我们称这个角为日射角,参见图1中的∠a.

根据上面的讨论,从文(1)中可以得到两个数值:直角边长比和日射

---

[1] 参见《隋书》卷十九.

[2] 参见:梁宗巨.世界数学通史.沈阳:辽宁教育出版社,2001:203~207.

角. 通过计算可以得到:

$$直角边长比 = \frac{1.5}{8} = 0.1875, 日射角 = 0.1875 \text{ 的反正切函数值} = 10°37'.$$

我们惊奇地发现,通过日射角可以得到测量所在地的纬度,或者说,日射角与测量所在地的纬度是一一对应的. 下面讨论这个问题.

二、日射角与纬度的关系

古代中国很早就知道夏至,并且知道夏至这一天太阳距离北极星最近;同样,很早就知道北回归线,并且知道在夏至这一天的正午,在北回归线上立杆无影. 正如《吕氏春秋·有始》中所说的那样:"夏至日行近道,乃参与上. …… 日中无影,呼而无响,盖天地之中也."其中所说"乃参与上"是指日在头顶,这也为"日中无影"作了最好的诠释. 显然,用"日中无影"来判断"天地之中"是有一定道理的,但是必须看到,这种判断与《吕氏春秋·慎势》所说的"天下之中",以及在《周礼·地官·大司徒》中所说的"地中"是有区别的,我们将在下一节讨论这个问题.

现在需要回答的问题是:为什么在同一个太阳下,有的地方无影,有的地方有影呢? 我想,对于这种现象只可能有两种比较合理的解释. 第一种解释是,大地是圆的,或者是比较圆的,太阳距离大地很远,可以近似地把照射在大地这个圆球上的太阳光看做平行的,因此,有的地方无影,有的地方有影,如图 1 所示. 第二种解释是,大地是平的,或者是比较平的,太阳距离大地较近,因此,有的地方无影,有的地方有影,如图 2 所示. 现在我们知道,第一种解释是符合实际的. 但在古代中国,人们普遍认同的是第二种解释,"后羿射日"的故事就充分地说明了这一点. 可能当时的人们深切感悟到太阳像火炉一样给与大地热量,因此认为太阳这个火炉不会距离大地太远. 在下面的讨论中可以看到,虽然第二种解释不符合实际,但基于这种解释进行的土圭之法测量,以及计算的结果与基于第一种解释得到的结果是一样的,这是因为在局部范围内,可以认为大地是平的.

下面,我们基于上述第一种解释讨论日射角与纬度之间的关系. 如图1所示,用 A 表示北回归线上的点,夏至正午无影;用 B 表示登封告成,夏至正午有影,日射角 $\angle a = 10°37'$. 因为已经假设太阳光是平行的,根据平行线内错角相等的原理,地心角 $\angle AOB = \angle a$. 因为图中 $\angle b$ 是北回归线的纬度,因此,点 B 即登封告成的北纬度数就是 $\angle a + \angle b$.

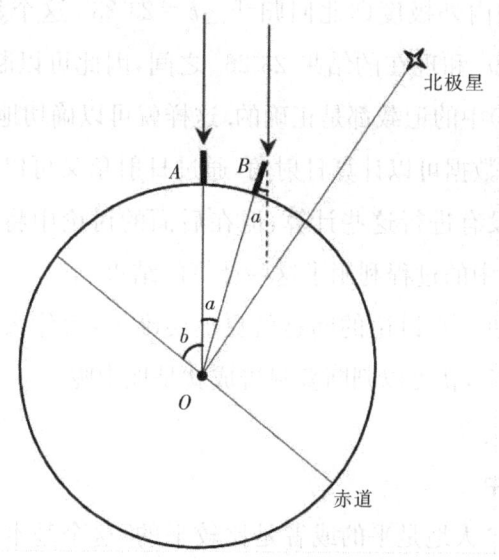

图1 日射角与纬度之间的关系

下面,验证这个结果是否正确. 下面的数据是已知的:登封告成在北纬 $34°23'$, $\angle a = 10°37'$, 北回归线 $\angle b = 23°26'$. 因此,可以得到 $\angle a + \angle b = 34°3'$. 比较 $34°3'$ 和 $34°23'$, 可以看到, 计算结果比实际数据大约要小 20 分(1

度为 60 分). 这个差异是由北极星的微小移动引起的[①]. 如图 1 所示,北极星的方向决定了赤道平面,赤道平面又决定了与北回归线之间的夹角. 历史资料表明,随着北极星的微小移动,这个夹角逐渐缩小,大约每年缩小 0.46 秒(1 分为 60 秒). 周距今大约 3000 年,据此推算,这段时间北极星大约移动了 $0.46 \times 3000 = 1380$ 秒,折算后大约为 23 分,这样就大体上抵消了上面计算的差异. 可以知道,3000 年前北回归线的北纬度数大约为 $\angle b = 23°49'$. 顺便说一句,大约距今 730 年前,忽必烈时代的郭守敬在全国设立了 27 个天文观测点. 这些观测点[②]南起南海(西沙群岛)、北至北海(贝加尔湖)、东起高丽(朝鲜半岛)、西至西凉州(甘肃威武). 郭守敬通过观测北极出地得到[③]:黄赤道内外极度即北回归线 $\angle b = 23°33'$. 这个数值恰好在 3000 年前的结果 $23°49'$ 和现在的结果 $23°26'$ 之间,因此可以断言,无论是我们的论证还是文(1)中的记载都是正确的. 这样就可以确切地说,通过文(1)中土圭之法测得的数据可以计算日射角,通过日射角又可以得到登封告成的纬度. 虽然先哲没有进行这些计算,但在后面的讨论中将会看到,文(1)中所叙述的确定地中的过程利用了这些计算的结果.

现在,需要进一步讨论的问题就更加明晰了:为什么依据夏至正午测得日射角为 $10°37'$,就可以判断登封告成就是地中呢?

三、何谓地中

我们将基于"大地是平的或者是比较平的"这个基本出发点来讨论古代中国是如何认识和判断地中的. 讨论的目的一方面是为了论证先哲判断

---

① 更确切地说,应当是地球自转轴方向发生微小移动. 早在晋代,天文学家虞喜就发现了这个现象,称其为岁差,如《宋史·律历志》记载:"虞喜云:尧时冬至日短星昴,今二千七百余年,乃东壁中,则知每岁渐差之所至."

② 参见:元史·天文·四海测验.北京:中华书局,1976:1000~1001.

③ 参见:元史·列传·郭守敬.北京:中华书局,1976:3851. 文中的角度是基于圆周是 365 又 1/4 来计算的.

问题的方法,以及由此得到的结论是对还是错,另一方面是为了探讨先哲的思维过程和哲理.毋庸置疑,这样的讨论对于把握古代中国思想,以及这些思想对中国传统文化的影响是非常重要的.

首先,我们讨论周公那个时代对于天体和地球的认识.中国自古就有天圆地方之说,比如在《大戴礼记·曾子天圆》中记载,曾参在回答单居离的问题时就明确说道:"如诚天圆而地方,则是四角之不掩也.且来,吾语女.参尝闻之夫子曰:天道曰圆,地道曰方,方曰幽而圆曰明."①

天圆地方的说法大概来源于"盖天说".盖天说是古代中国认识天体和地球的一种方法,古代中国还有两种学说,即宣夜说和浑天说,但这两种学说都要比盖天说晚,都是汉以后的事情.《晋书·天文上》和《隋书·天文上》中有关的记载是相似的:"(盖天说)本庖牺氏立周天历度,其所传则周公受于殷商,周人志之,…… 其言天似盖笠,地法覆盘,天地各中高外下.北极之下为天地之中,其地最高,而滂沱四隤,三光隐映,以为昼夜."②从这段述说可以知道盖天说起源很早:庖牺氏又称伏羲,被列为三皇之首,可见历史之悠久.但三皇五帝毕竟是一个传说的年代,因此文中说:"周公受于殷商,周人志之"大概是真的.由此可以推断:周公时代对天体和地球的认识主要是盖天说.

盖天说的核心思想是天地同形.天像一个斗笠,地像一个扣着的盆,虽然地几乎是平的,但天地二者都是中间高、四周低.因为周天是围绕北极运转的,因此北极最高;因为天地是相似的,因此北极之下的大地也最高.也就是说,天以北极为最高,地以北极之下为最高.这样,盖天说就此得到结论:北极之下为天地之中.

现在,关于"中"的确认,我们遇到了一个极大的矛盾:前面引用过的

---

① 参见:[清]王聘珍撰.大戴礼记解诂.王文锦点校.北京:中华书局,1983:98~99.
② 分别参见:《晋书》卷十一和《隋书》卷十九.

附录 试论周公确定"地中"的道理

《吕氏春秋·有始》中说"日中无影……盖天地之中"指的是北回归线；现在论述的盖天说的结论"北极之下为天地之中"指的是北极；而我们希望讨论的是，周公用土圭之法得到的"土圭之长尺有五寸……谓之地中"指的是登封告成。三者相距何其遥远，我们应当如何理解先哲的说法呢？这些说法的不同是不是因为"仁者见仁，智者见智"呢？如果是这样的话，那么，周公如此精心地测量地中就没有普遍意义了，进而，这个"中"对中国传统文化的影响也就非常有限了。

我想，我们应当强调的是，周公所说的"地中"是指"天下之中"，正如前面引用的《吕氏春秋·慎势》中所说的那样。虽然"天下之中"和"天地之中"只是一字之差，但在古代中国，这两个词所蕴含的意义是有很大差别的："天地"更多是指自然界的事情，"天下"更多是指人世间的事情。因此，就自然界而言，如果以"日中无影"为判断"天地之中"的准则，可以认为这个中是在北回归线；如果以"天地同形"为判断"天地之中"的准则，可以认为这个中是在北极。而周公所说的"天下之中"是指：当时中华各部族生活区域的地中，或者说，当时政权所能涉及范围的地中。因此，这里的"天下"与《史记·魏其武安侯列传》中所说的"天下者，高祖天下"的含义是一样的。下面，基于这个含义分析文(1)中确定地中的道理。

如果认定天圆地方就容易确定地中了：因为地是方的，首先定义四个边分别为东南西北；然后分别连接南北的中线和东西的中线；最后两条中线的交点就是地中。事实上，文(1)中采用的就是这种方法。后来，南北朝祖暅所发明的"五表法"测定地中实际上也是借用了这种思想[①]。下面，我们分别从南北和东西这两个方位分析文(1)中所说的土圭之法。

---

① 参见：《隋书》卷十九。

四、地中的南北方位

古代中国很早就以北极星为北,把人们生活的平面分为"四面八方",即东、南、西、北为四面;外加东北、东南、西南、西北形成八方,并且发明了八卦来表示这些方位. 更为深刻的是,古代中国至少到了周就已经开始用经线和纬线来表示平面上点的位置.《大戴礼记》中记载:"凡地东西为纬,南北为经."对这句话的注释为:"马注《周礼》云:东西为广,南北为轮."这就说明,在汉代被称为纬和经的概念在周代就已经有了,那时称其为广和轮. 因此,对文(1)中土圭之法原理的分析可以基于纬度和经度进行讨论,这一节将集中讨论纬度.

纬度大小的比较只限于对南北方位的判断. 我们在第一节已经分析了,土圭之法的本质是得到了日射角,而日射角的不同等价于纬度的不同,因此,现在需要回答问题的核心是:为什么"土圭之长尺有五寸"就可以确认南北方位的地中?《周礼·地官·大司徒》中关于文(1)那段话的解释是:

景尺有五寸者,南戴日下万五千里,地与星辰四游升降于三万里之中,是以半之得地之中也. 畿方千里,取象于日一寸为正.

对于上面的述说,后世学者的研究兴趣大多集中在文中"地与星辰四游"的含义,或者"景一寸地千里"的说法是否正确等等. 事实上,这句话最为本质的含义是:在夏至正午,在最南端8尺"表"的日影长为0尺;在最北端8尺"表"的日影长为3尺;1.5居0和3之中,如图2所示. 因此,从南北方位确认日影长1.5尺的地方为"地中"是合理的,即文中所说"是以半之得地之中也".

附　录　试论周公确定"地中"的道理

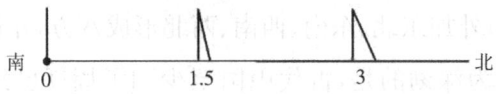

图 2　"地平"假设下日射角的分析

现在,我们分析图 2 中的数字所表述的地理方位. 第一节已经谈到,土圭之法得到的是直角三角形中两个直角边之比,这个比值可以通过反正切函数得到日射角,日射角加上 3000 年前的北回归角($\angle b = 23°49'$)可以得到测量地的北纬度数. 具体计算如下:

最南端:比值 $\frac{0}{8} = 0$,日射角 $\angle a = 0°$,北纬度数为 $0° + 23°49' = 23°49'$;

最北端:比值 $\frac{3}{8} = 0.375$,日射角 $\angle a = 20°31'$,北纬度数为 $20°31' + 23°49' = 44°20'$.

这就是周所认为的政权即"天下"能够达到的最南端和最北端的纬度. 下面,我们分析这些计算结果与当时人们对地理的认识是否吻合.

最南端是毋庸置疑的,如果沿着登封告成的子午线(经线),北回归线即北纬 $23°49'$ 是现在的广州附近,而广州以南就是大海了. 正如《山海经·南山经》的最后部分即《南次三经》中所说:"又东五百八十里,曰南禺之山."其中南禺山指的是广东的番山、禺山,这两座山在现在广州附近的番禺县①,那里的夏至正午"立表无影".

最北端需要仔细分析.查看地图,如果沿着登封告成的子午线,北纬 44°20′大概在阴山以北,是北部草原的尽头.虽然《山海经·北山经》已经明确记载了贝加尔湖,如《北次二经》中所说,"又北三百里,曰敦题之山.无草木,多金玉.是錞于北海"(这里所说的北海就是指贝加尔湖,苏武牧羊就是在那个地方,正如《汉书·苏武传》所说"乃放武北海上无人处"),但学者们普遍认为《北次二经》最早成文也是在战国以后,而《北次三经》才是西周古简:"总括北山三经……北至内蒙阴山以北直抵北纬四十三度逦北一线,这大概是不会错的."②因此,我们参照的对象应当是《北次三经》.谭其骧认为③这与我们上面计算的结果大体相当.因此可以认为,在周的初期,权利能够影响到的最北端就是如此,在那个地方,夏至正午"立表日影长3尺".我们甚至可以想象,当时的周人确实进行了实地立表测量,得到"影长3尺"的结论.

从图2中可以看到,这里出现了一个非常有趣的现象:如果假设大地是平的,太阳距离大地不是非常遥远,那么,用日影长1.5确定地中就是不正确的,因为根据投影原理,影长0到1.5的距离要小于影长1.5到3的距离.但是,正如第二节分析的那样,如果认为地球是圆的,太阳距离地球非常遥远,那么,用日影1.5来确定地中却是可以的.由此可以知道,古代中国先哲的直观能力是相当强的,往往不需要确切的理论框架,就能够把非常复杂的问题化简,并且应用得恰到好处.这种凭借直观的思维模式一直影响到现在.但也不能不看到,没有确切的概念和理论框架,即便得到的结论是正确的,每一个结果只能是个案.这种思维模式的缺点是:不利于被别人

---

① 参见:张步天.山海经解.香港:天马图书有限公司,2004:50~51.
② 参见:张步天.山海经解.香港:天马图书有限公司,2004:131.
③ 参见:谭其骧.长水粹编·论〈五藏山经〉的地域范围.石家庄:河北教育出版社,2000:327.

理解;不利于深入研究.因此,在对问题包括社会问题的研究中,应当有意识地把直观判断与理论分析结合起来,才能够得到有说服力的、能够作为继续研究基础的那些结论.

五、关于"景一寸地千里"

"景一寸地千里"是说,在同一经度,如果南北两地日影长相差一寸,则两地距离相差千里.历代学者特别是隋唐以后的学者普遍认为这个说法是错误的.我想,很可能是这些学者理解有误,因此需要仔细分析这个问题.

显然,这个命题涉及"里"的长度的定义.根据上面同样的方法,可以计算"景一寸"的两条直角边之比 $0.1/8=0.0125$,利用反正切函数得到日射角为 $\angle a=0°43'$,因此"景一寸"对应的角度大约为 0.716 度.因为地球近似为圆,经线周长大约为 4 万公里,1 度对应的长度大约为 $40000/360=111$(公里),因此"景一寸"对应的距离近似为 $111×0.716=79.5$(公里).

下面,用文(2)中的方法再次分析"景一寸"所对应的距离.如第一节的计算,登封告成的日射角为 $10°37'$,这就意味着登封告成与北回归线上的广州番禺的纬度大约相差 10.6 度,因此,两地之间的距离大约为 $111×10.6=1177$(公里),这个距离就是《周礼》中所说的 15000 里.因此,"景一寸"对应的距离近似为 $1177/15=78.5$(公里),这就是当时所认为的千里.

上面两种方法计算的结果相差不大,因此可以推断:就距离而言,周"千里"大约为 80 公里;周"一里"大约为 80 米.据此还可以进一步推测,周可能是用"百步"定义长度"里",因为成年男子的一大步约为 0.8 米,这样,1 里就是 100 步,就是 80 米.可以看到,这个关于"里"的定义与人们的传统认识相差很大①,因此,不能不作出必要的说明.

首先,我们上面推测的周"里"的长度与《山海经》中所说的"里"的长度是一致的.谭其骧在《长水粹编》中谈道:"自北号山南至太山,实距约为二百五六十里,折合汉里为三百五六十里,经文作一千七百二十里,约为实距五倍."②现在,我们来计算这些数据.按照我们的推测,周的 1000 里相当于现在的 160 里(80 公里),因为 1000/160＝6.3,说明周的 6.3 里大约折合现在的 1 里.又因为 1720/6.3＝257,这就说明,《山海经》中记载的距离 1720 里大约折合现在的 257 里,这与书中所说"实距约为二百五六十里"完全吻合.因此可以断言,如果谭其骧所提供的数据是正确的,则我们推测的周"里"的长度与《山海经》中所说的"里"的长度是一致的.

其次,能够清晰地回答历代学者对文中"景一寸地千里"提出的质疑.《隋书·志第十四·天文上》中记载,刘焯上书说:"周官夏至日影,尺有五寸.张衡、郑玄、王蕃、陆绩先儒等,皆以为影千里差一寸.言南戴日下万五千里,表影正周,天高乃异.考之算法,比为不可.寸差千里,亦无典说,明为意断,事不可."据此,刘焯建议进行实地测量进行验证.后来,唐一行作《大衍历》时进行了实地测量,据《新唐书·志第二十一·天文一》记载,最后得到的结论是:"大率五百二十六里二百七十步,晷差二寸余.而旧说王畿千里,影差一寸,妄矣."这样,学者们就普遍认为,这个结论彻底否定了"寸差千里"的说法.我想,问题并不那样简单,因为还有一种可能性是存在的,就是这些学者对周所说"里"的理解有误.从上面的文字中可以看到,虽然唐也认为"里"的基础是"步",但认为一里至少要多于三百步(因为文中的余数是二百七十步),这就与周关于"里"的定义大为不同.

---

① 参见:吴承洛.中国度量衡史.北京:商务印书馆,1937:46,95.第 46 页记载,商"一尺"约合 0.15 米,周"一尺"约合 0.19 米;第 95 页记载,周"六尺为步,……一里合三百步,即千八百步",这样,周"一里"约在 270～340 米之间.但应当注意到,书中所说的"里"与面积有关,而不是指单纯的长度单位.

② 参见:谭其骧.长水粹编·论〈五藏山经〉的地域范围.石家庄:河北教育出版社,2000:334.

附 录　试论周公确定"地中"的道理

我们认真分析这个问题.根据上面《新唐书》中的数据:日影长相差二寸,两地相差五百二十六里二百七十步,可以具体计算如下:日影长相差二寸,则直角边长比为 0.2/8＝0.025,对应日射角大约为 1.43 度,因此,两地相差距离大约为 111×1.43＝159(公里),折合 159000 米.如果文中是以 500 步为 1 里,则"五百二十六里二百七十步"折合为 263270 步,如果按 1 步 0.6 米计算,可以得到 0.6×263270＝157962(米),这个数字与 159000 米相当接近.可以推断,唐的"一里"为 500 步,一步长在 0.6 米左右,这是成年男子正常行走的步幅.这样可以折算,唐的"一里"大约为[①] 0.6×500＝300(米),与周的"一里"有很大差异.

事实上,唐的学者已经发现了上面所说的差异,只是没有说出其中的道理.在上面那一段文字后面,《新唐书·志第二十一·天文一》又说道:"凡南北之差十度半,其径三千六百八十里九十步."根据上面计算的、我们猜想的唐关于"里"的定义,"三千六百八十里九十步"近似为 300×3680＝1104000(米),即 1104 公里,这与我们上面计算的、从登封告成到广州番禺的距离 1177 公里相当接近;并且,两地的纬度之差为 10.6 度,与文中所说的"十度半"也是相当接近的.因此可以得到结论:一行以及历代学者的测量和计算结果与《周礼》所述不悖,只是计量单位有所不同.

以周所定义的"里"为基础,周公就实施了周建国的分封伟业:"凡建邦国,以土圭土其地而制其域:诸公之地,封疆方五百里,其食者半;诸侯之地,封疆方四百里,其食者参之一;诸伯之地,封疆方三百里,其食者参之一;诸子之地,封疆方二百里,其食者四之一;诸男之地,封疆方百里,其食者四之一."这段话出现在文(1)之后,表达了当时周的建国理念.据此可以知道,周的国家管理形式即国体是真正意义上的封建制.由此也可以看到,按照我们的计算结果,周分封的贵族领地都不大,因此后来小国林立,征伐

[①] 当然,如果 1 里定义为 300 步,那么,1 步的长度大约为 1 米.

不断.

六、地中的东西方位

我们知道,单纯凭借"景尺有五寸"这一个指标,只能判断南北方位,也就是说,在登封告成这个纬度,即北纬 34 度上测量日影,都可能得到这个指标.因此,单纯凭借"景尺有五寸"这一个指标来确定"地中"是不可以的,也是不可能的.事实上,古代中国很早就认识到了这个问题,并且采用了切实可行的方法解决了这个问题.

确定东西方位的距离,简单可行的办法就是利用时间.比如,在同样的纬度上,A 地在东边,日出的时间就要早一些,B 地在西边,日出的时间就要晚一些.正如《周髀算经》记载:"日在极东,东方日中,西方夜半.日在极西,西方日中,东方夜半."[①]进一步,还可以作这样的推断:A,B 两地日出时间之差与两地之间距离成正比.1220 年左右,元代科学家耶律楚材甚至给出了时间与距离的换算公式[②]:向东加之,向西减之.这样,如果取 A,B 两地时间的平均作为"标准时间",那么,在这个"标准时间"的正午测得日影最短的地方就必然是在 A,B 的中点.进而,如果点 A 在天下的最东端、点 B 在天下的最西端,那么在"标准时间"下,夏至正午测得"景尺有五寸"的地方必然是东西方位的"地中".可是,商周时代的人们可能建立起这样的认识问题的方法吗?答案是肯定的.

古代中国利用水流量来度量时间的流逝,主要是利用漏壶和刻漏这两种仪器.这两种仪器在原理上是一样的,都是用水壶泄水或者接水:漏壶以泄水量计时,刻漏以接水量计时.商周时代已经出现了这样的仪器,并且有专人负责,这就是《周礼·夏官》中所说的"挈壶氏".文中还有"凡军事,悬壶

---

① 参见:算经十书·上册.钱宝琮校点.北京:中华书局,1963:53.
② 参见:元史·卷五十六.北京:中华书局,1976:1296.

以序聚柝"的记载,这就是说,有军事活动时,打更者根据悬挂漏壶所示时间,决定敲柝子的次数.考古发现,古埃及以及古巴比伦在公元前15世纪就使用了漏壶,于是汉学家李约瑟推断,漏壶是经阿拉伯传入中国的[1].我想,李约瑟的这个说法可能有些武断,因为制作漏壶的想法和工艺都非常简单,制作这样的仪器不一定必须向他人学习.

在那个年代,调整漏壶或刻漏水流量与时间的关系不仅需要参照日影的变化,还需要参照夜晚星辰的方位.汉代学者桓谭做过管理刻漏的官员,他在《新论·离事》中说:"余前为郎,典刻漏,燥湿寒温辄异度,故有昏明昼夜.昼日参以晷景,暮夜参以星宿,则得其正."[2]这说明古代中国不仅非常重视刻漏,并且刻漏的管理已经制度化了.刻漏的时间单位是"刻",把一天分为100刻.在现代生活中,人们仍然使用刻来计算时间,一刻钟为15分钟,一小时为4刻、一天为96刻,与商周所说的刻稍有不同.西汉末年曾规定一日为120刻[3],南北朝曾规定一日为96刻[4],虽然这两种方法都比一日为100刻更有道理,但不知为什么,古代中国实施这两种规定的时间都很短暂,只有一日100刻的规定一直延续到清代.

通过上面的论述可以看到,古代中国的商周时代,利用漏壶规定并且实施我们上面所说的"标准时间"是可能的.事实上,文(1)中所说的"日东则景夕、日西则景朝"大概就是这个意思,正如《周礼注疏》中的解释:"日东则景夕多风者,据中表之东表而言,亦於昼漏半中表景得正时,东表日已跌矣……"下面,我们讨论这样的解释与当时的人们对地理的认识是否一致.

上面的解释涉及经度、时间、距离,以及这三者之间的关系.登封告成

---

[1] 参见:李约瑟.中国科学技术史·第四卷天学·第一分册.北京:科学出版社,1975:336~337.

[2] 参见:宿县·安徽大学中文系桓谭新论校注小组.桓谭及其新论.1976:128.

[3] 参见:汉书·卷十一.北京:中华书局,1962:340.其中说:"以建平二年为太初元将元年,号曰陈圣刘太平皇帝.刻漏以百二十位度."

[4] 参见:清·阮元,等譔.畴人传·卷第九.扬州:广陵书社,2009:98.其中说:"天监六年,武帝以昼夜百刻分配十二辰,辰得八刻,仍有余分.乃以昼夜为九十六刻,一辰有全刻八焉."

在北纬 34 度、东经 113 度.通过计算可以得到,北纬 34 度这条纬线围绕地球一圈的长度为 33170 公里.经度一共 360 度,因此经度 1 度对应的距离大约为 33170/360＝92(公里);如果按一天 100 刻计算,时差 1 刻对应的距离大约为 33170/100＝332(公里).

最东方是指山东半岛.毋庸置疑,周人对山东半岛了如指掌,《山海经·东山经》有四个次经,除东二次经的南端涉及苏皖以外,其余三经首尾全在山东境内.就纬度看,山东半岛东端大约在北纬 36 度,与登封告成的纬度相差不大;就经度看,山东半岛东端大约在东经 122 度,与登封告成的经度大约相差 122－113＝9(度).因此,两地之间的距离大约为 92×9＝828(公里),两地日出时间相差大约 828/332＝2.3(刻).这个时间差大约是现在的半个小时,我想,当时的人们对这样的时间差是能够分辨清楚的.

最西方是指甘肃渭源,因为谭其骧在评论《西山经》时谈道:"(渭源)再往西已经超出作者(指《山海经》的作者)的地理知识范围."① 渭源是黄河最大的支流古渭河的发源地,是黄河上游古文明的中心之一,其内首阳山有商周圣贤伯夷、叔齐的墓.渭源的纬度是北纬 35 度左右,与登封告成大致相当;经度在 104 度左右,与登封告成经度相差 113－104＝9(度),这个差与山东半岛东端所差完全一样.因此,把登封告成认定为东西之中是完全正确的.

据此,我们可以推断,周"天下"的范围大概是南起广州番禺、北至内蒙阴山;东起山东半岛、西至甘肃渭源;而登封告成恰为其中.这就是周公通过"夏至正午,表长八尺,景尺有五寸"得到的结果,以此判定"地中"的思路是科学的,得到的结果也是可信的.

---

① 参见:谭其骧.长水粹编·论〈五藏山经〉的地域范围.石家庄:河北教育出版社,2000:322.

附　录　试论周公确定"地中"的道理

七、对中国传统文化的影响

通过前面的分析可以看到,确定"地中"是一个无论思维过程还是操作程序都是非常繁杂的事情,那么,周公为什么要花费这么大的力气做这样的事情呢？这大概涉及古代"立国"的核心价值观.在那个部落纷争的时代,名正言顺是非常重要的,即便纣王荒淫无道,即便周在武力上战胜了商,但是,周到底是一个生活在陕西岐山的部族,这样一个部落凭什么可以在"天下"建国呢？

现在,让我们回想一下《周易》的立论原则,因为《周易》成熟于周,其立论原则也必然会反映当时人们的思维模式.立论原则大概是这样的:首先对世间万物分类,根据所分的类抽象出能够表征这个类的形;然后以形类比、以形寓意①.因此,就立国而言,周沿用了夏商的传统理念:得到了"中"就可以称王.而这个"中"的形就是"地中",这或许就是《吕氏春秋·慎势》中说的"择天下之中而立国"这句话的道理所在.

《尚书·禹贡》记载,禹别九州,惠泽四方.可以看到,这完全是站在"地中"的立场说话.后来,禹的后代择九州之中建都,大概是在现今河南禹州、偃师一带.当时的河南可能是中原最适于耕作的地方,因此,步入农耕时代的夏建都于此也是顺理成章的.成汤是契的后代,据《尚书·汤誓》记载,从契到成汤八次迁都,商名不改,于是成汤以商受命.建商之后又有五次迁都,最后盘庚迁都于殷.细观史料,建都与迁都的理由包括"盘庚迁都三篇",均未涉及"地中"的概念,这大概是因为建都与迁都的地点大都未出河南一带,因此不须要特别强调,以至于后世学者由"商都"想到"中",把"殷"

---

① 参见:我的文章"从八卦到六十四卦:试论《周易》的思维逻辑".哲学研究,2011(8).

释读为:"殷,中也."①除此之外,我们应当特别注意到《尚书·仲虺之诰》的记载,"王懋昭大德,建中于民",意思是"欲王自勉,明大德,立大中之道于民".这样,商就把形式的"中"引申到寓意的"中",即引申到大中之道,引申到与做人做事有关的"中正"、"公正"、"恰到好处".

但是,对于远在岐山的周要在中原建都立国,就不仅要重视寓意的"中",也要重视形式的"中",即也要重视建都立国的"地中".对于这个说法,1965 年于陕西省宝鸡县贾村塬出土的何尊上的铭文是最好的佐证.何尊是西周早期一位何姓贵族所做的祭器,尊的内部铸有 122 字的铭文.铭文记述成王五年四月,成王继承武王遗志,营建东都成周,事成之后成王在大殿对宗族小子的训话.其中说道:

唯王初壅,宅于成周.……唯武王既克大邑商,则廷告于天,曰:余其宅兹中国,自兹乂民.

这或许是至今为止发现最早的记载"中国"这个词的物证,这个词出自武王之口.武王死时其子成王年幼,由文王四子、武王同母兄弟周公摄政七年,《周礼注疏·天官》记载周公摄政七年做了下面的事情:一年救乱,二年伐殷,三年践奄,四年建侯衞,五年营都成周,六年制礼作乐,七年致政成王.其中"五年营都成周"与铭文的记载是一致的.可以看到,选择"地中"营都成周原本是武王之意,正如《左传》中说:"昔武王克商,迁九鼎于洛邑."而武王选择"地中"的目的在铭文中已经说得很清楚了:可以告诉上天,我已经得到了中国,可以成为天下之王了.因此,当时的人们可能普遍认为,能够获取"地中"而建都,那么统治天下就是名正言顺的.而周公对武王或者

---

① 参见:《史记·天官书第五》中有"衡殷南斗"句,集解晋灼曰:"殷,中也."又见:《仪礼注疏·聘礼第八》中有"小聘曰问.殷,中也".

说对周可谓忠心耿耿,为了完成武王的遗愿,不惜花费精力确认"地中". 虽然夏商对"地中"有所认识,泛指河南洛阳一带,但周公得到了精确的测量结果.

事实上,无论是武王还是周公,对于"中"的重视均来自文王以及上面谈到的夏商的"建中于民"的理念. 2009年的"清华简"备受关注①,因为简中记载了连太史公都不曾见过的讯息②. 其中解析出来的《文王遗训》运用了三个典故,这三个典故讲的都是"中",因此,我们可以把"中"看做《文王遗训》的核心. 第一个典故是"昔前夗传宝,必受之以詷". 赵平安认为:从语音考虑,"前夗"可释为"轩辕";"詷"与"中"相类,都是古代帝王即大位之前必须掌握的东西,是治国安邦平天下的道理,是中国古代文化的核心价值. 第二个典故说的是"舜求中得中"的故事. 第三个典故是说"上甲借中还中"的故事,故事中既有形式的"中"也有寓意的"中",因为故事较长,不作详细讨论. 文王临终前的嘱托必然是他认为最重要的事情,由此可见,文王认为建立国家和管理国家的核心是"中". 显然,这一思想影响了武王和周公,因此才有武王上告于天:余其宅兹中国;才有周公择"地中"建都而成周. 后来,这一思想又成为周的建国理念,因为《周礼·天官》和《周礼·地官》的开篇都是:

惟王建国,辨方正位,体国经野,设官分职,以民为极.

其中"极"就是"中"的意思,"以民为极"是说"令天下之民各得其中,不失其所",这显然是寓意的"中". 这样,周就把夏商所倡导的"建中于民"的思

---

① 参见:清华大学藏战国竹简《保训》译文. 文物,2009(6).
② 参见:李学勤. 周文王遗言. 光明日报,2009-04-21;赵平安.〈保训〉的性质和结构. 光明日报 2009-04-13;李均明. 解读清华简:周文王遗嘱之中道观. 光明日报,2009-04-20. 刘光胜.〈保训〉之"中"何解. 光明日报,2009-05-18;郭伟川.〈保训〉主旨与"中"字释读. 光明日报,2009-12-06.

想更加深化.

  相传是文王演的《周易》,因为《史记·周本纪》记载:"西伯盖即位五十年.其囚羑里,盖益易之八卦为六十四卦."而文、武、周公都是孔子最为推崇的人物,其中周公又被称为儒学先驱.由此可见,由上古时代形成的"中"的思想必然深刻地影响了后世的道家和儒家,或许还会影响到后世的墨家和法家.因此,我们可以说"中"是中国传统文化的核心,也是中国传统价值观的核心.